物理学与化学

（原书第 7 版）

[美] 詹姆斯·特列菲尔 （James Trefil）
罗伯特·M. 海赞 （Robert M. Hazen） 著

宋峰　杨嘉　译

机械工业出版社
CHINA MACHINE PRESS

本书基于美国乔治梅森大学的"科学中的重要思想"这门课程而写，共 13 章，内容包括力学、热学、电和磁、波、相对论、量子力学和化学键、材料等内容，由浅入深地介绍了物理学和化学的基本概念和知识。本书的特点是每章都有一个以辐射图的形式呈现的重要科学思想，并且每章开始都围绕着这个重要思想对物理学和化学的各领域进行简明阐述。本书不要求读者具备高深的专业知识，适合那些有兴趣了解物理学和化学世界的人们作为科普读物阅读，也可作为高中生、大学生入门级的物理学和化学通识教材。

北京市版权局著作权合同登记　图字：01-2014-2535 号。

图书在版编目（CIP）数据

物理学与化学：原书第 7 版 /（美）詹姆斯·特列菲尔（James Trefil），（美）罗伯特·M. 海赞（Robert M. Hazen）著；宋峰，杨嘉译. — 北京：机械工业出版社，2023.6

书名原文：Sciences, Seventh Edition International Student Version

ISBN 978－7－111－73373－7

Ⅰ.①物…　Ⅱ.①詹…②罗…③宋…④杨…　Ⅲ.①物理学－普及读物②化学－普及读物　Ⅳ.①O4-49②O6-49

中国国家版本馆 CIP 数据核字（2023）第 109778 号

机械工业出版社（北京市百万庄大街 22 号　邮政编码 100037）
策划编辑：蔡　浩　　　　　　责任编辑：蔡　浩
责任校对：贾海霞　张　薇　　责任印制：郜　敏
北京瑞禾彩色印刷有限公司印刷
2023 年 10 月第 1 版第 1 次印刷
210mm×285mm·21 印张·2 插页·563 千字
标准书号：ISBN 978－7－111－73373－7
定价：198.00 元

电话服务　　　　　　　　　网络服务
客服电话：010-88361066　　机　工　官　网：www.cmpbook.com
　　　　　010-88379833　　机　工　官　博：weibo.com/cmp1952
　　　　　010-68326294　　金　书　网：www.golden-book.com
封底无防伪标均为盗版　　　机工教育服务网：www.cmpedu.com

译者的话

摆在各位读者面前的这本《物理学与化学》，其原作者是美国乔治梅森大学的两位教授：詹姆斯·特列菲尔和罗伯特·M. 海赞。乔治梅森大学位于美国弗吉尼亚州，正式成立于1972年，在校学生超过3万人。该校开设的专业很多：会计学、人类学、司法管理、应用科学技术、天文学、生物学、化学、通信工程、计算机工程、地理学、卫生科学、全球及环境变化、市场营销、数学、医学技术、神经科学、护理学、物理学、系统工程、旅游、会展项目及管理等。在最近的数十年里，该校诞生了两位诺贝尔经济学奖获得者和三位普利策奖得主。

在这样一所学科门类齐全、学生人数众多的大学里，如何选择一本合适的教科书是一件非常重要的事：既要讲授科学知识，又要涉猎广泛，还要让不同学科专业的学生能够感兴趣。为此，特列菲尔教授和海赞教授花费了多年时间，精心编写了该书。

特列菲尔教授是乔治梅森大学的荣誉教授，在基本粒子物理、流体力学、医学物理和地球科学等方面都有所建树。他还撰写或参与撰写了很多科学著作，并因科普方面的杰出贡献而荣获美国物理学会颁发的格曼特奖。

海赞教授是乔治梅森大学地球科学专业的荣誉教授，同时还是华盛顿卡内基科学研究所的科学家。他曾经发现了新泽西州北部岩石和矿物的生长规律，研究了矿物质在生命起源中的作用，对高压环境中的生命起源也进行了探索研究。在教学方面，他教授科学写作、科学伦理、艺术和科学中的对称性以及视觉思维等课程。

正是因为两位教授涉猎广泛，所在学校学科门类众多，所以才有了这样一本涉及多个学科的著作。这本著作涉及面广泛，编排格式新颖，内容深入浅出。书中既有物理学、化学等领域最基础的知识，也有与人们生活密切相关的科学内容，还有很多前沿知识，包括宇宙、相对论、电子论等。可以毫不夸张地说，这本著作在手，重要的自然科学知识应有尽有。

经过多次论证，机械工业出版社决定引进此书，在中国出版。由于涉及多个学科领域，内容繁多，在翻译中我们遇到很多困难，前后历时五年，终于成稿。本书从人们生活中常见的科学现象出发，讲述相关科学规律，深入浅出，图文并茂，不疾不徐，娓娓道来，没有繁杂的数学推导。本书不仅可以作为理工科学生的参考教材，也可以作为文科类学生开阔视野的极好的阅读资料，还可以作为社会各界人士极好的科普读物。

囿于译者有限的学识和文字水平，书中错谬之处在所难免，敬请广大读者批评指正。在此我们预先表示衷心感谢！

译 者

全书简要目录

前　言

我们每一天的生活都离不开科学的进步。我们的生活得益于很多新材料的应用，这些新材料制成了跑道、各类设备、服装和体育设施等。我们依赖于新的能源并采用有效的途径将其用于交通运输、通信、供暖和照明。我们利用科学发现新的方法以治疗疾病，增强人们的体魄，延长人类的寿命。在解决现代社会所面临的很多紧迫问题时，科学给予了我们最大的希望。

尽管科学在现代生活中起到了核心作用，但是很多美国人对基础科学的原理和方法却知之甚少。调查表明，很多美国人并不知道地球围绕太阳运动，或者人类与恐龙不在同一时期生活。在分子生物学几乎每天都有惊人发现的今天，仅有1/4的美国人明白DNA的含义，仅有10%的美国人了解分子这个术语。毋庸置疑，我们面对的受过完整教育的这一代美国学生甚至没有学习过最基本的科学概念，他们在面对着与个人相关的职业做出决定时，缺乏相关的健康、安全、资源和环境等关键知识。

 ## 当今的科学教育

在美国，科学教育一直是一个问题。回溯至1983年，一份被广泛传阅的题为《危机中的国家》的报告曾发出过严重的警告：对于培养足够的科学家和促进经济进步的工程师而言，美国的科学教育系统是失败的。2006年，美国科学院在题为《一场聚集的风暴》的报告中指出，自1983年以来，并没有很多行动来改变这种形势。

实际上，我们能够明确说明科学教育中的两个问题。第一个问题是国家倾向于花费更多的时间把学生培养成技术熟练的劳动者。为了满足少数学生从事某种职业的需求，专业课程是有用的。他们必须学习适当的词汇和实验技能，以及解决问题的数学控制方法。

但是，大学教育要考虑到这样一个事实，即大多数学生并不会成长为科学家或工程师。对于他们来说，科学专业的学生所学习的专业课程，与他们所熟悉的日常工作没有什么关系。一个常见的事实是，大多数学生认为大学开设的科学课程很难学，令人不感兴趣并且与本人专业无关。

但是，这些学生生活在一个越来越受科学与技术支配的世界中。互联网、造血干细胞、气候变化以及克隆等是这些学生作为公民将会面对的几个事情。考虑到今天的学生在其生活中如何运用科学，很容易看到在我们的大学教学方法中存在的问题。科学很难精确地划分成不同的门类。对于出现的一些问题，在大学里通常是分成不同的部分，在不同的院系和专业进行研究。以地球变暖为例，它涉及化石燃料的开采（地质学）、燃料的燃烧（化学），以及二氧化碳进入大气层从而影响地球的热平衡（物理），最终导致我们的气候产生变化（地球科学），从而引起生存状况恶化的严重后果（生物学、生态学）。

很明显，要让学生处理这些科学问题，就需要他们掌握所有科学分支中的大量基础知识。很多学院安排了一些科学导论课，甚至设置了一些不适合那些未来不想成为科学家的学生的课程，但问题是他们很少开设一门将物理学、天文学、化学、地球科学和生物学集成在一起的课程。上了地质概论课

的学生不懂激光或核反应，学了物理课（非物理专业的）的学生仍然不知道地震和火山爆发的原因。物理学或地质学的课程都不会讲授现代科学中的遗传学、环境化学、宇宙空间探索或材料科学。因此，学生们必须掌握至少四个门类的课程，才能成为有能力应对这些领域问题的人。

或许最大的麻烦在于几乎没有学生——无论是科学专业还是非科学专业的——学习怎样将经常被任意分割的专业知识予以归纳总结。简而言之，在多数学院和大学里，传统的科学课程是不成功的，其提供的基础科学教育并没有使学生了解我们社会的科学和技术知识。

这种情况正在缓慢地改变。自本书第1版于1993年出版以来，上百所学院和大学开始设立新的完整的科学课程以供大学生选择。在这个过程中，我们和全美国上百所学院和大学有机会互相学习交流，比如在乔治梅森大学，我们自己的大学生超过了5000人，我们收到了非常宝贵的指导性建议和意见，供我们在修订出版时参考。

第7版的主要变化

每次修订时，我们总在问自己本书中有多少科学内容是最新的，对这一版也不例外。衡量是否最新，要看内容是否涵盖了最新、最全、最有用的科学知识。本书还新增了"发现实验室"的内容。

本版最重要的修订内容是：

第1章　科学：认知的方法包含了威廉·哈维用来建立血液循环理论的定量讨论。

第2章　有序的宇宙包含了巨石阵的建造和意义，以及对牛顿第三定律的延伸讨论。

第3章　能量讨论了再生能源，尤其是风能和太阳能，以及它们对美国未来能源的影响；介绍了爱因斯坦怎样改变了科学家们思考质量和能量的方法；还讨论了作为替代能源的核能。

第4章　热和热力学第二定律展开了对于温度的讨论。

第6章　波和电磁辐射对重要的科学理念做了更新，对波和折射做了讨论。

第7章　阿尔伯特·爱因斯坦和相对论新增了来自引力探测器 B 的最新结果。

第8章　原子重新修改了文字，以突出元素周期表。

第9章　量子力学补充了量子纠缠和量子计算方面的最新进展。

第10章　原子结合：化学键增添了新的一节，对范德瓦耳斯力做了概述。

第11章　材料及其性质对图灵实验和剪切做了深入讨论，更新了相关内容。

第12章　原子核补充了福岛核泄漏灾难和尤卡山核废料处理方面的新内容。

第13章　物质的终极结构更新了强子对撞机计划中的加速器和弦理论方面的内容。

 专题特色

在帮助读者学习和全面了解科学成果的过程中，我们试图把科学原理与读者的日常生活联系起来。本书设立了以下几个专题特色。

重要理念

每一章从介绍重要的科学原理和思想开始，使读者能立即抓住这一章的主要概念。这些内容没有必要背诵或记住，但是从日常的生活体验中可以感知到。

* * *

科学原理在各个学科中的应用

每章首页都有一张图，体现出同一个科学原理在各个学科中都有应用。这张图把书中讨论的例子联系起来，说明重要科学原理是如何应用于不同学科和我们的日常生活的。

* * *

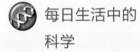 **每日生活中的科学**

每一章从"每日生活中的科学"这一节开始。在这一节中，我们将该章的主题与日常生活经历联系起来，比如吃饭、驾车或日光浴。13 个小插曲依照顺序讲述了一个人一天中的生活故事——从日出起床，到海滨去游玩。以这种方法，我们强调了科学的重要理念往往就是我们生活中的一部分。

* * *

生命科学

为了帮助读者了解我们介绍的科学原理的跨学科性，本书的很多章都包括了关于生物的内容，有关生物学的例子则在全书各章都有。如果这个版本的评论者依据本书有关生命科学的内容认为我们是生物学家，我们（本书作者，一位是物理学家，另一位是地球科学家）会觉得很欣慰。

* * *

 科学史话

这些历史的插曲描述了科学发现的过程，也描绘了一些重要科学家的生活。通过这些描述，我们试图说明科学的进程，检验科学与社会的相互作用，解释科学发现中偶然因素的作用。

* * *

科学进展

科学在发现问题、解决问题的道路上永远不会停步。为此，我们提供了一些激动人心的科学进展。

* * *

停下来想一想！

在每一章的某些点处，我们会要求读者暂停阅读，并且思考科学发现或定理的内涵。

* * *

技术

把科学原理应用到商业、工业和其他现代技术中，是读者接触科学的最直接的途径。在很多章节中，我们举出了这些技术的例子，比如石油精炼、微波炉和核医学等。

* * *

 数学方程式和实例

与很多科学方面的教材不同，本书在处理科学内容时，公式和数学推导只起一种辅助的作用。我们在讲述科学知识时，更多地依赖真实世界的经验并使用日常词汇。我们相信每个学生应当了解数学在科学中的作用。因此，在很多章节中，我们给出了一些关键的方程式和合适的例子。在引入一个方程式时，以三个步骤引入：第一步是一句话，第二步是一个文字方程式，第三步出现以符号形式描述的方程式。这样，读者们会把注意力集中到物理意义上来而不是集中到抽象的数学公式上。

* * *

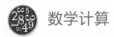 **数学计算**

我们也认为读者应当了解简单的定量数学计算的重要性。我们给出了很多非传统的一些计算。例如，在美国产生多少固体废物，多长时间它可以侵蚀一座山以及建造巨石阵需要多少人。

* * *

延伸思考

　　每章结尾处会阐述一个与科学有联系的社会或哲学的话题，例如联邦科学基金、核废料处置。

✳　✳　✳

发现实验室

　　由拉里·麦克列兰和梅纳·捷加西提供的小实验，给读者们准备了科学在现实世界中应用的内容。这些实验可以在实验室完成，也可以在家中完成。

✳　✳　✳

回到综合问题

　　在本书的每一章，都从该章所讨论学科的一个综合科学问题来展开。在这一版中，每章的结尾处，又回到这个科学问题上来，从而对读者说明，怎样根据学到的素材来回答这个问题，并且创造一个解决问题的框架，以供将来用于解决实际问题。

目 录

第1章　　科学：认知的方法
你如何知道你知道什么？

重要理念： 科学是询问和回答关于自然宇宙问题的方法。

第2章　　有序的宇宙

为什么行星似乎缓慢地在天空中运动?

重要理念：牛顿运动定律和万有引力定律预示了物体在地球上和宇宙空间中的行为。

第3章　　能　量

为什么动物要靠吃东西来维持生命?

重要理念：能量的不同形式之间是可以互相转换的，而在一个隔离的系统中的能量的总量是守恒的。

第 4 章　热和热力学第二定律

为什么用一个鸡蛋制成一个煎蛋比
用一个煎蛋制成一个鸡蛋更容易？

重要理念： 热是能量的一种形式，它从较热物体向
较冷物体传递。

第 5 章　电和磁

闪电是什么？

重要理念： 电和磁是同一种力——电磁力的两个不
同的方面。

第6章　　波和电磁辐射

什么是颜色？

重要理念： 无论何时一个带电物体被加速，它就会产生电磁辐射——以光速传播的能量波。

第7章　　阿尔伯特·爱因斯坦和相对论

人类能以快于光速的超高速运行吗？

重要理念： 所有观察者，无论他们的参考系是什么，都能看到同样的自然界定律。

第 8 章　原 子

为什么世界上有如此多的不同材料？

重要理念： 我们周围的所有物质都是由原子组成的，原子是通过化学键构成我们世界的基石的。

第 9 章　量子力学

电子的行为为什么既像粒子又像波？

重要理念： 在亚原子尺度上，一切都被量子化。在这个尺度上的任何测量都会显著地改变被测量的对象。

第10章　原子结合：化学键

血液是怎样凝固的？

重要理念： 在化学反应中原子依靠电子的重新排列而结合在一起。

第11章　材料及其性质

计算机运算速度怎么变得如此之快呢？

重要理念： 材料的性质取决于组成材料的原子和把这些原子连接在一起的化学键的排列。

第12章　　原子核

科学家怎样确定最古老的人类化石的年代？

重要理念： 核能取决于质量。

第13章　　物质的终极结构

怎样利用反物质探测人的大脑？

重要理念： 所有的物质都是由夸克和轻子组成的，它们是我们所知道的宇宙万物的最基本的结构单元。

第1章
科学：认知的方法

? 你如何知道你知道什么？

物理学
宇宙中存在哪些力？

生物学
单细胞如何组成复杂的组织？

化学
怎样将原子组合成新物质？

技术
如何设计更有效率的发电厂？

重要理念

科学是询问和回答关于自然宇宙问题的方法。

环境
人类活动会影响全球气候吗？

天文学
宇宙的最终结局是什么？

在地球深处发生什么动态过程？

什么导致癌症？

地质学

健康与安全

● =本章中将讨论的重要理念的应用　　● =其他应用

每日生活中的科学：日出

阳光从你房间的东边窗户照射进来。当你醒来的时候，你想起今天是星期六，不用上课，你要跟朋友去海滩。看起来，就像天气预报说的那样，今天的天气很好。

我们从自然界的给予中获取了很多。每天早晨太阳在可以精确预测的时刻从东方升起，每天傍晚太阳落到西方。同样，月亮的圆缺和一年四季都以它们熟悉的周期循环着。

古代人类不仅注意到了这些现象，还注意到其他可以预测的自然界的规律，并进而将之用在生活和文化方面。今天，我们对这些自然界的规律进行研究并称这个过程为科学。

 # 科学的作用

我们的生活充满了选择。我们应该吃什么？横穿大街安全吗？我们该回收易拉罐还是把它直接扔到垃圾堆里？每天我们必须做出几十次选择，每一次选择或多或少地都基于我们掌握的一些知识。在物质世界，这些知识可以帮助我们预见到一些可能的后果，那么你在做出这些选择时经历了哪些过程呢？

做出选择

当你来到加油站的时候，你必须问问自己要为汽车加哪种品牌哪个标号的汽油（见图 1-1）。在一段时间里，你可以试试加上不同标号的汽油，并观察你的汽车在加了这些汽油后的反应。最终你可以得出结论，某个品牌和标号的汽油最适合你的汽车。因此，你决定在未来的日子里就给自己的汽车加这种品牌和标号的汽油。当你购买洗发剂、止痛片、运动鞋和其他很多商品的时候，你实际上都进行了类似的调查和实验过程。

这些简单的例子说明了我们了解宇宙的一种方法。首先，我们来看看世界，看看有什么存在，并且了解它们是如何运行的；然后归纳总结出与我们所看到的东西相符合的规律；最后，我们把这些规律用于那些以前从未遇到过的新情况，我们十分期待这些规律是适用于这些新情况的。

图1-1 甚至像选择汽油种类这样的简单事情也包含着观察和经验

选择汽油或洗发剂的品牌是小事一桩，但是整个过程中包括这样的基本程序：提出问题，观察研究，得出结论。当我们要了解一颗遥远的恒星或一个生命细胞的运动规律时，也要用到这样的基本程序，只是方法更加正规和定量。在这种情况下，这种程序被称为科学，以研究这些问题为生的人则被称为科学家。

为什么要学习科学？

科学是我们最有力的工具，可使我们了解世界是如何运行的，我们和周围的物质环境是如何互动的。科学不仅告诉我们宇宙运行需要满足的基本概念和理论，也提供了一个研究框架，以便我们学习和解决未来可能要遇到的新问题。科学给我们提供了希望，能够让我们预测和处理自然界的大灾难，祛除疾病，发现那些能够让我们的世界向前发展的新材料和新技术。科学也提供了一个无比宽广的视野，让人们了解宇宙万物及其运行规律——从原子核的微观世界到无边无涯的宇宙空间。

拿起一份本周任意一天的地方报纸，浏览一下头条，你将看到关于气象、环境、当地公共事业的长远规划等方面的文章。新闻可能是关于癌症的新疗法、加利福尼亚的地震或者是生物技术的新发现。社论专版上或许刊登了关于人类克隆的短评、对于美国国家航空航天局（NASA）行星任务的讨论、关于教学发展的讨论或者是关于DNA指纹鉴别的尝试。这些文章有什么共同点呢？——它们能以某种方式影响你的生活，这在很大程度上都依靠科学。

我们生活在一个充满物质和能量、力和运动的世界里。科学的过程是以某种思想为基础的，这些思想与我们在生活中经历过的每件事有关。这些事发生在有序的宇宙中，是有规律的、可以预测的。你必须学习这些思想和规律，从而在这个世界里继续生存。这些科学思想中的大部分对你而言是第二个自然界，当你开车、烹调膳食或者打篮球时，你本能地利用了一些简单的物理学定律。你吃饭、睡觉、工作或者娱乐时，你是作为一个生物学系统来体验这个世界的，必然会涉及支配所有生物运转的自然规律的一些术语。

那么，为什么你应该学习科学？你又不想成为专业的科学家。因为，即使你从事其他行业，你的事业也将多方面地依赖于科学和技术的进步。新技术是经济、商业甚至许多法律方面的驱动力。新的半导体技术、农业技术、信息处理技术改变了我们的世界，生物学研究和药物的发展在医学领域中起到了至关重要的作用，这些领域包括遗传性疾病、艾滋病、流感疫苗以及在每日新闻中出现的营养信息等。甚至专业运动员也必须不断地评估所使用设备的性能，依靠改进的医疗和康复手段，对能够提高疗效的药物所具有的潜在风险予以权衡。通过学习科学，你不仅能更好地将这些科技进步引入到你的职业中，而且你还能更好地理解实现这些进步的过程。

科学是你在学校或工作以外的日常生活中很重要的内容。作为一个消费者，你被五花八门的新产品和各种关于健康和安全的警告所包围。作为纳税人，你的投票直接影响你所在社区的能源税、回收建议、政府投入等。作为一个活的生命，你必须做出关于饮食和生活方式的明智决定。作为父母，你将不得不在比以往更复杂的世界中培养和引导你的孩子。牢牢把握科学的原则和方法，会帮助你以更明智的方式做出生活中的重要决定。作为一个额外的奖励，你还将分享科学发现所带来的兴奋，这些发现经常改变我们对宇宙的了解和我们在其中的地位。科学打开了惊人的无法想象的世界——深海中离奇的生活方式、深空中爆炸的恒星、生命的历史以及我们所处的比任何小说中所描述的都要更加奇妙的世界。

科学的方法

科学是针对物质世界发现问题和解决问题。科学不是一组事实或答案，而是一个与我们所处的物质环境持续对话的过程。像任何人类活动一样，科学在细微之处是极其丰富多样的。尽管如此，只需将下述几个基本步骤组合起来，就可以构成科学方法。

观察

图1-2　柏拉图证明人类观察自然就像人们注视洞穴中墙壁上的影子一样

《雅典学院》，图的中央详细显示了柏拉图和亚里士多德与人们在一起。油画作者拉斐尔（乌尔比诺的拉斐尔·桑齐奥）（1483—1520）作于1510—1511年，现存于梵蒂冈博物馆。

如果我们的目的是了解世界，那么我们必须做的第一件事是看看在我们的身边有些什么。在我们所处的现代科技时代，这句话对我们而言，似乎是很显然的事。不过，从历史上来看，有学问的人们往往不承认通过观察来了解世界这种想法。

生活在雅典黄金时代的古希腊哲学家认为，依靠感觉，人们无法推断出宇宙的真实本质。这个感觉在哪里，他们没有说。他们认为只有运用理智和人脑敏锐的洞察力才能使我们真正了解事物的本质。在名著《理想国》中，柏拉图比较了人类和居住在洞穴中的人，后者看到墙上的影子而无法看到造成影子的物体。根据这个事实，他推断，仅仅观察物质世界将永远无法接触到真实的情况，即使穷尽一生，也注定只能观察到影子，而得不到本质（制造影子的物体）。柏拉图认为，仅仅用"心灵的眼睛"，我们就能摆脱幻觉而到达真理。

在中世纪的欧洲，人们也有同样的心态，他们用虔诚的宗教信仰作为公认的聪明才智来代替推理，作为寻求真相的主要工具。这里讲一个故事（可能是杜撰的）。牛津大学有一道辩论题："马有多少颗牙齿？"一位有学问的学者起身引用了亚里士多德关于这个问题的答案，而另外一位则引用了神学家圣·奥古斯丁给出的不同的答案。最后，一位青年人在打过招呼之后起立并提示大家，外面有一匹马，在查看了马嘴之后，他们立即解决了这个问题。可是然后呢？记载这个故事的手稿上写道，聚集在一起的学者"把他放倒，打他的臀部和大腿，并且把他从受过教育的人群当中扔了出去。"

正如这些例子所说明的，很多卓越的思想家在认识关于物质世界的问题时没有进行实际观察和测量。古代那些聪明人所采用的那些方法完全是自洽的，但是，那些方法不是科学的方法，无法通过那些方法得到先进技术和知识，而正是这些先进技术和知识导致了我们现代社会的出现。

在本书中，我们区分了观察和实验。在观察时，我们不受任何控制地观察了自然界；而在实验时，我们控制了自然界的某些方面并且观察了最终的结局。例如，一位天文学家，观察了遥远的星球而没有改变它们，然而一位化学家依靠把材料混合在一起进行实验并且观察发生了什么。

确定模式和规律

通过三番五次地观察具体的现象，我们逐渐知晓了自然界的表现。我们开始认识了自然界的模样。最终我们把所得到的经验归纳成一些结论，通过这些结论能够了解世界运转的方式。例如，我们可以看到无论什么时候抛下一个物体，物体都会落下去，这句话描述的就是在多次观察后得出的结论。

在这一阶段，科学家们常常以数学形式简洁地表达他们的观察结果。具体地讲，他们会进行定量测量。每次测量包含一个数字，这个数字是以一些测量的标准单位记录下来的。例如，在物体下落的情况下你可以测量时间（常见的时间单位是 s），在这段时间里物体下落相应的距离（例如，距离的单位是 m）。

这样一来，定量测量提供了比刚刚说到的物体下落更为精确的说明。标准的科学程序是收集详细的测量结果，这个结果以数据表的形式呈现（见表 1-1）。这些数据也可以以图的形式呈现。

下落距离（m）相对于下落时间（s）的关系在图 1-3 中绘出。

作为探索世界的众多科学分支，从物理学到生物学，我们会看到多数科学测量既需要数字也需要测量单位。在后面的章节中，将会遇到多个不同的单位。

在准备了测量的数据表和图之后，科学家能够预测出更长时间后的物体下落情况，物体将下落得

表 1-1　下落物体的测量	
下落时间/s	下落距离/m
1	5
2	20
3	45
4	80
5	125

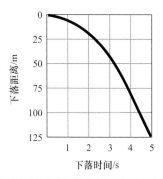

图 1-3　下落物体的测量能以直观图的形式表现出来，下落时间以 s 为单位（横轴），下落距离以 m 为单位（纵轴）

更远。此外，距离不是简单地与下落时间成比例关系的。如果一个物体某次下落的时间是另一次下落时间的两倍，那么该物体下落距离为另一次下落距离的 4 倍；如果它的下落时间是 3 倍，那么它的下落距离为 9 倍，以此类推。上面这段说明可以用下述三种方式来总结（在本书中都将使用这种格式）。

以文字表示：下落距离与下落时间的平方成正比。

以方程式表示：

$$距离 = 常数 \times (时间)^2$$

以符号表示：

$$d = kt^2$$

式中，常数 k 由测量来决定。我们将在下一章再回到常数这个话题。

确认一个自然规律可能需要很长时间，因为它需要在一个特定的范围内积累经验。此外，科学家们的思考可能会经历多个阶段。首先，他们会提出一个假说，关于他们正在研究的现象有什么规律，比如"我觉得我扔下物体它们会下落"。进行足够的确认后，假说就能升级为规律。

数学：科学的语言

很多人认为，科学似乎就是用奇怪的等待破译的符号书写成的晦涩难懂的方程。你来到某个学院或者大学校区的教学区，在一个教室里，可能会看到黑板上写着使人疑惑的公式。你可能会奇怪，为什么科学家需要那些复杂的数学方程式？在人们的想象中，科学能帮助我们了解周围的物质世界，那么为什么科学家就不能采用人们容易看懂的文字来描述呢？

在外面闲逛时，仔细地观察一棵令人喜爱的树。想想你该如何描述这棵树的更多细节，使远方的朋友也能精确地想象到你所看到的，并且与其他树区别开。

粗略的描述会提到粗糙的褐色树皮、大树枝以及由绿叶组成的树冠，但是这个描述只是把你看到的那棵树和很多其他树稍微地区别了一下。你还可以使用形容词像"高耸的""雅致的"或者"雄伟的"来表达这棵树的总体形象（见图 1 - 4）。更好地是，你能辨认这棵树的准确品种并详细说明它的

图 1 - 4　描述一棵树有很多方法

生长阶段——比如，在秋色笼罩着的山顶上的一棵糖枫——但是到目前为止，你的朋友恐怕也无法知晓你描述的具体是哪一棵树。

如果给出这棵树带有测量单位的精确尺寸，那么你的描述会更确切——比如它的高度、它的分枝之间的间距或者树干的直径。你还可以给出树叶的形状和尺寸、树皮的厚度和纹理、树枝的角度和空隙以及树的大约年龄。你还能从其他角度来测算这棵树，比如计算用这棵树能生产多少板材（见图1-5），或者这棵树每天能产生多少维持生命的氧气。你甚至还可以涉及基本的分子过程，在这个过程中，树从阳光中和其他与生命相关的化学作用中吸收了多少能量。

正如上面这个例子，在描述这棵树的过程中，我们需要使用的语言越来越丰富。在一些情况下，例如树的形状或者它的化学方面的详细描述，是相当冗长和烦琐的。这就是为什么科学家使用数学的原因。数学是一种简明的语言，它允许科学家以简洁的形式写出来并且能够据此来互相交流他们的成果，它还有一个附加的好处，即允许科学家通过经验或者观察，对结果做出明确的预测。但是任何事情既能用方程式说明，也能用普通的文字语言来解释（虽然会啰嗦一些）。当你在科学课程中遇到方程式的时候，你应该经常询问，"什么文字语言能表达这个方程式？"学会"读"方程式，使数学在表达大多数方程式后面的简单意思的时候，不再晦涩难懂。

理论的发展

在科学家确认了自然界的某一条规律之后，他们接着会询问一个重要的问题：能让这个规律存在的世界应该是什么样子的？换句话说，他们要构建一种理论，一幅内在的（通常是数学的）关于世界怎样运转的图像。例如，在下一章，我们会看到英国科学家艾萨克·牛顿怎样利用公式说明物体为什么会下落，即具有深远影响的我们现在称之

图1-5　观察树的方法之一是计算它能生产多少板材

为万有引力定律的理论。正如我们在下面将要看到的，一个理论必须在自然界得到检验，一旦理论符合自然界的规律，就说明这个关于世界某个规律的理论猜测是正确的。

我们在讨论科学过程时，已经遇到过一些经常使用的术语，但是这些术语的使用方式，与在日常谈话中使用词语的方式是有区别的。为了弄清楚这个问题，下面对一些术语做一个明确的说明。

事实：对自然界里发生的一些事情的陈述——比如，我扔了我的钥匙，并且它们下落了。

假设：一个基于过去的观察或理论，所考虑的关于将要发生的一些事情的猜想——比如，如果我扔掉我的钥匙，它们会下落。

定律和理论：科学家在正常情况下非常关心数据和计算，而不会过多地注意他们使用这些术语的方式。在一般情况下，不管结果如何，适用于一套想法的符号被首先提出后，通常就会坚持用下去，而不管它在预测时是什么样的。因此，"理论"是指一个假设（但是可能尚未经过验证），如所谓的弦理论，我们将在第13章中讨论。但是，理论也可以是经过很多测试并被科学家们广泛接受的想法，比如第7章中的广义相对论。"定律"通常是指多次测试后得到的规律，比如我们将在第2章中讨论的万有引力定律。但是，在普遍接受的理论和普遍接受的定律之间的科学的用法没有真正的区别，认识到这一点是重要的。例如，万有引力定律实际上是更广泛和更完整的万有引力理论的一部分。

预测和测试

在科学中，每一种想法都必须进行实验，通过实验来预测一个特定的系统将如何表现，然后观察自然界，看看系统是否与预测相符合。例如，进化论对现代生物器官的相似性和区别，以及自然界和灭绝的生物化石的分布，都进行了无数的具体可检验的预测。

考虑一下抛掷物体而下落的假设。这个想法可以通过抛掷不同种类的物体进行测试（见图1-6），每次抛掷就是对我们的假设所进行的一次测试，测试成功的次数越多，则我们对假设的正确性就更有信心。只要我们限制在地球表面上对抛掷固体或者液体进行测试，那么总是能够证实我们的假设是正确的。但是测试充氢气的气球，我们会发现测试结果与规律明显不符合。气球向上"落"了。前面给出的假设，对很多物体而言是正确的，但是对某些气体而言却不成立了。更多的测试表明，我们的假设还需要有其他的限制条件。如果你是一个在太空中乘坐航天飞机的宇航员，任何时刻你放掉手中持有的东西，它将在空间里飘浮。显然，我们的假设在航天飞机及其他航天器中也是无效的。

这个例子说明了在科学中测试的重要性。测试不一定是要证明或者反驳某一种想法，它们应用于限定范围的情况下，只有在这个限定范围内这种想法才是有效的。例如，我们可以用某些方法观察自然界在高温或低温条件下的表现。在这种情况下，最初的假设被看作是更深奥、更普通的理论的一种特例。在气球事例中，简单的"物体下落"理论被更普通的万有引力理论取代，这个理论是建立在被称为牛顿运动定律和万有引力定律基础上的，我们将在下一章学习这些定律。这些自然界的定律说明和预测了下落物体在地球上和在宇宙空间里的运动，比最初的假设更成功。在下一章中，我们将讨论这方面更多的细节。

在本书中我们会遇到很多这样的定律和理论，所有定律和理论都有数以万计的观察和测量做支持。不过要记住这些定律和理论是怎么来的，它们不是天生写在石头上的，也不是某人灵光一闪拍着

图1-6 方程可以让我们精确地描述物质世界的物体的行为，描述下落物体的行为，也可以采用方程

脑门想出来的。它们来自无数次重复的严谨观察和测试。它们代表了我们对于自然界如何运行的深刻理解。

我们从来没有停止过对关于自然界的假设、理论或定律的怀疑。科学家们经常思考更加严谨的新实验来检验我们已有理论的限制条件。事实上，科学的一条中心原则是这样的：

基于新的观测，每一个自然界的定律和理论都可能会被改变。

这是关于科学的一个非常重要的陈述，但它又是在公众讨论中容易被忽视的问题之一。原则上，这句话意味着某个科学模型有可能是错误的。换句话说，你可以设想出一个实验结果来证明某个理论是错误的，即使那个实验结果在现实世界中永远不会发生。

考虑一下进化论，它预言了无数个地球上生存过的生物的历史生存顺序。例如，按照生物进化的通用模式，恐龙在人类出现数千万年前就灭绝了。因此，如果一位古生物学家发现与暴龙在同一地质构造中的人的腿骨，那么这个发现将会给进化论带来新的挑战。

操作中的科学方法

这些要素——观察、规律、理论、预言和测试——共同组成了科学方法。图1-7列出了你能想到的工作方法。科学方法是一个永无止境的循环，在这一循环中，观察引导出理论，理论又导出更多的观察。

如果观察证实了理论，那么需要设计更多的测试。如果理论失败了，那么通过新的观察来修正它，然后对被修正的理论再次进行测试。科学家重复着这个过程，除非现有仪器设备无法实现测试，在这种情况下，研究者经常试图研发更好的仪器以进行更多的测试。如果进一步测试没有什么意义的话，就可以认为所提出的假设能提升为自然界的定律。

实现图1-7所示的有序循环是重要的，它为我们提供了思考科学的有用框架，但我们不应该认为它是一成不变的硬性步骤。科学可以像艺术或音乐一样在每一点上做出创造性的工作。因为科学是人类从事的事业，它涉及偶尔迸发出的直觉灵感、突然的飞跃、令人快乐的规则突破以及其他人类活动所具有的所有特点。

关于科学方法还有以下几个重点：

1. 科学不需要人们以"开放的"心态毫无任何预期地去观察自然。大多数的实验和观察是根据心中的假设而设计和进行的，大多数的研究者也曾经预料过观测的结果，不管结果表明了原先的假设是对还是错。然而科学家们相信他们观察或实验的结果，无论它们是否满足最初的假设。

科学要求的是不论我们如何预测，如果证据与我们的预测不符合，则我们必须改变我们的想法。

2. 不存在进入科学方法循环的"正确"起始点。科学家们能够（并且已经）依靠广泛的观察而开始他们的工作，他们也能从理论和测试开始工作。这就使得你无论从什么起始点进入循环都没有什么区别——你可以在科学方法循环链的任何地方开始你的科学过程。

3. 观察和实验必须进行报道，使得其他人用适当的设备来验证你的结果。换句话说，科学成果必须具有可重复性，任何人经过训练后用适当的设备就能重现科学成果，而不仅仅是最初的实验者才能得到。

4. 循环是连续不断的，它没有终点。科学不提供最后的答案，也不研究终极真理。换句话说，它是一种方法，用来连续提出细节问题并精确地描述物质世界的广大领域——允许我们怀有更高的信心去预言世界更多的行为。

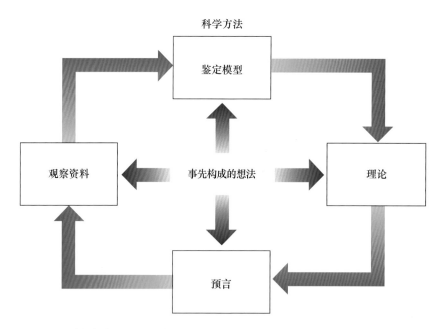

图1-7 科学方法可以用下述循环来说明：反复观察（资料），鉴定模型和规律性，构建理论，提出预言以及收集更多的观察资料

科学进展

生物的多样性

科学研究的动态过程可以用生态学中的实验——相互依存的生物群落的研究——来说明。通常很多公众话题聚焦于人类活动对生物多样性可能带来的不利因素。生物多样性是指某个给定区域存在的各种生物以及由这些生物所构成的生命综合体的丰富程度。在我们能判定人类对生物多样性的影响之前，我们必须首先调查生物多样性在自然界中所起的作用。为了回答这个问题，研究者们应用科学方法设计了一个实验，对具有不同物种数量的一些区域进行研究。

从 1982 年开始，明尼苏达大学的生态学家戴维·迪尔曼进行了这样的一次实验。他从雪松溪自然历史区选择了四块长满草的地块。这些地块从来没有耕种过或者至少闲置了 14 年。首先迪尔曼用围栅把这些地块隔起来，然后把这些地分成每边大约 12 英尺⊖长的小地块——一共分成 207 块（见图 1 - 8）。

1. 一些称为控制的地块，不进行处理。
2. 一些地块施以一组必要的养分，例如磷和钾，但是没有氮。
3. 一些地块施以同一组养分，但是氮的浓度不同。

关于这个实验的设计，戴维·迪尔曼思索了一段时间。所有这些地块开始实验时都具有同样的土壤，接受同样的雨量，它们之间仅有的不同是氮和其他养分的浓度。用实验语言讲就是氮和其他养分的浓度是"独立自变量"，而作为结果的生物多样性或植被数量就被称为"因变量"。这样一来我们能发现实验结果依赖于氮和其他养分的充足或缺乏。

在实验进行的 11 年中的每一年里，实验测量了两个数据：每个地块植物的数量（或者生物量）和植物种类的数量（或者生物多样性）。在正常年

航拍照片（a）是 1983 年在锡达克里克的实验进行到第二个年头时的景象。小地块的不同颜色说明由于添加氮的浓度不同而引起的植物种类在视觉上的变化。

照片（b）表明在同样的土地上一块被特别控制的小地块。这一小地块上有很高的植物多样性，由原产的植物种类控制，并且没有施加任何氮。

照片（c）表明一个小地块接受了最高浓度的氮，并且几乎全被外来的杂草所占据。不同的地块以不同的影响植物生长的营养方法进行了处理。

(a)　　　　(b)　　　　(c)

图 1 - 8　这三张照片说明在靠近明尼苏达鲍威尔大街的雪松溪自然历史区中进行的添加氮的实验

⊖ 英尺（ft），1 ft = 0.3048 m。——编辑注

景里，有一个清晰的结果：施加的氮浓度越大，产生的生物量越多，而其他的养分数量的影响很小。此外，具有最高生物量的地块有植物种类更少的趋势，因此生物多样性更低，因为当一些种类的植物茂盛时，它们会把其他的植物挤出去。

很偶然的是，实验周期所包含的 1987—1988 年，遇到了最近 150 年间的最恶劣的三次旱灾。在旱灾年份里，施加的氮浓度只有很小的不同——所有的地块里只产生了很低的生物量。但是旱灾也使生物多样性更加显著，因为具有低生物多样性的地块生物量降至无旱灾时水平的 1/8，具有高生物多样性的地块仅降低一半（虽然对于具有更浓的氮的地块百分比降幅更大一些，事实上，在旱灾之年所有的地块大致上产生了同样的生物量）。

这样一来，生物多样性对于自然生态系统似乎是一项保险的政策，在正常年份中，它不太重要，但是它保证系统能度过高压力（如旱灾）时期。通过精心设计和实施的实验，科学家们能够了解这类问题。

科学史话

迪米特里·门捷列夫和周期表

发现自然界中未知的事物，是科学方法中关键的一步，这令科学家倍感振奋。

迪米特里·门捷列夫（1834—1907）于 1869 年取得的一项突破，是为一本新的化学教科书绘制了一张数据表。

19 世纪中叶是化学界令人非常兴奋的时期，几乎每一年都有一种或两种新化学元素被发现，并且新的设备和工艺大大地扩展了实验室和工业化学家的技能。在这样一个激励人的领域里，要想在教科书中保存所有发展的资料，并且做出摘要不是一件容易的事。在一件整理关于最基本的化学结构模块知识的工作中，门捷列夫列出了 63 种已知化学元素（通过化学方法无法再细分的物质）的各种性质。他按照相对原子质量的次序列出表格，然后记下每种元素的化学特性。

仔细查看这张表，门捷列夫认识到一种特别的模式：具有类似化学性质的元素有规律地（或说周期性地）、有间隔地出现在第一组元素中，包括锂、钠、钾和铷（他称它们为第一族元素），都是软的、银白色的金属。

随着其他类似情形的出现，门捷列夫成功地把元素排列到表格中（见图 1–10）。这个所谓的周期表不仅凸显了先前未曾认识到的元素之间的关系，还揭示了尚未被发现的元素应该在周期表的什么位置。在后来，几个新元素陆续被发现，并且它们的相对原子质量和化学性质符合周期表的预测，门捷列夫元素周期表的力量就更加显现出来了。元素周期表的发现被列为科学的最伟大成就之一。

图 1–9 迪米特里·门捷列夫意识到已知化学元素的性质是有规律的，从而做出第一张元素周期表

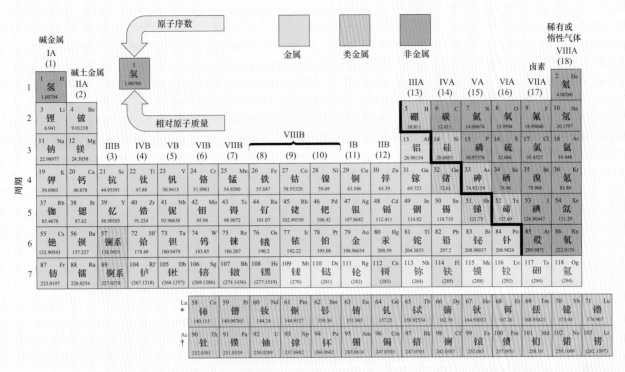

图1-10 所有已知化学元素的周期表，元素质量从左向右、从上向下递增，每一列的元素具有同样的化学性质，大多数元素是金属（用绿色表示），而类金属和非金属用黄色和橙红色表示，最后两行用淡蓝色表示的元素是性质相近的镧系和锕系族元素

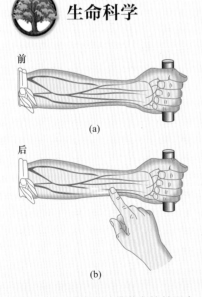

生命科学

图1-11 威廉·哈维著名的关于血液循环的实验之一。验证血液从静脉流回心脏这一假设。哈维首先用止血带绑住受试者的胳膊，受试者紧握一件东西，使静脉凸起（a）。压下静脉使之逐渐下陷，表示血液确实流回心脏（b）

威廉·哈维和血液循环

血液在你身体中循环是一个很普通的常识，但是停下来想一会儿，我们是怎么知道血液循环的呢？研究人体的科学家面临的一大困扰是血液所起的作用。英国医生威廉·哈维（1578—1657）提供了关于我们的血液循环流动的图像，在循环中，血液从心脏流出，经由动脉流向身体的所有部位，再经由静脉流回心脏。他的实验揭示了工作中的科学方法。在哈维的工作之前，几个有竞争性的假设已经被提出来了。一些科学家认为血液没有流动，只是简单的脉冲响应着心脏的抽吸。另外的说法是，动脉和静脉构成不同的系统，静脉中的血液从肝脏流到身体的不同部位，在那里它被吸收并给身体以营养。从另一方面来说，哈维采纳了这个假设：血液通过一个连接动脉和静脉的系统进行循环。当面对如此相互矛盾的假设时，科学家必须设计实验，来检验每种互相竞争的想法是否正确。

为了确定血液的循环，哈维首先仔细解剖了动物，探寻出动脉和静脉。其次，他着手研究活的动物，观察刚被宰杀的动物心脏停止跳动时的动脉和静脉。直到现在，动物还是医学科学发展的牺牲品。最后，哈维进行了一系列实验，证实了静脉中的血液确实流回到心脏，而不是像水流入沙漠那样被组织吸收了。图1-11是其中的一次实验。

一条止血带绑住受试者的胳膊，让他紧握一件东西使静脉充满血液

并且凸起来，（当你在医院抽血时大概做过同样的事情）哈维压下静脉并且注意它向里凹陷了（表明血液流出）且流回心脏。这个结果刚好与血液从肝脏流向血管末端这一假说互相对立。基于这个实验以及其他类似的实验，哈维最终做出了血液循环是连绵不断的这一结论。

 数学计算   **血液循环**

　　威廉·哈维在研究血液循环的过程中有部分内容需要借助一些简单的数学计算。在当时，公认的理论是由著名的罗马医生加伦在几个世纪前提出的，血在肝脏中制成并流到细胞中，在那里被大量消耗。哈维拿来他解剖的尸体的心脏，并测量它们能保有的水量。一个原本正常的心脏能保有 2 盎司（oz）的液体。哈维知道一个正常成人的心脏 1 分钟（min）跳 72 次（你可以检测自己的脉搏来核实），于是，在 1min 内通过心脏抽出的血液量为

$$72 \text{ 次/min} \times 2\text{oz/次} = 144\text{oz/min}$$

16 盎司（oz）是 1 磅$^{\ominus}$（lb），于是

$$144\text{oz/min} \times 1/16\text{lb/oz} = 9\text{lb/min}$$

1 小时（h）是 60min 并且 1 天是 24h，于是在 1 天中，心脏必须泵出的血液是

$$9\text{lb/min} \times 60\text{min/h} \times 24\text{h/天} = 12960\text{lb/天}$$

　　哈维知道没有人能在一天中吃这么多食物，因此，加伦所提出的血液单向循环和血液消耗的假设不可能是正确的，它要求心脏不断地泵送同样的血液。（为了历史的准确性，我们可能注意到在加伦的生理学中留有一个不明确的方式：一些血液返回到肝脏，类似潮流。但是，血液在身体中消耗的想法仍然存在。）

 其他的认知方法 ━━━━━━━━━━━━━━━━━━━━ ■

　　科学家们通过可重复进行的观察和实验，发现了描述自然界运转的定律。科学中的每一个想法都必须接受这样的检验。如果一个想法不能用可重现结果的方式检验，即使该想法是正确的，那么它也不算是科学。

物理学与化学

⊖ 磅（lb），1lb = 453.59237g。——编辑注

不同种类的问题

任何科学研究的第一步都是对物质世界提出问题。例如，一位科学家会问，一幅特别的绘画作品是否是在 17 世纪完成的。通过研究画布、X 射线照射等多种物理和化学测试便可以确定画作的年代。关于这幅画是真的或是现代仿制品的问题，的确能够用科学方法调查清楚。

但是科学方法不能回答其他一些看起来同样正当的问题。没有物理或化学测试会告诉我们，这幅画是否养眼或者我们面对它会有怎样的反应。这些问题其实是科学领域以外的问题了。

科学方法不是回答我们生活中实质性问题的唯一方法。科学给我们提供了解决物质世界中问题的强有力的方法，告诉我们物质世界是怎样运作的，以及怎样改造世界以满足我们的需要。但是很多问题超出了科学和科学方法的范畴。这些问题中的一部分是很深奥的哲学问题：人活着的意义是什么？为什么世界会承受如此多的苦难？有上帝吗？另一类重要的关于个人方面的问题也是科学以外的问题：我应当选择什么职业生涯？我应当和谁结婚？我应当有孩子吗？科学信息可能对我们个人的选择有一些影响，但是我们不能完全依靠观察、假设和测试这一科学工作循环来回答这些问题。为了寻求答案，我们转而向宗教、哲学和艺术求教。

创作交响乐、诗歌和绘画用来欣赏而不需要具有科学分析的经验。这话不是批评，这些艺术形式与科学相比满足不同人的需要，并且它们采用了不同的方法。对于宗教信仰也能同样这么说。严格地讲，科学和宗教所关心的问题之间不存在矛盾，因为它们涉及生活的不同方面。矛盾仅仅发生在人们企图用他们的方法对待问题，而那些方法又不适用的时候。

伪科学

自然现象的很多问题，包括超感官知觉（ESP）、不明飞行物（UFO）、占星术、水晶力量、轮回转世说，或者很多你在小报上看到的其他文章，都没有进行过科学的验证。这些东西，都要被贴上伪科学的标签，它们没有一个能够用我们使用的科学术语进行测试（见图 1 - 12）。无法用可重现的测试结果来说服那些相信伪科学的人哪些观点是不正确的。但是，正如我们看到的，科学思维的中心属性是可测试的，原则上也可能是错误的。伪科学置身于科学领域之外，沦落到信仰或教条的境界。

在下面"数学计算"一节中，我们将详细介绍一种伪科学——占星术的本质。当面对其他种类的伪科学时，只要你问几个问题就能得出结论。

1. 事实正如所说的那样吗？

第一步是确保事实是否支持自认为正确的伪科学。例如，对埃及大金字塔常有各种论点。在一个版本中，说金字塔肯定是外星人建造的，因为它们

图 1 - 12　在好莱坞有许多灵媒店，其中的算命、占星术和其他活动就是伪科学的例子

的底座是一个完美的正方形，而铺设一个完美的正方形超出了埃及人的能力，还有其他一些类似的事情同样是他们能力之外的。事实上，根据金字塔的现代勘查，胡夫金字塔的最长边比最短边要长出8英寸（in）——证明底座完全不是完美的正方形。挖掘出事实的真相有时是枯燥的，但它是必须做的第一步。

2. 有一个选择性的解释吗？

有关UFO的看法，这样的事情经常发生：你不能证明看到的物体不是UFO，但是对于同样的事件，这里有一个标准的解释。例如，天空中一条光线可能是宇宙飞船，但是它也可能是金星（通常被报道成UFO）。在这种情况下，有一种所谓的"举证责任"的说法。如果有人提出一种主张，那么需要那个人提出证据来证明这个主张，而不需要由你来反驳它。此外，越不容易接近的主张，要证明它就更难。著名的行星天文学家和公共电视台科学教育家卡尔·萨根有一句话，"非凡的主张需要非凡的证明"。

3. 主张是可证伪的吗？

正如我们上面陈述的，科学方法的中心属性是每个科学主张要经受实验或观察的检验，因此设想一个实验结果以证明陈述是错误的（即证伪），这是可能的（虽然该实验结果是否能够真实地存在是另外一回事）。这说明一个主张是可以被证伪的。不能被证伪的主张根本就不是科学的一部分。例如，一些神创论者谈论"创造古代"的教义，这意味着宇宙看起来好像已被创造出几十亿年，即使

⚠ 停下来想一想！

任何实验或观察（在原则上）能说明创造古代是假的吗？

真的是由上帝创造的，也只有几千年。这种说法是不可证伪的，因此，这一教义不是科学的一部分。

4. 主张得到严格地检验了吗？

很多伪科学的主张是以轶事和故事作为基础的。这里有一个例子，在用占卜杖寻找矿或水源时，行走在地面上的一个人（通常举着带分叉的棍子），能检测出地下水的存在。关于这个实例的故事几乎在美国农村地区都可以听到。当超自然主张科学调查委员会（CSICOP）在被掩埋的水管沟表面对所谓的找水者进行控制测试时，找水者确实没有找到水。像这样的测试很难安排，而且往往没有得到更多的宣传，但它们是值得去做的。

5. 提出主张需要不合理地改变可接受的观念吗？

一个伪科学的主张似乎能解释一小部分的事实，但同时需要忽略掉更多的事实。例如，精神病学家伊曼努埃尔·威利克夫斯基看到古代课文中一个试图改变宇宙的故事（在这个过程中违反了很多物理学的定律），这个故事是叙述事实的记叙文，而不是寓言或隐喻。从科学的角度来看，我们应该接受经过验证的物理定律，而放弃所阅读的文学故事。

 数学计算   **占星术**

占星术是一个非常古老的信仰体系，大多数科学家称之为伪科学。占星术的中心信念是天空中物体的位置在一个特定的时间（例如，一个人的

⊖ 英寸（in），1in＝0.0254m。——编辑注

生日）影响到一个人的未来（见图 1-13）。由古巴比伦人开始使用的占星术在西方世界已经发展成为复杂的预兆系统的一部分，直到今天，很多著名的天文学家还在使用预兆系统。

当地球围绕太阳运转时，夜空中的恒星位置也在改变。从地球上看，太阳一年的运行线路被称为黄道，黄道上由恒星组成的十二个星座，被称为黄道十二宫。

占星学家有一套复杂（还没有统一起来）的系统，在该系统中每一个天体和星座的组合被认为表示特定的属性。例如，太阳表明一个人性格外向，富有表现力，月亮表明内向等。这个系统认为，太阳在你出生的时刻处在哪个星座，就说明你的"星座"是哪个。今天，虽然天空中太阳的位置由于地轴的运动而发生移位，但是"星座"的原始资料到现在仍在使用。

科学家抛弃占星术有两个原因。第一，没有方法确认行星和恒星能够在孩子出生时发挥重要的影响。的确，正如我们在第 2 章将要学到的，它们对婴儿产生的引力是很小的，而由尺寸较小但更靠近的物体所施加的引力比由任何遥远天体施加的引力更大。第二，更重要的是，科学家抛弃占星术是因为它是不起作用的。一千多年过去了，完全没有证据来证明星辰能够预言未来。

图 1-13　占星术是一种伪科学，它基于这种信仰：天体的位置会影响我们的命运

科学的结构

科学家们研究所有种类的自然物体和现象：最小的基本粒子、微观的生命细胞、人体、森林、地球、星辰和整个宇宙。在如此广阔的领域中，可以使用同样的科学方法。人们完成这一任务已用去几百年的时间，并且我们现在对宇宙运转的很多方面都已经积累了相当多的知识。在这一过程中，科学家们也发展了与追求科学知识一致的社会结构，以及识别在大科学框架中重要的学科差异。

科学的划分

科学是人类努力的结果，人们总是根据自己的兴趣分成很多不同的集团。当现代科学在17世纪发端时，也许只有一个人知道关于物质世界和"三个王国"——动物、蔬菜和矿物的几乎所有事情。在17世纪，艾萨克·牛顿就进行了天文学、移动物体的物理学、光的特征和数学等方面的前瞻性研究。到了19世纪中叶，一些研究物质世界的学者组成了在一定程度上有凝聚力的团体，他们自称为"自然哲学家"。随着人们研究程度的扩展，自然科学知识更加详细、更加技术化，科学开始分成不同的领域，变得越来越专业化。

今天，我们所拥有的知识和对世界的了解更加深入，以致没有人能够在多种学术领域的前沿都能够有所建树。现在，大多数科学家选择一种主要的学科领域——生物学、化学、物理学等——并且长时间地研究该学科的一小部分（见图1-14）。每一个学科领域都有上百个不同的分支。例如，在物理学当中，一个学生可以选择学习光的特性、材料性质、原子核、基本粒子或者宇宙起源。在任何一个学科领域得到的信息和专业知识是如此之多，以至于多数学生几乎没有时间去管其他事情而只顾学习本专业的知识。即使如此，众多很有意义的科学问题，从生命起源到材料性质再到治疗癌症，都是跨学科的，并且需要不同专业的很多科学家共同努力。

不同领域的科学家用不同的方法研究问题，因此科学又被进一步细分了。一些科学家是现场研究者，他们进入自然环境去观察自然界的运转。另外一些科学家是实验家，他们依靠可控制的实验来熟悉自然界。还有一些科学家被称为理论家，他们花费时间设想可能存在的宇宙万物的规律。不同门类的科学家们需要在一起工作来共同完成任务。

图1-14　科学家从事不同的研究工作

科学的分类，是由欧洲大学体系予以规范的。在欧洲，每个系习惯性地只有一名教授，其他所有的教师，不管多么有名和卓越，只能拥有一个不大有声望的职位。在 19 世纪，杰出的科学家数量大幅增长，迫使大学创建新的系，以吸引新的教授。例如，一些德国大学设置了独立的理论和实验物理系。英国剑桥大学一口气开设了七个不同的化学系！

在北美，每个系通常有很多教授。美国的理科学院通常分成几个系，包括物理学、化学、天文学、地质学和生物学——它们被称为科学的分支。

科学的分支

科学的分支是依据它们解决不同范围的问题来划分的。

物理学研究自然界的最基本性质：材料、能量、力、运动、热、光和其他现象。所有自然系统，包括行星、恒星、细胞和人，都具有这些现象，所以物理学是研究自然界的各个学科的基础。

化学研究化合物中的原子。化学制品组成了我们世界中的很多材料，化学反应对我们的环境和我们的身体产生了重大的影响，化学是一门非常实用（而且有益）的科学。

天文学研究恒星、行星和其他天体。由于有了强大的新型望远镜和机器人探索太空，我们生活在一个前所未有的天文发现的时代。

地质学研究我们的家园——地球的起源、演化和现状。很多地质系也研究其他行星，以便更好地了解我们自己所处世界的独特性质。在很多大学里，进行这类研究的系称为"行星科学系"或者"地球系统科学系"。

生物学研究生命系统。生物学家在多个尺度上研究生命，从单个的微观分子和细胞到扩展了的生态系统。

尽管实际上科学被划分成多个独立的科学分支，但是科学的所有分支在知识网络中互相联系。

多数自然过程只能通过多学科的综合探讨进行研究。了解像地球气候变化、自然资源的使用价值、核废料安全存储、可选择能源的发现这样完全不同的论题，需要物理学、化学、地质学和生物学的专业知识。在自然世界中所有科学都是互相联系地综合在一起的。

知识的网络

科学的结构可以比喻成一张错综复杂的蜘蛛网（见图 1-15）。环绕网边缘的是科学家们调查的对象和现象，从原子到树木再到彗星。向着网中心移动，我们发现十字形连接着各种假设，这些假设是由科学家提出的用于解释这些现象的。

越接近网中心，所提出的这些假设就越通用，越能解释更多现象。从知识网中心放射出去，连接所有部分并且保持完整的结构，我们发现这些数量很少的通用原理得以进入自然界定律的行列。

无论你从哪里开始进入这个网络，无论你对自然界的什么部分进行研究，你将最终到达交叉在中间核心处的处于支配地位的基本思想。发生在宇宙中的每件事情之所以发生，是因为这些物理定律当中的一个或更多个在起作用。

科学知识的系统结构提供了综合研究科学的一种思想方法。任何科学问题的中心都是自然界的一些定律。我们从考察那些说明宇宙中力和运动的普遍定律开始。科学中处于支配地位的原理为所有的科学家所接受和共用，无论他们研究的领域是什么。在我们研究世界不同部分的时候，这些思想再三重现。你将发现这些思想中很多部分和它们的影响看起来是相当简单的——甚至是显而易见的——因为你极其熟悉物质世界，在这个物质世界中，自然界的定律一直起着作用。

在介绍了普遍原理之后，我们将关注科学方法是怎样应用于自然界中特有的物理系统中的。我们调查了材料和构成材料的原子的性质，例如，观察了形成材料的化学反应。我们探索了我们居住的这

图 1-15　科学知识是互相联系的网络

个星球并且发现山脉、海洋、江河和平原是怎样形成的以及它们是如何演化的。我们还探索了分子、细胞、器官和生态系统等不同尺度上的生命结构。

读完本书后，你会接触到很多关于世界万物的重大发现，这些发现都是科学家们经过若干世纪的努力而得到的。你将学到我们的宇宙万物的不同部分是怎样运作的，这些部分又是怎样组成一体的。你还会懂得，仍然有大量未知问题需要今天的科学家们去解决。你还将了解到我们面临的一些重大的科学和技术挑战，并且更重要的是，你将充分了解到，将来世界的运行会涉及很多新问题。

基础研究、应用研究和技术

宇宙万物能用很多方法进行研究，这样做有很

多原因。很多科学家只是为了获取自己感兴趣的知识，想发现世界是怎么运作的。他们从事基础研究，可能会研究遥远的行星的行为、模糊不清的生命形式、罕见的矿物或者亚原子粒子。虽然依靠基础研究的发现可能有深刻的社会效果（例如，见第 5 章关于电动机的讨论），但它不是大多数科学家的主要兴趣之所在。

另外，很多科学家希望自己的研究工作有着特别实际的目的。他们希望开发技术，能把科学成果运用到具体的商业或者工业当中。这些科学家说他们从事的是应用研究，他们的想法经常通过大型研发项目转化为实际的系统。

政府实验室、学院和大学以及私人的研究所全部都支持基础研究和应用研究，大多数规模性的研发（以及多数应用研究机构）都是在政府实验室和私人研究所中开展的（见表 1-2）。

设施	类型	位置
阿贡国家实验室	政府/大学	芝加哥附近，伊利诺伊州
AT&T 贝尔实验室	工业	默里山，新泽西州
布鲁克海文国家实验室	政府	长岛，纽约州
卡内基科学研究所	私人	华盛顿特区
杜邦研发中心	工业	威尔明顿，特拉华州
费米国家加速器实验室	政府/大学	芝加哥附近，伊利诺伊州
IBM 托马斯·沃森研究中心	工业	约克镇高地，纽约州
凯克望远镜	大学	莫纳克亚山，夏威夷州
洛斯阿拉莫斯国家实验室	政府	洛斯阿拉莫斯，新墨西哥州
美国国立卫生研究院	政府	贝塞斯达，马里兰州
美国国家标准与技术研究院	政府	盖瑟斯堡，马里兰州
橡树岭国家实验室	政府	橡树岭，田纳西州
SLAC 国家加速器实验室	政府/大学	门洛帕克，加利福尼亚州
得州超导中心	大学	休斯敦，得克萨斯州
美国地质勘探局	政府	雷斯顿，弗吉尼亚州
伍兹霍尔海洋研究所	大学	伍兹霍尔，马萨诸塞州

表 1-2　主要的研究实验室

 技术

搜寻地外文明计划（SETI@home 计划）

采用多种方法来搜寻地外文明（SETI）已经有相当长的历史了。科学家们早在 1960 年就认识到采用射电望远镜可以检测来自其他文明的信号（如果有地外文明信号的话）。不过直至今天，天文学家们还没有成功地接收到这些信号。但是，搜寻地外文明的重要性是巨大的，所以这一工作仍在继续进行。

寻找信号有一点像在一个陌生的城市寻找一个广播站。你调好频率，每个台都听一小会儿，直到找到你需要的台。以同样的方法，SETI 天文学家把他们的望远镜指向天空中的一个小区域，发射频率，然后移动到下一个区域。因为有很多的区域和频率，因此有巨大的数据量，对之进行分析一直是寻找外来信号的主要障碍。

伯克利大学的科学家们已经开始利用互联网来解决这个问题。波多黎各阿雷西博天文台（见图 1-16）的无线数据传送到伯克利大学，在那里，无线数据被归类成一小块一小块。这些数据块之后传输到 SETI@ home 计划的参与者那里——世界范围内有上百个国家超过 500 万的参与者。通常当个人计算机不做任何其他事情时，这些参与者使用事先下载的软件分析数据（常用 SETI 程序作为屏幕保护器）。当小块天空的数据被分析完毕，就被传回伯克利，然后再将新的数据发送到个人计算机。

几百万台计算机联合在一起以这种方式工作，形成了也许是地球上最大的计算机群。更重要的是，他们可能是在尝试一种革命性的方法，用分布在各地的计算机，利用业余时间进行数据分析，能够帮助科学家们分析各个领域的海量数据。

图 1-16　波多黎各阿雷西博天文台的射电望远镜是用于 SETI 的一项设备

科研经费

绝大部分的美国科研经费来自联邦政府的各种机构（见表 1-3）。

表 1-3　2011 年联邦科研经费	
2011 年由机构提供的联邦研究和发展经费总计	
机构	经费/百万美元
国防部	82379
卫生与公众服务部	29816
国家航空航天局	12188
能源部	9661
国家科学基金会	4479
农业部	2412
商业部	1138
国土安全部	1085
运输部	820
内政部	676

（续）

2011 年由机构提供的联邦研究和发展经费总计

机构	经费/百万美元
教育部	321
国际开发署	223
退伍军人事务部	952
史密森学会	203
核管理委员会	71
其他	322

在 2011 年，美国政府的研发总预算约为 1300 亿美元。国家科学基金会年度预算约为 40 亿美元，支持所有科学领域的研究和教育。其他机构，包括国家健康研究院、能源部、国防部、环境保护署和国家航空航天局可以拨出专款支持在他们自己感兴趣的特殊领域内的研究和科学教育，而且国会也可以为特殊项目拨出附加款项。

一位独立的科学家通常要向拨款的联邦机构提交请求拨款的申请，来寻求科研经费。这样的一份申请材料要包括研究计划、研究的重要性论证等内容。联邦机构聘请独立的同行专家进行评审，并按重要性的顺序给申请排序，随后拨出联邦机构能够支付的资金。在不同的情况下，一份申请有 5% ~ 25% 成功的机会。这些从联邦拨款机构拨出来的资金用来购买实验设备，支付计算费用，支付研究者薪金，还要支持硕士生、博士生。没有这种支持，美国的很多科学研究可能会处于停顿的状态。对于联邦政府提供科研经费，每一个公民可以通过各自选举出的代表反映自己的见解和想法，这会对科学的发展有着直接的影响。

正如你所猜测的，科学家和政治家会多次讨论这些经费应当怎样花。例如，一个经常争论的焦点是牵涉到与基础研究相对应的应用研究的问题。我们应当在应用研究方向支付多少经费，哪个很快会有结果？与此相对的基础研究要支付多少经费？哪种研究可能在好几年内都没有任何结果？

科学家之间的交流

有时候，与其他同学一起做家庭作业比你自己做更容易，科学家们从事科研工作也是这样。独自进行工作可能是困难的，科学家们经常寻找其他人员进行交谈和协作。历史上有特立独行的孤独天才改变了历史的流行故事，但是现在，在科学家的现实世界中，这样的故事几乎不可能再出现。你再一次走进你们大学科学系的大厅时会看到教师和学生们在深入地交谈、讨论并在黑板上勾勾画画。这种直接接触是最简单的一种科学交流。

科学会议提供了更正式和有组织的论坛。全年的每个星期，在各个会议室和会议中心，来自不同国家的科学家们聚集在一起交换思想。你或许注意到，在你们当地的报纸上会有一些科学方面的文章报道规模最大的那些会议，上千位科学家们在同一时间聚集在一起，他们在报告厅中宣读令人激动的成果。科学家们经常会抓住宣传重要发现的机会，以引起人们的注意，比如有冲击力的会议和记者招待会。

科学家们还会通过与其他人通信来互相交流。除快速通信，如信件、传真和 e-mail 以外，几乎所有的科学领域都有刊物来报道研究成果。科研期刊的报道系统是这样工作的：当一个科学家团体完成了一项研究并且准备交流他们的成果时，会写出一份简要的论文完整地说明他们所从事的工作，给出他们的方法和技术数据，以便其他人能再现这些数据，陈述他们的成果并进行总结。期刊编辑将论文送给一位或多位能审稿的知识渊博的科学家。这些审查者的姓名通常不会透露给作者，审查者们会仔细阅读论文，检查论文中的笔误、虚假内容或者错误的程序。然后每位审查者发给编辑一张更改纠正表。只有审查者告诉编辑论文通过审查了，才能发表。在很多领域的论文一经录用，几乎能立即在网上发布，而纸质版论文则在几个星期以后才能出版。这种被称为同行评议的机制是现代科学的基础之一。

同行评议为新的成果被纳入到科技文献中提供了一个清晰的体例。当某个同行绕过同行评议机制而直接在记者招待会上宣布科研结果时，科学家们会觉得不高兴。成果没有经过彻底审查时，没有人能确保它是否符合既定的标准。如果成果不可复制、被夸大或者完全错误，则会损害整个科学界的声誉。如果在报纸或互联网上读到所谓的新发现的时候，却无法追踪到这个"新发现"经过同行评议，那么你应该怀疑这个"新发现"的真实性。

延伸思考：基础研究

科研经费应该如何分配？

现在科学研究是很花钱的。例如，作为天文观测仪的航天器和大型强子对撞机的价格可以达到数十亿美元。这些机器是专门用于基础研究的，用于发现世界万物运行的基本规律。我们完全不知道那些发现是否在未来的某些时候会对人类有实际好处。这是基础研究的一个特征。当有一个明显的好处即将出现的时候，证明为研究花钱有正当理由是不困难的——比如一种新的药物或者更快的计算机。但是当没有明显的和直接的好处的时候，怎样证明花那些钱是有正当理由的呢？

那些反对加大基础研究支出的人认为，世界面临许多严重的问题，必须现在就解决，并且基础研究的好处太贫乏了，在未来能够证明花钱的正当理由又太遥远了。那些支持加大基础研究支出的人则说，基础研究已经给人类带来很大好处，现在要是不加大投入，则会使子孙后代处于困顿之境。

你认为在科学研究上花费多少比例的经费，用于对现在的工作没有直接好处的基础科研上呢？应当如何平衡当前工作的直接利益和从基础研究中得到的长远利益？你认为谁应该做出这样的决定？

回到综合问题

你如何知道你知道什么？

■ 有很多方法能让我们得到关于这个世界的知识：体验、获得智慧、科学观察和实验、柏拉图提出的理性和直觉等。但所有这些方法都是有局限的。
● 发现科学方法是为了克服我们试图获得知识时固有的局限性。
● 科学运用数学来做定量观测，这样就可使模式和规律被系统地确定下来。
● 预测和测试使得科学知识得到发展和改进。

- 理论和假设之间的竞争为科学过程助力，而研究者之间的交流让我们掌握更多的知识和对世界更加理解。
- 随着观察和测量的进步，所有的科学定律和理论都可能会更新。这将会使我们更进一步加深对世界的理解。
- 研究者通过经同行评议后发表的论文交流他们的成果。这一发表的过程可以使我们的知识变成文字，由此，有价值的信息可以传播到世界上更大的范围。

■ 科学通过可观察的事实、可重复的实验、具有逻辑性的假说以及可检验的预言来解决问题。尽管如此，仍有很多问题科学还不能作答。
- 其他"认知方法"，包括艺术、哲学、信仰以及宗教等，解决了另外一些问题，是对科学的一个补充。
- 科学不是理解我们所生活的世界的唯一方法。尽管如此，它仍是一种非常宝贵的工具，提供给我们一个获得物质世界知识的独特手段。

小　结

　　科学是我们认识自然界万物的方法。科学方法依赖于对自然界的可重现的观察和基于仔细测量的实验。科学家们收集了由观察所证明的很多自然界的事实，然后提出假说——关于世界怎样运作的初步猜测。反过来，假说导致了需要用更多观察和实验来检验的预测。当大量的观测都指向于自然界中一个有规律的可预测的模型时，就形成了科学定律。而科学理论是给出了对自然界的解释，这是以大量经过验证的独立观察和测试为基础的。定律和理论，无论多么成功，都要受到进一步的检验。实验分析和理论的发展经常受到数学语言的影响。科学和科学方法与其他认知方法有区别，包括宗教、哲学、艺术，并且与伪科学也不同。

　　科学是围绕基本原理的体系而构成的。关于力、运动、物质和能量等应用到所有科学训练中的处于支配地位的概念在所有科学分支学科中都会用到，包括物理学、化学、天文学、地质学和生物学。其他一些重要概念关系到特殊的系统——分子、细胞、行星或恒星。科学知识的主体构成了一张无缝的网，在这张网中的每个细节由小到大综合成了一个关于宇宙万物的图画。

　　科学家从事获得基本知识的基础研究以及应用研究和研发（R&D）。研发旨在解决一些特定的难题。技术是依靠研究过程而发展起来的。科学成果通过在同行评议的期刊上发表来进行交流。美国联邦政府在资助大量科学研究和推进先进的科学教育中起到了巨大的作用。

关键词

科学方法	化学	测量	生物学
假说	应用研究	预测	事实
物理学	实验	地质学	伪科学
技术	理论	同行评议	基础研究
观察	天文学	数学	
定律	研发	可重现的	

发现实验室

球的材料会影响它的弹跳高度么？来做一个实验看看你的想法是否正确。在这个实验中需要网球、乒乓球、高尔夫球、弹力球、软球、米尺和胶带。把米尺贴在桌腿上，100cm 刻度端贴在上面。拿起网球，网球底端位于 100cm 刻度处。松开网球，球落地后会弹起，记录下弹起的高度。重复 3 ~ 5 次实验。为了让读数准确些，在读数时注意视线与球的高度一致。在 100cm 处松开球，做过 3 ~ 5 次实验后，改变一个变量来重复实验。本实验中，变量为球的类型。确定哪种球的弹跳高度最大。现在，降低起始高度为 80cm、60cm 和 40cm，测量球的弹跳高度。为什么重复实验很重要？哪些要保持不变？为了展示你的定量实验结果，做一张图，纵坐标为平均弹跳高度，横坐标为起始松开时的高度。如果改变其他变量如球弹跳表面、球的大小、球的质量或球的温度，会有什么变化？你的实验数据与你的假设吻合还是相反？思考一下这个实验中的步骤是怎样构成了科学过程的。

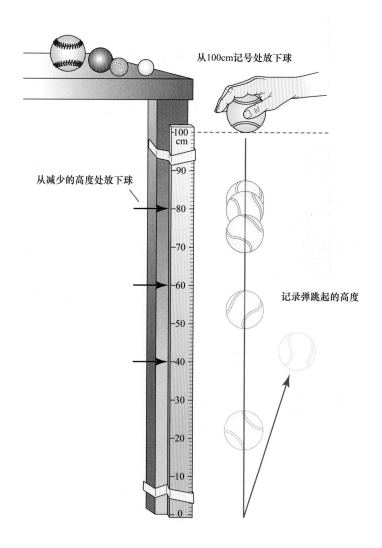

第2章
有序的宇宙

? 为什么行星似乎缓慢地在天空中运动？

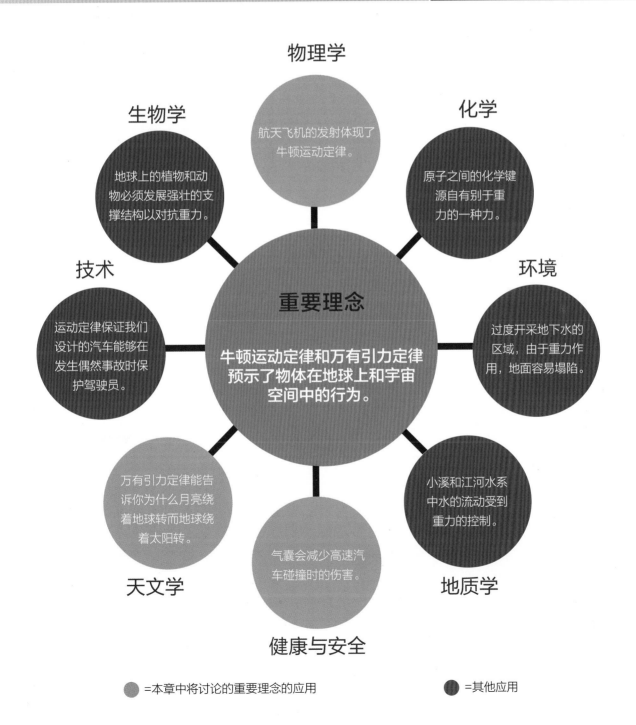

物理学

航天飞机的发射体现了牛顿运动定律。

生物学

地球上的植物和动物必须发展强壮的支撑结构以对抗重力。

化学

原子之间的化学键源自有别于重力的一种力。

技术

运动定律保证我们设计的汽车能够在发生偶然事故时保护驾驶员。

环境

过度开采地下水的区域，由于重力作用，地面容易塌陷。

重要理念

牛顿运动定律和万有引力定律预示了物体在地球上和宇宙空间中的行为。

天文学

万有引力定律能告诉你为什么月亮绕着地球转而地球绕着太阳转。

健康与安全

气囊会减少高速汽车碰撞时的伤害。

地质学

小溪和江河水系中水的流动受到重力的控制。

● =本章中将讨论的重要理念的应用　　　● =其他应用

每日生活中的科学：原因和结果

每天早晨，你从床上起来，迎接新的一天。空气闻起来是新鲜而凉爽的，阳光让人感到暖洋洋的，就像是一个海滨的好天气。

当太阳在早晨升起时，温度会上升；在黄昏，太阳落下，温度会下降；当你转动汽车上的点火钥匙时，就可以发动汽车；你打开灯的开关，期待着灯会亮。

我们的世界充满了这样有秩序的事件——我们认为是理所当然的，以至于我们几乎注意不到它们。然而它们构成了我们思考世界的背景知识。它们是我们生活中的一部分，我们相信这些事件的前因后果。

季节交替的时候，白昼变短或变长，温度也随之逐渐变化，我们的生活与季节变化息息相关。种植和收获作物、购买衣物，甚至安排假期都要围绕这个可预知的季节周期，因此我们必须具有关于自然周期的知识并适应它。的确，科学的一个中心原则就是：预知我们的物质世界——如果没有这样的思想，科学就永远不会发展。

 # 夜晚的天空

自然界中典型的可预测性事件是星星的运动。居住在大城市的现代人们，不再对夜空变幻的景象好奇了。但是，仔细回想一下你最近一次在一个晴朗的夜晚，远离城市的灯光时的情景。在那里，星星看起来很近，很真实。在 19 世纪人造光源得到发展以前，人们很容易见到乌黑的天空中充满着微小的一闪一闪的星光。

天空是变化的，今天的夜晚和昨天的夜晚永远不会完全一样。生活是用时间显示的，我们的祖先早就注意到了恒星和行星的分布与移动的规律性了，他们在宗教和神话里编造了一些几乎可以以假乱真的故事。他们了解当太阳在一个确定的位置上升起时，就是该种植农作物的时候了，因为春天要来了。他们了解在一个月当中某个确定的时刻，一轮圆月将照亮大地，让他们在日落之后还能继续采伐和狩猎。对这些人来说，知道天空的行为不是一种智力游戏或装作有教养的方式，而是他们生活中必要的一部分。所以，以天空物体为研究对象的天文学是最早发展起来的科学门类之一。对恒星和行星的运动规律进行观察和记录的古代天空观察者们，是最早接受科学最基础原则的人。

物理事件是可量化的，因而也是可预知的。

没有物理事件的可预测性，科学方法就不能前进。

巨石阵

在人类早期对天文学的关注事件中，没有比巨石阵更富有戏剧性的了。巨石阵是位于英格兰南部的索尔兹伯里平原的史前石质历史遗迹。它由巨大的直立石块环状堆积而成。每个拱门由三块巨大的石块组成——两块竖直的支柱有数米高，上面覆盖着巨大的门楣。马蹄铁形状的开口朝向东北方向的一块被称为"鞋跟石"的大石头（见图 2-1）。

图 2-1　（a）巨石阵被认为是史前的日历；（b）巨石阵结构的布局

巨石阵始建于公元前 2300 年，耗费了很多时间。尽管各种传说将巨石阵的产生归因于巫师等神秘而不可知的一些人，但是考古学家们指出，巨石阵是由几组不同的人建造的，他们当中没有一个有文字记载，并且其中一些人甚至缺乏金属工具。为什么这些人要花费如此巨大的努力去建立这座巨大的历史遗迹呢？

巨石阵，像散布在世界上很多其他相似的建筑物一样，建造它是为了标记时间的推移，记录天空中天体的移动。事实上，巨石阵相当于一个日历。在一个农业社会里，毕竟你应当知道什么时候种植农作物，并且你不能经常靠观察天空来区分季节。有了巨石阵，就可以通过对石阵的观察来完成对季节的区分。例如，在夏至的早晨，如果你站在巨石阵的中心，会看到太阳直接在鞋跟石的上方升起。

建造像巨石阵这样的建筑物需要积累大量的天文知识——这些知识是通过多年的观察获得的。没有文字记载，人们不得不通过其他方式传承关于太阳、月亮和行星运动的信息。他们怎么可能如此完美地对准石头，以至于一直到今天，人们仍然能够在夏至日迎接在鞋跟石上方升起的太阳？

如果宇宙万物不是有规律而且可预测的，那么重复的观察就不能向我们表明一遍又一遍发生的模式，也就不会有像巨石阵这样的历史遗迹了。然而，它矗立在那里 4000 多年了，证明了人类的智慧和人类预测所生活的宇宙行为的可能性。

上面我们说到巨石阵具有日历的作用，但是我们要指出它还不仅仅是个日历。巨石阵周围有很多坟墓。在 2009 年考古学家发现了很多孔洞，这些孔洞围绕着石头构成一个圆。这些石头又与巨石阵结合在一起。这些孔洞可能是火化的地址，因而考古学家猜测巨石阵也可能是古时候的一个火化中心。

 **数学计算**　　　　**古代的外星人**

面对如同定位精确、规模宏大的巨石阵一类的历史遗迹，一些人拒绝接受这些建筑物是由古代人们别出心裁和努力工作才建成的这个观点。相反，他们引入一些外部干预的概念，说是经常有外星人从其他行星过来，以访客的形式出现，这些外星人的技艺在今天的纪念碑上还存在。很多古代历史遗迹，包括埃及金字塔、中美洲玛雅神庙和复活节岛巨型石像都被归因于神秘的外星人。

这样的猜测不能令人信服，除非你能说明建造这些建筑物超出了本地人的能力。例如，假定当哥伦布登陆美洲时他发现了玻璃和钢的摩天楼。在那个时候，生产材料（例如钢、玻璃和塑料）和构筑几十层楼高的建筑物超出了美洲本地人的能力。一个合理的假定是，古代太空人或其他的先进智力进行了干预。巨石阵是这样的情况吗？材料——本地的石头，都是现成存在的，谁都能用。石头加工和成形是一门技术，虽然是一项艰苦的工作，但对于早期文明而言还是可以实现的。那么，关键问题是在没有铁制工具和轮式车辆的情况下，人们是否能将石头从采石场移至建筑工地（见图 2-2）。

最大的石头，长度大约为 10m、质量大约 50t（50000kg），并且必须经陆路从采石场向北面运送约 30km。这种大型石块，能被仅仅装备了木头和绳索的先民们移动吗？

然而巨石阵建成了。在英格兰南部的冬天，降雪频繁，石头可以放在雪橇上被拖拉，一个人能利用雪橇轻易地拖拉 100kg，可多少人能拖走 50000kg 石头呢？

$$\frac{50000\text{kg}}{100\text{kg}}=500$$

为搬运这块石头，需组织 500 人参与，这在当时是一项艰巨的任务，但并不是什么不可能的事。因此，虽然科学家们不能绝对地驳斥巨石阵是靠一些奇怪的已被遗忘的技术建成的可能性，但是当一个兢兢业业、任劳任怨的人类社会，通过团队的一致行动就已经足够完成一项任务的时候，我们为什么还要假想有什么外来力量呢？

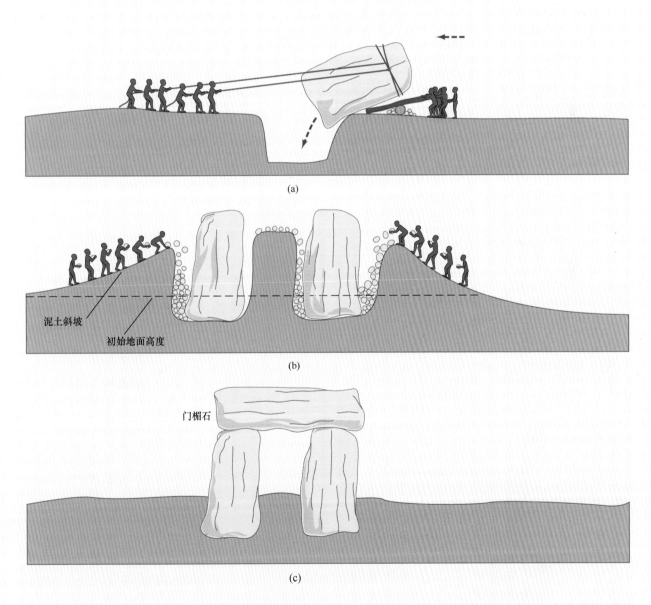

(a)

泥土斜坡

初始地面高度

(b)

门楣石

(c)

图 2-2　在构筑巨石阵的过程中，一件令人费解的事是如何抬起巨大的门楣石，过程中的三个步骤大概是：（a）给每一块直立的石头挖一个坑，然后向坑里倾倒石块；（b）堆积泥土形成一条长的斜坡道，直到两块直立的石头的顶部，以使门楣石能被推运到应有的位置；（c）移走泥土，从而形成了石拱门

当面对物质世界的各种现象的时候，我们应当尽可能接受最简单的合理解释，这被称为奥卡姆剃刀定律。它出自奥卡姆的威廉，一位活跃在 14 世纪的英国哲学家，主张"如无必要，勿增实体"——

那就是说，给出一个选择，对一个问题的最简单的解决方法有可能是最正确的。科学家们反对古代外星人建造巨石阵的奇想，并且把这样的推断归类到伪科学的范围。

科学史话

疾病传播的发现

观察自然界是科学方法的关键部分。例如，19 世纪时，欧洲经历了数次霍乱疫情。霍乱是一种严重的、容易致命的肠道传染病，开始没有人了解这种病的起因——疾病细菌理论发现是在 19 世纪中叶。在当时即使还没有了解这种疾病的起因，医生和医学家们也能观察到它发生的地点和时间。

约翰·斯诺（1813—1858）是伦敦的一位杰出医生，他作为麻醉学领域中的先驱者而被载入史册。维多利亚女王最小的孩子出生时他也在场，负责管理作为麻醉剂的氯仿。多年以来，他一直坚信霍乱的发生与伦敦供水的一些方法有关。在那时，很多人的用水都来自公共水泵，甚至提供给私营敬老院的水也是通过复杂的供水管道而来的，这样一来提供给邻近建筑物的水可能来自很多不同的水源。多年以来，斯诺耐心地收集水源和城市中霍乱频繁暴发的资料。

在 1854 年，斯诺得到了一个重大的发现。他注意到那一年霍乱疫情集中在一个叫作黄金广场的地方。黄金广场是一个贫民区，那里的人们从附近宽街（英国市中心的一条街道）的公共水泵中取水。经过调查，斯诺发现那个广场周围有大量的家庭，这些家庭中的人们把垃圾倾倒在后院的坑中。他指出，研究结果表明，疾病与供水污染在一定程度上是相关的。(见图 2 - 3)

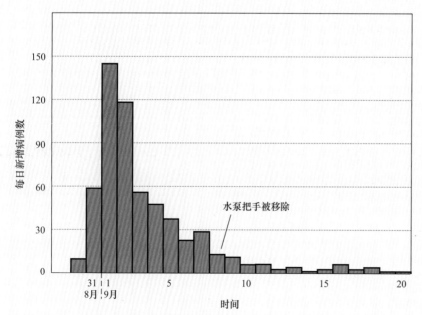

图 2-3　约翰·斯诺绘制的宽街水泵附近霍乱病例数变化图，9 月初新增病例数下降是因为多数居民逃离这个地区，在 9 月 8 日水泵把手被移除后（不再使用该处水源）几乎没有新增病例发生了

依靠这样的数据积累，伦敦城（和不久以后的所有的主要居民点）终于开始要求人们将污水从寓所排入下水道，而且不能把垃圾倒进作为饮用水来源的河流上游。这样一来，斯诺关于一个自然界规律（在疾病和受污染水源之间呈现相关性）的发现为现代环境卫生和公众健康系统奠定了基础。

正如巨石阵的建造者并不理解太阳系的结构和概念，也不知晓星星的行为为什么是那样的，斯诺也不知道为什么把污水与饮用水源分开就能够消除像霍乱那样的疾病。事实上，直到 1883 年，才由德国科学家罗伯特·科赫首先提出这种疾病是由特殊的细菌即霍乱弧菌导致的⊖，霍乱弧菌由人们的生活污水所携带。

现代天文学的诞生

当你观察远离城市的夜晚天空时，会看到天体发出的绚烂星光。成千上万的可见恒星充满着天空并且在以北极星为中心的圆弧上移动着。这些恒星的相对位置看起来永远不会改变，恒星之间的间隔不变，靠得比较近的恒星组成一个团簇，被称为星座，它们被命名为诸如白羊座和狮子座之类的名字。月亮在这个固定的星空背景下移动，它的运行周期是固定的，8 个行星通过黄道带。你也可能看见迅速划过夜空的流星或者长尾彗星——不时地在夜空中短暂优雅出现的天体。

是什么导致了这些天体运动呢？关于我们生存的宇宙，天体的运动能告诉我们什么呢？

历史背景：托勒密和哥白尼

在有文字记载的历史之前，人们就观察了天体在天空中独特的运动并且试图对之进行解释。很多与天体运行密切相关的传说和神话被创造出来了，大量复杂的天文观察数据也被记录下来了（例如古巴比伦人），不过，还是古希腊人第一次做出了包含现代科学元素的天文学解释。

克劳狄斯·托勒密，古希腊天文学家和地理学家，出生于埃及，在公元 2 世纪时居住在亚历山大，他最先提出了关于天体运动的完整解释，并被广泛认可。他运用了早期巴比伦人和希腊天文学家积累的观察成果，汇集成了一种成功的理论，用现代术语表达就是解释了为什么我们每天在夜空中看到的景象是这样的。在托勒密关于宇宙的说明中，地球在中央固定不动，恒星和行星围绕着地球在一系列同心球

⊖ 霍乱弧菌其实早在 1854 年就由意大利解剖学家菲利波·帕西尼分离出来。——编辑注

形轨道上运动。这个模式是在观察的基础上精雕细刻出来的。例如，行星附着在一个在大球内部滚动的小球上，这样一来，就能理解它们在天空中不规律的运动了。

这一理论几乎是 1500 年来对于宇宙最好的解释了。它成功地预测了行星的运动、日食、月食和许多其他的天象，并且是寿命最长的科学理论之一。

在 16 世纪第一个十年，波兰的尼古拉·哥白尼（1473—1543）提出了另外一种假说，预示着托勒密水晶球模型的终结。哥白尼的思想在 1543 年出版的《天体运行论》一书中得以体现。哥白尼保留了具有环形轨道的球形宇宙的概念，甚至保留了在大球里面滚动的小球的思想，但是他问了一个简单而又特别的问题："在托勒密提出的关于宇宙的模型中，如果太阳，而不是地球，处在中心位置的话，对天体运动的预测是否也会一样准确呢？"我们不知道忙于事业的哥白尼是怎样设想这个问题的，我们也不知道为什么他把自己生活中的大部分业余时间用来研究这个问题。但是，我们知道在 1543 年，在托勒密系统提出一千多年后，它首次面临了严峻的挑战（见图 2 - 4）。

观测：第谷·布拉赫和约翰内斯·开普勒

随着哥白尼理论的发表，天文学家面对着两种竞争性的宇宙模型。托勒密和哥白尼系统的不同之处在于人类在宇宙中的位置和意义。他们都给出了宇宙的可能模型，但是后者认为地球（也就是说人类）不再是中心。天文学家们的任务是决定哪个模型能够最好地说明我们实际居住的宇宙。

为了解决这个问题，天文学家们根据在天空中实际看到的，对两种互相竞争的假说所得到的预测进行了观测研究。当他们进行这些观测的时候，一个根本性问题显露出来了。虽然两种模型对午夜或者月亮升起时行星的位置做出了不同的预测，但是用当时的仪器实在难以测量出这些差别。当时望远镜尚未被发明，但是天文学家完全依赖肉眼就能熟练记录行星的位置。只有测量的准确度提高了，地球是否处在宇宙中心的问题才能得以解决。

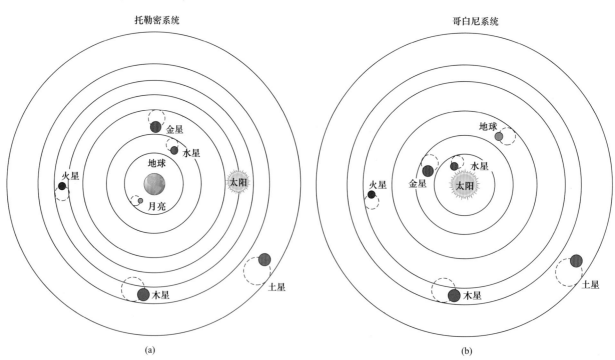

图 2 - 4　托勒密系统（a）和哥白尼系统（b）都假定所有的轨道是圆形的，根本的区别是哥白尼把太阳放在了中央

丹麦贵族第谷·布拉赫（1546—1601）提出了脱离困境的方法。第谷的科学声誉是在 25 岁时牢固树立的，当时他通过观察发现了天空中一颗新星，这个重大的发现挑战了天空是永远不变的这一当时被普遍接受的观点。在接下来的五年中，丹麦国王在远离丹麦海岸的汶岛，资助他建立了皇家天文台。

第谷把他的毕生经历用在了对观察仪器的设计和应用方面，并对仪器进行了重大改进。他用象限仪确定恒星或行星的位置，象限仪是一个很大的、倾斜的装置，像一支枪的瞄准器，用两个角度来记录天体的位置。观测天体的时候，你可以从水平线向上测量一个角，而第二个角从正北方记录。通过精心选择材料，第谷建立了瞄准装置，并且学会了对仪器由于热胀冷缩产生的误差进行校准——在丹麦寒冷的夜晚黄铜或铁合金会产生轻微的收缩。过

了 25 年的时间，他用这些仪器积累了关于行星位置方面的非常精确的资料。

当第谷于 1601 年去世时，他的资料已传给了他的助手约翰内斯·开普勒。约翰内斯·开普勒（1571—1630）是一位优秀的德国数学家，在此之前，他协助第谷工作了两年。开普勒利用新的方法分析了第谷·布拉赫数十年来的行星资料，发现能用三条定律来概括太阳系。开普勒的第一个而且是最重要的定律（见图 2 - 5）描述了所有的行星（包括地球）围绕太阳在椭圆形而不是圆形的轨道上运行。在这幅图景中，以前的水晶球模型失效了，因为椭圆形是总结了对行星运动的观察数据后得出的。开普勒定律不仅更好地说明了在天空中观察了什么，而且它还提供了一幅太阳系的简明的图画。

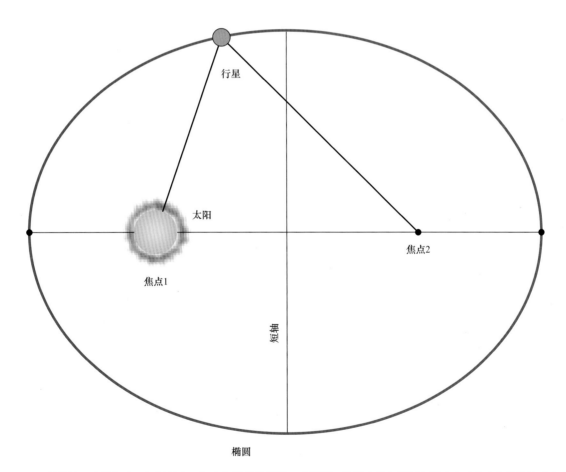

图 2-5　开普勒第一定律指出，如图所示，每个行星的轨道是一个椭圆，轨道上的点到两个固定点（焦点）的距离之和是固定的，对于太阳系的行星轨道而言，太阳位于椭圆的一个焦点上（在这幅图上被大幅度夸大了）

早期的天文学家假定行星轨道必须是完整的圆形，并且很多人认为在神学或者哲学范围里，地球必须处在球形宇宙的中心。在科学中，这种理想的假设可以指导思考，但是当观察证明假设错了，那它们必须被取代。

第谷·布拉赫和约翰内斯·开普勒的工作牢固树立了地球不处在宇宙的中心、行星的轨道不是圆形的这些概念，在回答托勒密和哥白尼之间的竞争时，答案则是"以上两者都不是"。这项研究充分说明了科学进步的过程——回答科学问题的能力，甚至处理人类生存最基本的问题，需要经常依靠科学家们所用的仪器，以及科学家们应用先进数学对他们的资料进行分析的能力。

在这段历史插曲的末尾，天文学家们掌握了开普勒定律，以说明行星在太阳系中怎样运动。但是他们还是不知道太阳系中行星为什么这样运动。直到一个令人意想不到的现象的出现，科学家们才找到了这个问题的答案。

力学的诞生

力学是科学中的一个古老名词，它是研究物体运动的一个科学分支。岩石滚动下山，一个球被抛向空中，帆船掠过波浪，都是这门学科合适的研究对象。从古代开始，哲学家们就开始推测为什么物体会这样或那样运动，但是直到17世纪，对物体运动的现代理解才真正开始。

伽利略·伽利雷

意大利物理学家和哲学家伽利略·伽利雷（1564—1642）在很多方面是现代科学的先行者（见图2-6）。他是帕多瓦大学的数学教授，并很快地成为有权势的佛罗伦萨美第奇法院的顾问以及位于威尼斯的世界上最先进的舰艇建造中心的顾问。他发明了很多实用的装置，诸如第一支温度计、摆钟以及工匠们直到今天仍在用的比例规。伽利略也是我们所知道的用望远镜观察天空的第一人，这台望远镜是他在听取其他人的意见后建造的（见图2-7）。他的天文学著作支持了以太阳为中心的哥白尼宇宙模型，这导致了教会对他的审判，他因此获罪并被终身软禁。

图2-6 伽利略·伽利雷

图2-7 伽利略·伽利雷在其天文学研究中使用的望远镜

科学史话　　　伽利略的异端审判

尽管伽利略在科学方面有重大建树，但他最初被人们记住却是因为 1633 年的传奇性实验。在 1610 年，伽利略出版了他用望远镜观察星空的总结性著作，书名是《星空信使》，是一本用日常的意大利文写的书而不是学术性的拉丁文著作。一些读者抱怨这些思想违反了天主教会的教义，在 1616 年，伽利略被召唤到红衣主教面前。据说天主教会警告他不得讨论哥白尼思想，除非他把它看成是一个未经证实的假设。

伽利略不顾这些警告，在 1632 年出版了《关于托勒密和哥白尼两大世界体系的对话》，这是为哥白尼模型所做的长篇辩护。这一行动导致了著名的审判，在审判中伽利略通过否认他的书中有支持哥白尼的观点而洗清了对他的异教徒的指控。那时，他已经是一位老人了，但仍在靠近佛罗伦萨的别墅中遭到软禁，度过了人生最后的几年。

一则有关伽利略审判的传说提到，在审判中认真的真理追求者被僵硬的体系所压服。这种说法与历史事实不符，天主教会没有禁止哥白尼的思想。哥白尼毕竟是老练的天主教徒，他知道如何在不激怒主教的心情时使他的思想得到表达。但是伽利略采用的对抗战术——特别是把教皇最喜欢的论据放到书中一个愚蠢的人物口中——带来了可以预见的反应。

注：在 1992 年，天主教会重新审理伽利略的案件，最终给出"无罪"的判决。理由是原来的判决没有把信仰问题和科学事实问题加以区分。

速度、速率和加速度

为理解伽利略关于运动物体的研究（并且最终了解太阳系的运作模式），我们要给三个熟悉的词做出准确的定义：速度、速率和加速度。

速度和速率

速度和速率是有精确科学含义的日常用词。速率是一个物体移动的距离除以物体移动该距离所需要的时间。速度与速率有同样的数值[⊖]，但是它是一个包含移动方向信息的量。例如，汽车的速率为 40mile/h；而其速度为 40mile/h，沿着正西方向。

像速度这种既涉及大小又涉及方向的量被称为矢量。速率和速度的单位都是距离单位/时间单位，如 m/s、ft/s 或者 mile/h。

以方程式表示：

$$速率或速度（m/s）= \frac{移动的距离（m）}{移动的时间（s）}$$

以符号表示：

$$v = \frac{d}{t}$$

于是，如果你知道移动的距离和移动所经过的时间，你就能计算出速率。

⊖ 一般情况下是这样。——编辑注

例 2 - 1

驾驶

如果你的汽车每小时行驶 30 英里○（mile），行驶 15min 走多少英里呢？

思路和解答：这个问题包含单位换算以及涉及时间、速度和距离的方程式。首先，我们必须知道以小时计的行驶时间：

$$\frac{15\text{min}}{(60\text{min/h})} = \frac{1}{4}\text{h}$$

然后，利用前面给出的速度、距离和时间之间的关系式，我们得出：

$$距离 = 30(\text{mile/h}) \times \frac{1}{4}\text{h}$$

$$= 7.5\text{mile}$$

如果人步行，大约 2h 走这么远。

你可能注意到在这个例子中，我们用 1/4h 放在等式中作为时间代替 15min。我们这样做的原因是必须将速度的单位换算成和汽车上的速度表的单位一致。因为汽车仪表读数是英里每小时，我们也把以小时计算的时间放进方程式中。这样处理的好处是单位能够被消掉，剩下纯数字。

在这个情况下，我们有：

$$距离单位 = (\text{mile/h}) \times \text{h}$$

$$= \text{mile}$$

如果我们取时间单位为 min，我们不得不写成：

$$距离单位 = (\text{mile/h}) \times \text{min}$$

这里时间单位就不能被消掉。

当你求解这种问题的时候，一个好办法是进行检查，以确保单位是正确的。这个重要的过程就是量纲分析。

加速度

加速度是速度变化率的度量。每当一个物体运动速率或方向改变，就说它产生加速度了。例如，当你踩下你的汽车油门踏板时，汽车向前加速。当你猛踩制动踏板时，汽车减速。当你围绕一条曲线驾驶汽车时，即使车速精确地保持着同一数值，汽车仍然有加速度，因为运动方向在改变。最惊险刺激的游乐园设施就是结合使用了这些不同类型的加速度——快速上升、缓慢下降、撞击中改变方向、急转弯和快速旋转等。

以文字表示：加速度是速度的改变量除以发生这一改变所需的时间。

以方程式表示：

$$加速度(\text{m/s}^2) = \frac{终速度(\text{m/s}) - 初速度(\text{m/s})}{时间(\text{s})}$$

以符号表示：

$$a = \frac{v_f - v_i}{t}$$

像速度一样，加速度也含有关于方向的信息，因此它是矢量。

这种变化可以通过每秒一个确定的速度改变来表达。所以加速度的单位是米每二次方秒（m/s^2），这里的第一个"米每秒"针对的是速度，而后面的"每秒"对应的是速度改变所需的时间。

为了弄清加速度和速度之间的不同，想一想你驾驶汽车行驶在长直道路上的场景。你瞥了一下速度表。如果指针不动（例如在 30mile/h 处），说明你正处在匀速运动中。如果指针在速度表上不是固定的（也许是因为你的脚踩在油门踏板或在制动踏板上），则你的速度是变化的，依据上述定义，你有加速度。加速度越大，指针移动得越快。然而，如果指针不移动，并不意味着你和汽车是静止不动的。正如我们在上面看到的，不移动的指针的含义仅仅是你以一个不变的速度在行驶而没有加速度。以一个不变的速度朝着单一的方向的运动被称为匀速运动。

○ 英里（mile），1mile = 1609.344m。——编辑注

实验科学的奠基人

伽利略设计了一组独创性的实验，以确定距离、时间、速度和加速度之间的关系。很多科学家们认为伽利略最伟大的成就在于对地球表面上扔出的下落物体的实验工作。古希腊哲学家用理论判断认为较重的物体比较轻的物体下落得更快。通过一系列经典实验，伽利略指出，情况并不是这样的——在地球表面附近的所有物体在下落时具有同样的加速度。令人啼笑皆非的是，伽利略大概并没有做过这个使他如此出名的实验——从比萨斜塔上抛下两个不同质量的物体，看看哪个先落地。

为了说明下落物体的加速度就必须精确测量两个可变量——距离和时间。伽利略和他同时代的人能够用尺很容易地测量出距离，但是在测量物体垂直下落的短暂时间时，他们的时钟并没有足够的精确度。然而先前的工作者曾经简单地观察了下落物体的行为，伽利略制作了一台专门测量加速度的仪器（见图 2 - 8）。

他记下慢慢滚动的大球沿着一个由黄铜和硬木精巧制成的斜面下落的时刻，听到"砰"的声音，说明球滚动到了斜面底部，由此来确定下落时间。球在滚下斜面时加速，并且随着斜面倾角的增加，加速度也增加。在倾角为 90° 时，相当于球自由下落了。

伽利略的实验使他确信，任何物体朝向地球表面加速运动，无论物体是重或轻，都具有同样恒定的加速度。对于他的斜面实验，其结果能归纳成一个简单的方程式。

以文字表示： 从静止开始运动的加速物体的速度与它下落所需的时间长短成正比。

以方程式表示：

速度（m/s）= 常数 a（m/s^2）× 时间（s）

以符号表示：

$$v = at$$

当然，伽利略实验中物体的速度方向通常是向下的。

这个方程式告诉我们，一个物体下落 2s 时速度是该物体下落 1s 时速度的两倍，而一个下落 3s 的物体的速度是下落 1s 的物体的 3 倍，等等。速度的确切数值取决于加速度，在伽利略实验中，加速度取决于斜面的倾角。

在特殊情况下，球自由下落（即当倾角为 90°时），此时加速度是一个重要的常数，用一个特定的字母 g 来表示。这一数值是所有物体在地球表面实验的数值。（注意月球和其他行星有它们自己的不同数值，g 仅适用在地球表面上。）g 的数值能通过测量物体下落速度和时间来确定（见图 2 - 9），最终被证明其值等于：

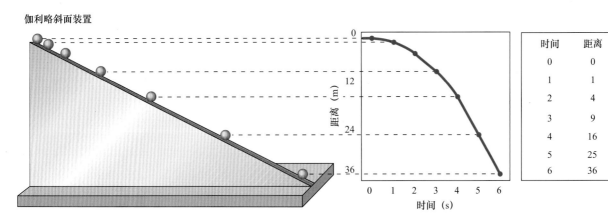

伽利略斜面装置

时间	距离
0	0
1	1
2	4
3	9
4	16
5	25
6	36

图 2 - 8　伽利略的落球仪示意图以及下落距离对应下落时间的数值测量图表

图2-9　多次曝光照相机捕捉的下落的滑雪者的运动，在每一个连续时间间隔中，滑雪者下落得更远

$$g = 9.8 \text{m/s}^2 = 32 \text{ft/s}^2$$

这告诉我们，在第一秒，一个下落物体从静止位置加速到速度为 9.8m/s，垂直下降 2s 以后速度增加一倍达到 19.6m/s，3s 后速度达到 29.4m/s，等等。

伽利略的工作证明了加速物体移动的距离与移动时间的二次方成正比。

以方程式表示：

$$运行距离（m）= \frac{1}{2} \times 加速度（m/s^2）\times 时间的$$
$$二次方（s^2）$$

以符号表示：

$$d = \frac{1}{2}at^2$$

有了距离、速度、加速度和时间之间的关系（见表 2-1），科学家们可以着手研究宇宙天体的运动了。

表2-1　d、v、a 和 t 之间的关系式

$v = d/t$	$d = vt$
$t = d/v$	$a = \dfrac{v_f - v_i}{t}$
$v = at$	$d = \dfrac{1}{2}at^2$

例2-2

比赛开始

一位短跑运动员从起跑线起步，加速到 3m/s，用时 1s。回答下列有关短跑运动员的速度、加速度、时间和跑过距离的问题。在每个问题中，通过代入适当的方程式求解问题。

1. 他的加速度是多少？

$$加速度 = \frac{终速度 - 初速度}{时间}$$

在这个例子中，短跑运动员在赛跑开始的静止状态时起动，所以他的最初速度是 0。

$$加速度 = \frac{3（m/s）}{1s}$$
$$= 3 \text{m/s}^2$$

2. 当短跑运动员经过 1s 加速后，他跑了多远？

$$距离 = \frac{1}{2} \times 加速度 \times 时间的二次方$$
$$= \frac{1}{2} \times 3（m/s^2）\times 1s^2$$
$$= 1.5 \text{m}$$

例 2 -3

一枚硬币从威利斯大厦落下

美国最高的建筑是位于芝加哥的威利斯大厦[⊖]，它的高度是 1454ft（英尺）。忽略风的阻力，一枚硬币从顶端落下，运动到与地面接触时，速度有多快？

解：硬币以初速度零落下。我们首先需要计算它下落 1454ft 所花费的时间，有了这个时间我们就能计算它碰到地面时的速度。

第一步——下落时间：一个加速物体的移动距离是：

$$距离 = \frac{1}{2} \times 加速度 \times 时间的二次方$$

$$= \frac{1}{2} \times 32\,(\text{ft/s}^2)\,t^2$$

$$= 16\,(\text{ft/s}^2)\,t^2$$

已知这一距离是 1454ft，重新整理后得出：

$$t^2 = \frac{1454\text{ft}}{16\text{ft/s}^2}$$

$$= 90.88\text{s}^2$$

方程式两端取平方根，得出时间

$$t = 9.5\text{s}$$

第二步——下落到地面时的速度：加速下落物体的速度是：

$$速度 = 加速度 \times 时间$$

$$= 32\,(\text{ft/s}^2) \times 9.5\text{s} = 304\ \text{ft/s}$$

这个速度很大，约为 200mile/h，能够轻易地使人致命，所以不能做这个实验。事实上，大多数物体在空气中落下时不会无限加速。因为空气阻力，一个物体只会加速至一定速度，然后以恒定速度继续落下。物体下落的最终速度还与物体的姿态有关。比如一枚硬币下落时可以面朝下或者边缘朝下，在这两种情况下，空气的阻力是不同的。

生命科学

遇到极端加速

在你生活中的每一天，你都会体验到加速。刚躺在床上你感觉到加速度等于 g，这是由于地球的引力。当你坐汽车或飞机旅行的时候，乘坐电梯特别是享受游乐园的游乐设施的时候，你的身体承受了附加的加速，尽管很少超过 2g。但是喷气机飞行员和宇航员在起飞、急转弯和紧急弹出时经受了数倍于地球引力引起的加速度。人体处于极端加速度下会发生什么？设计什么样的设备能减少受伤的风险？在设计火箭和高速喷气式飞机的初期，政府和科学家必须知道这些问题。

⊖ 现居美国第三，第一是世界贸易中心一号大楼。——编辑注

实验室可控制的加速度是由火箭滑车（见图2-10）或离心机产生的，所产生的加速度可以超过10g。研究者很快发现肌肉和骨骼表现为一个刚性框架，突如其来的加速度，如同汽车碰撞实验那样会引起损害，但是如果与飞行有关的加速度是渐进变化的话，那么肌肉和骨骼这个刚性框架是能够经受住的。

另一方面，人体中的液体在持续的加速条件下会移动和流动。一位飞行员在急转弯时会被向下推入座椅，其体验就像你在电梯启动时的感觉，脑动脉中的血被向下推，在加速度足够大时，甚至会暂时把血液从大脑排出。心脏的跳动几乎不能把血液推动上行，以克服血液向下的流动。结果，飞行员可能会暂时失去知觉，处于无意识状态。宇航员训练时必须以俯卧位经受住更大的加速度，他们在起飞时不得不持续承受8g的加速度。

本书的作者之一（詹姆斯·特列菲尔）曾经乘坐了离心机体验8g加速度。机器本身是灰色的，鸡蛋形胶囊安装在长钢臂的顶端。当它运转时，臂在一个水平圆周上运动。有趣的事情在加速度为8g时发生了。例如，你的面部皮肤被向下推，以至于无法张嘴进行呼吸。因为加速而产生的附加质量就像是一个大胖子坐在你的胸前。

然而，这个特殊的体验带给詹姆斯一些自豪。现在，每当他遇到"你曾经被称过的最大质量是多少？"这样的问题时，在体检表上，他能写出"1600磅"。

加速 ▸

图2-10　陆军上校约翰·斯塔普体验火箭滑车实验装置上的极端加速度，可见到面部软组织严重扭曲，这是由摄像机摄录的

艾萨克·牛顿和运动的普遍定律

有了伽利略的工作，科学家们开始观察物体在自然界中的运动，并且把他们得到的成果归纳成数学关系式。然而，对于为什么物体应该这样运动，他们没有提出缘由。当然有一些理由相信，对地球表面下落物体的测量，与天空中行星和恒星的运动有一些关联。

英国科学家艾萨克·牛顿（1643—1727）可以说是有史以来最杰出的科学家（见图 2-11）。他综合了伽利略和其他人的工作，总结了支配宇宙万物运动的基本原则，这些物体从恒星、行星到云、炮弹和你身体上的肌肉。这些成果被称为牛顿运动定律，听起来如此简单和明显，但是它们是科学家总结了数百年实验和观察的结果才得到的，而且对科学发展产生了巨大的影响。

青年时代的牛顿对力学设备很感兴趣，他曾就读于剑桥大学。由于大瘟疫肆虐欧洲，大多数大学在 1665—1666 学年关闭了。牛顿在林肯郡的家庭农庄度过了这段时光，阅读并思考有关物质世界的问题。在那里他开始思考运动的起源并有了重大的发现，在光学和数学方面他也做出了很大的贡献。

牛顿对运动的描述可以用三个定律来总结。

牛顿第一定律

一个运动物体将持续在直线上以恒定速率运动，而一个静止物体将保持静止，除非在物体上作用了一个不为零的外力。

牛顿第一定律似乎不言自明：如果一个物体独自存在，它的运动状态就不会改变。为了改变它的运动，你必须推它或者拉它，这就要用力。然而实际上从古希腊科学家到哥白尼的几乎所有科学家的观点都不同于牛顿第一定律。他们相信在没有一些事物干扰的情况下，物体会在圆周上运动，因为圆是最完整的几何图形。他们还相信天体在没有任何外力作用的情况下会保持转动（的确，他们必须相信这一点，否则就不得不面对为什么天体不会缓慢下落和停止这一问题）。

牛顿以他的观察推理以及前人的工作为基础，考虑了这个意见。一个物体会沿着直线运动，如果要它沿着圆周运动，你必须给一个力（见图 2-12）。你知道这是正确的——如果你要围绕你的头部摇动什

图 2-11　牛顿（1643—1727）

图 2-12 运动员必须对链球用力以保持重物沿圆周运动

么东西，它会沿着圆周运动，前提是你必须牢牢抓住它。一旦松开，它就会沿着直线离去。

通过这种简单的观察，牛顿认识了两种不同的运动：如果一个物体沿着一条直线保持恒定速率运动，那么它就处在匀速运动中；其他所有的运动被称为加速运动。加速运动包括速率的改变或方向的改变，或者两者都改变。

牛顿第一定律告诉我们，当看到物体加速运动的时候，必须采取一些行动才能改变这种运动。我们给"力"下定义：力使得一个物体的运动状态发生改变。事实上，在本书中我们将多次应用牛顿第一定律，来认识"力"，尤其是新的种类的力作用于物体时。

一个物体保持现有运动状态的趋势被称为惯性。一个处在静止状态的物体倾向于保持静止，其原因在于它的惯性；一个运动物体倾向于保持运动，其原因也在于它的惯性。我们经常把这个概念用到日常用语中，例如，我们可以谈到在一个公司或政府组织中的惯性，会阻挠任何改变。

牛顿第二定律

力作用在物体上产生的加速度与力的大小成正比，并且与物体的质量成反比。

如果牛顿第一定律告诉你力什么时候起作用，那么牛顿第二定律则表明当力起作用的时候它做了什么。这个定律符合我们日常的生活经验：举起一个儿童比举起一个成年人更容易，一个芭蕾舞演员比一个橄榄球队员移动起来更容易。

牛顿第二定律经常用一个方程式表示。

以文字表示：力越大，加速度越大；一个给定的力作用在一个越重的物体上，加速度越小。

以方程式表示：

力（N）= 质量（kg）× 加速度（m/s^2）

以符号表示：

$$F = ma$$

正如主修物理的学生们所知道的，这个方程式告诉我们，如果我们已知力作用到一个已知的质量系统上，我们能预测它未来的运动。这个方程式符合我们的经验，一个物体的加速度是两个因素之间的平衡：力和质量，而质量与一个物体中物质的量有关。

力引起加速度，力越大，加速度越大。你越用力地投掷一个球，球就移动得越快。质量与物体中物质的量有关。物体的质量越大，你就必须加速更重的"东西"，在力的大小给定的情况下，加速度就越小。例如，一个给定的力对一个高尔夫球的加速度要比对保龄球的大。牛顿第二定律表明加速度实际上是力和质量之间平衡的产物。

牛顿第一定律定义了力的概念，力是引起一个物体加速的某种东西。而牛顿第二定律走得更远，它告诉我们，使得一定质量的物体获得某个固定值的加速度，必须有确定大小的力。因为力等于质量乘以加速度，力的单位必须与质量乘以加速度得到的单位相同。质量以千克计量，加速度以米每二次方秒计量，于是力的单位是"千克米每二次方秒"（$kg \cdot m/s^2$）。$1 kg \cdot m/s^2$被称为"1 牛顿"，牛顿的符号是 N。

例 2 - 4

在不足 1s 的时间内，从 0 到 10

在 0.5s 内，一位 75kg 的短跑运动员从静止加速到速度为 10m/s（跑得极快），所需的力是多少？

解：我们必须首先求出加速度，然后用牛顿第二定律求出力。

$$加速度(m/s^2) = \frac{(终速度 - 初速度)(m/s)}{时间(s)}$$

$$= \frac{10m/s - 0m/s}{0.5s}$$

$$= 20m/s^2$$

产生这个加速度需要多少力？根据牛顿第二定律：

$$力(N) = 质量(kg) \times 加速度(m/s^2)$$

$$= 75kg \times 20m/s^2$$

$$= 1500N$$

牛顿第二定律并不含有这样的意思：有力作用的时候，就必须产生运动。一本静止放在桌子上的书仍然承受着重力，你推着墙但是墙却没有移动。这是因为桌子或墙的原子到处移动，并且尽它们自己的力量来平衡作用在它们身上的力。当相互作用力不平衡时，才能导致加速度的产生。

牛顿第三定律

对于每个作用力，都有一个大小相等而方向相反的反作用力。

牛顿第三定律告诉我们，无论什么时候将一个力施加到一个物体上，物体同时会产生一个大小相等、方向相反的力。例如，当你推墙的时候，墙也立即往回推你；你能感觉有力作用到你手掌上。事实上，墙施加给你的力和你施加给墙的力大小相等（但方向相反）。

牛顿第三定律也许是三个定律中最直观的。我们倾向于用因果律来思考我们所处的世界，总是认为大的或者快的物体对小的或者慢的物体施加力：

一辆汽车猛撞一棵树，球棒将棒球打到场地的远处，拳击手击打沙袋（见图2-13）。但根据牛顿第三定律，这些事件可以从"恰恰相反"的视角来解释。树阻止了汽车的运动，棒球改变了球棒的摆动，沙袋阻挡了拳击手套的推力，于是施加的力改变了沙袋的方向和速率。

力总是成对地同时作用。想一想你每一天完成的无数次活动，你肯定能说服自己接受这个事实。比如你躺在沙发上阅读一本书，你的质量施加给沙发一个力，但是沙发也施加给你一个大小相等而方向相反的力（被称为接触力），防止你跌倒到地板上（见图2-14）。你会感觉到你拿在手中的书是重的，书向下压，而你用手向上托住书，施加了一个反向的力。你可以感觉到从开着的窗户或风扇那里吹来的轻微的气流，空气给你施加了温柔的力，你的皮肤也一定施加一个大小相等并且反向的力给空气，使它改变路径。

要注意到，同样大小的力作用在两个物体上（比如用手推墙的时候，你的手和墙），结果可能是不同的，这取决于两个物体本身的性质。当一个虫子撞向汽车的前挡风玻璃时，虫子施加给玻璃的力和玻璃施加给虫子的力是大小相等方向相反的。

但是对二者造成的结果却大相径庭，汽车的减速可以忽略不计，但是虫子却被撞得粉身碎骨。

注意：虽然作用力与反作用力大小相等方向相反，但是却不会互相抵消，因为它们作用在不同的物体上。

工作中的牛顿运动定律

你生活中见到的每个运动——包括宇宙中的每个运动——都时刻受到牛顿运动定律的影响。牛顿运动定律从来不会孤立地发生，而是与每一个物体行为紧密相连。牛顿运动定律的相互依存能够借助简单的例子来说明。想象一下，一个男孩穿着轮滑鞋抱着一些棒球；他一个接一个地扔出球；每当他扔一个棒球，牛顿第一定律告诉我们，他必须施加一个力使棒球加速；牛顿第三定律告诉我们，棒球也会施加一个大小相等并且反向的力给男孩；按照牛顿第二定律，这个作用给男孩的力导致男孩向后退。

虽然男孩和棒球的例子是想象出来的，但却能正确地说明鱼游泳和火箭飞行的原理。一条鱼摆动它的尾巴，它利用的是水的反作用力，水推回到鱼

图2-13 拳击手演示牛顿运动定律

图2-14 可以看出牛顿运动定律在很多地方都在起作用，包括在读这本书的时候

身上，并且推动鱼前进。在火箭发射升空过程中，助推剂燃烧产生的压力使气体加速排出火箭尾部（见图 2−15）。一个大小相等且反向的力则由气体施加给火箭，以推动它前进。从简单的焰火到航天飞机，每种火箭都是这样工作的。

停下来想一想！

有的时候说火箭靠推它周围的空气而推动火箭本身，这么说对吗？（提示：想想火箭在真空中是怎样运动的。）

牛顿运动定律对所有可能的运动以及引起运动的力做了全面说明。虽然牛顿运动定律就其本身而言没有说到关于那些力的本质的任何事情。事实上，自从牛顿时代以来，伴随着自然界的力的发现和阐明，才有了很多科学进展。

图 2−15 "发现号"航天飞机从佛罗里达州卡纳维拉尔角的发射台升空，助推剂猛烈燃烧后产生的气体自火箭发动机排出，航天飞机经受大小相等且反向的力，加速起飞进入轨道

 动量

牛顿运动定律告诉我们改变物体运动状态的唯一方法是运用力。对这个论点我们都有直观的理解。例如，我们感觉到大而重的物体比如火车，即使在缓慢地运动着，要停下来也是很困难的。拍摄科幻电影时人们经常用到这个知识，现在这样做几乎是稀松平常：当出现了巨大而且笨重的太空飞船时，电影制作者就会用一个模仿火车缓慢移动时发出的低沉的隆隆声来配音。（在这种情况下，艺术家真的不懂自然界的规律，因为在近似于真空的太空深处是没有声波的。）

与此同时，若一个小物体运动得非常快——例如，一颗子弹——要它停下来也很困难。日常经验告诉我们，一个运动物体保持运动的趋势既取决于物体的质量，也取决于物体的速度。质量越大并且速度越高，使物体停下来或者改变它的运动方向就越困难。

物理学家用一个被称为动量的物理量来概括这些概念，动量等于一个物体的质量与其速度的乘积。

以方程式表示：

$$动量(kg \cdot m/s) = 质量(kg) \times 速度(m/s)$$

以符号表示：

$$p = mv$$

例 2-5

打棒球

一个质量为 0.15kg 的棒球以 30m/s 的速率向右运动，它的动量是多少？

解：动量的定义是

$$p = mv$$

如果我们代入质量和速度的数值，可求得

$$p = 0.15 \text{kg} \times 30 \text{m/s} = 4.5 \text{kg} \cdot \text{m/s}$$

变导致了它的方向和速率的改变。

你看到的焰火，就是动量守恒的结果（见图 2-16）。焰火向上射出并爆炸，爆炸恰好发生在顶端位置，在此时它的总动量为零。爆炸以后，色彩艳丽的燃烧着的物质碎片飞向四面八方。碎片中的每一片都有质量和速度，于是每一片都有动量。然而动量守恒告诉我们，当我们把所有碎片的动量相加的时候，它们相互抵消，总动量为零。例如，有一块 1g 的碎片向右运动，速率为 10m/s，必须有一个对等的 1g 碎片以同样的速率向左运动。于是动量守恒决定了焰火以特殊的对称方式发出绚烂的色彩。

动量守恒

我们能从牛顿运动定律得出很重要的结果。如果一个系统没有受到外力作用，那么依据牛顿第二定律，系统总动量的改变量为零。当物理学家发现一个量没有改变的时候，他们就说这个量守恒。因此，我们刚刚做出的结论被称为动量守恒定律。

重要的、要牢记于心的是动量守恒定律不是说动量永远不能改变。而是说，如果没有外力作用，动量不会改变。如果一个足球在地上滚动并且有个足球队员去踢它，他的脚一接触到足球就有力作用在足球上，在这个瞬间，球的动量改变了，这一改

角动量

刚刚说到如果没有力的作用，一个沿直线运动的物体将保持运动状态不变。同样，如果没有被称为扭矩的力矩作用在转动的物体上，那么这个物体将保持转动状态。陀螺保持旋转直到它的触头与地板之间的摩擦使它慢下来。车轮保持转动直到轴承内部的摩擦使它停止。这种保持转动的趋势被称为角动量。

想象一些常见的旋转物体的情况。有两个因素会增加一个物体的角动量，使得它难以慢下来或停止转动。第一个因素就是旋转的速率，一个物体旋

图 2-16 焰火表演的对称性说明了动量守恒定律

转得越快，让它停止就越困难。第二个因素不明显一些，与质量的分布有关。物体的质量越大，或者质量中心离转动中心轴越远，则角动量越大。因此，一个坚硬的金属车轮比有同样直径和旋转速率的充气轮胎有更大的角动量。当旋转物体质量分布被改变时，你就有可能遇到一些因为角动量守恒而产生的结果。在花样滑冰比赛中，可以很明显看到这一点。滑冰运动员伸展她的双臂进行旋转，开始旋转得慢，接着她收起双臂紧靠身体，因为角动量会保持恒定，所以她的旋转速率就会增加（见图 2 – 17）。

图 2 – 17　当一个滑冰运动员收紧双臂时，她旋转得更快，这表明了角动量是守恒的

技术

惯性导航系统

在用于飞机和卫星导航中的所谓惯性导航系统里，角动量守恒起了重要作用。这一系统的原理是非常简单的。一个像球或者平圆盘的大物体在一个装置内部旋转，在这个装置内由于安装了轴承，旋转的阻力很小（几乎没有扭矩）。一旦这种物体进入旋转状态，它的角动量一直指向同样的方向，不管宇宙飞船如何运动。通过测知恒定的旋转以及它与卫星方向之间的关系，工程师可以清楚地知道卫星指向哪个方向。

万有引力

引力是我们日常生活中最明显的力。它能保证你坐在椅子上而不会像在太空中那样漂浮着。当你抛出物体时引力能保证它们向下落。这个我们称之为引力的概念在古代就为人们所了解，伽利略和他的很多同时代的人研究了力的定量性质，但是艾萨克·牛顿揭示了力的普适性质。

按照牛顿的记述，他在苹果园中展现出了自己强大的洞察力。他看到一个苹果落下，与此同时他看见月亮在苹果的背后。他认为为了使月亮在一个圆形的路径中保持运动状态，必须有一个力施加在它身上。他不知道使苹果向下运动的引力是否远远地向外延伸到月亮，从而提供阻止月亮飞走的力。

以这种方法来思考这个问题：如果月亮围绕地球运动，那么它不是沿着一条直线运动的。根据它遵循的牛顿第一定律，必须有一个力作用在它上面。牛顿假设这个力是与使苹果落下的同样的力——相似的引力（见图2-18）。

牛顿最终意识到，如果引力不限于在地球表面上存在，而是在整个宇宙都存在的话，那么就能解释所有行星运行的轨道了。他在被称为牛顿万有引力定律的物理规律中详细地阐述了这个深刻的见解（通过观察，确认了这个见解是完全正确的）。

牛顿万有引力定律的几种表达方式如下。

以文字表示：在宇宙任意两个物体之间有一种引力，它与物体的质量成正比，与它们之间距离的平方成反比。

以方程式表示：

$$\text{引力(N)} = \frac{G \times \text{质量 1(kg)} \times \text{质量 2(kg)}}{[\text{距离(m)}]^2}$$

以符号表示：

$$F = \frac{Gm_1m_2}{d^2}$$

式中，G 是引力常量（详见下文）。

用日常用语表述，这个定律告诉我们，两个物体质量越大，它们之间的引力越大；它们间隔得越远，引力就越小。

引力常量 G

当我们说 A 与 B 成正比，意思是若 A 增加则 B 必须以同样的比例增加；如果 A 加倍那么 B 必须加倍，等等。我们能用下面的数学式来描述这个概念：

$$A = kB$$

式中，k 是 A 和 B 之间的比例常数。这个等式告诉我们，如果已知常数 k 和 A 或 B 当中任一个，那么我们能计算出另一个的确切的数值。

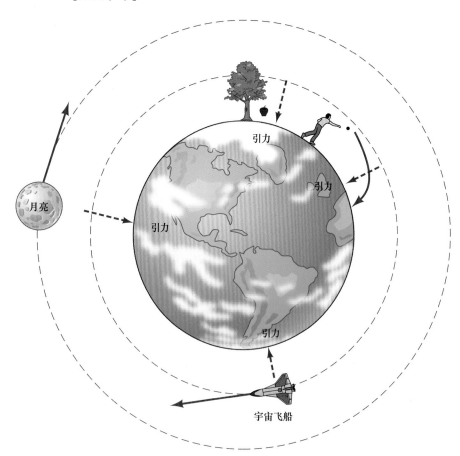

图2-18 苹果落下，球被投出落回地面，宇宙飞船绕地球轨道飞行和绕轨道运行的月亮都表明了引力的影响

引力常量 G 是一个正比例常数，它表示两个物体的质量和它们的距离与引力之间的确切的数值关系。

$$F = \frac{Gm_1 m_2}{d^2}$$

不同于重力加速度 g（g 仅能在地球表面上应用），G 是一个普遍的常数，它能应用到宇宙各处的任意两个物体身上。

亨利·卡文迪什（1731—1810），英国牛津大学的科学家，首先用图 2-19 中所示的实验仪器测量出了 G 的数值。

卡文迪什用一根不可弯曲的线悬挂了一个由两个小铅球制成的"哑铃"，在靠近悬挂小铅球的地方固定了两个较大的铅球。悬挂铅球和固定铅球之间的引力导致线产生细微的扭转。依靠测量作用在线上的扭力（或者说扭矩），卡文迪什计算出了作用在哑铃上的引力。这个力，连同已知的小球质量（m_1）和大球质量（m_2）以及它们之间的最终间隔（d），代入牛顿万有引力定律中，用简单的算术就可以计算确定 G 了。在国际

单位制中，G 的值为 $6.67 \times 10^{-11} \, \mathrm{N \cdot m^2/kg^2}$。这个常数是普遍适用的，在宇宙各处都是恒定的。

重力和引力

万有引力定律说在宇宙中任意两个物体之间存在一个力，两位舞者、两个恒星、这本书和你——相互间都存在着力。如果你不站在地面上，在你和地球之间的引力会向下拉你。事实上，地面存在一个与引力相等并且相反的力，在你的脚底上你能感觉到有一个力。如果你站在一台秤上，地球的引力会向下拉你，直到秤上的弹簧或者别的物体提供了方向相反的力为止，平衡时指针显示的力的大小就是你所受的重力。

实际上，重力恰好就是作用在位于特定位置上的物体所受到的引力，重力与你所在的地方有关。在地球表面你称出某件东西的重力，在月球表面对同一个物体你会称出另外一个重力，而在星际空间深处则重力几乎为零。甚至你在高山顶上称东西比

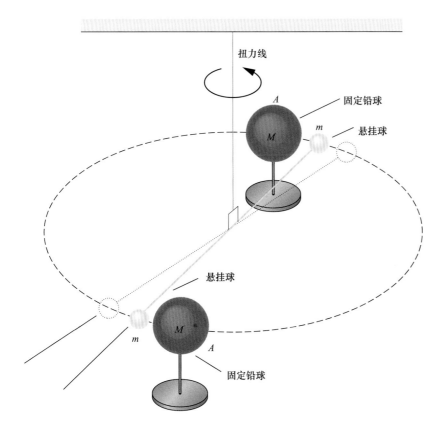

图 2-19 卡文迪什用扭秤来测量引力常量 G，悬挂球和固定铅球之间的引力，是由扭力线测出来的

在海平面称，重力都稍小一些，因为离地球中心远了一些。重力与质量不同，无论你走到哪里质量都保持相同。

大写的 G 和小写的 g

与物体落向地球的实验结果相联系的万有引力定律，能用来揭示引力常量 G 与地球重力加速度之间的紧密关系。按照万有引力定律，地球表面任一具有质量的物体，其重力是：

$$重力 = \frac{G \times 质量 \times M_E}{R_E^2}$$

式中，M_E 和 R_E 分别是地球质量和半径。另一方面，牛顿第二定律说：

$$重力 = 质量 \times g$$

这两个方程式的右边相等：

$$质量 \times g = \frac{G \times 质量 \times M_E}{R_E^2}$$

两边除以质量有：

$$g = \frac{G \times M_E}{R_E^2}$$

G、M_E 和 R_E 的值已被测出：

$$g = \frac{(6.67 \times 10^{-11} \text{N} \cdot \text{m}^2/\text{kg}^2) \times (6.02 \times 10^{24}\text{kg})}{(6.40 \times 10^6 \text{m})^2}$$

$$= \frac{4.015 \times 10^{14} \text{N} \cdot \text{m}^2/\text{kg}}{4.10 \times 10^{13}\text{m}^2}$$

$$= 9.8\text{N} \cdot \text{kg}^{-1} = 9.8\text{m/s}^2$$

于是地球重力加速度的值 g 能从牛顿的引力通用等式中得出。

这个结果是非常重要的。对于伽利略，g 是一个必须测量的数，但是到底是多少他无从得知。另一方面，对于牛顿，g 是一个能从地球的尺寸和质量纯粹计算而得来的数。因为我们了解 g 从哪里来，我们现在不仅知道地球重力加速度的数值，对于宇宙中任何天体，只要我们知道它的质量和半径，也就能知道其重力加速度了。

⚠️ **停下来想一想！**

宇宙中两个物体间的引力能够等于零吗？为什么是或者为什么不？

例 2 - 6

月球上的重力

月球的质量是 $7.18 \times 10^{22}\text{kg}$，它的半径是 1738km。如果你的质量是 100kg，你在月亮上受到的重力是多少？

分析：我们必须计算在任何天体表面上作用在一个物体上的力。此时天体的质量和半径与地球不同，尽管 G 是相同的。

解：从重力的定义式，我们有

$$重力 = \frac{G \times 质量_1 \times 质量_2}{距离^2} = \frac{G \times 100\text{kg} \times M_M}{R_M^2}$$

$$= \frac{(6.67 \times 10^{-11}\text{N} \cdot \text{m}^2/\text{kg}^2) \times 100\text{kg} \times (7.18 \times 10^{22}\text{kg})}{(1.738 \times 10^6 \text{m})^2}$$

$$= \frac{(6.67 \times 10^{-11}\text{N} \cdot \text{m}^2/\text{kg}^2) \times (7.18 \times 10^{24}\text{kg}^2)}{3.02 \times 10^{12}\text{m}^2}$$

$$= \frac{4.79 \times 10^{14}\text{N} \cdot \text{m}^2}{3.02 \times 10^{12}\text{m}^2}$$

$$= 159\text{N}$$

虽然两个地方人的质量是相同的,但是这个重力大约是地球上同一个人受到重力的1/6。

牛顿留给人类的宇宙图像是美丽的,有秩序的。行星在一条椭圆的轨道上围绕着太阳运动,而不是在一条直线上运动,这样能永远防止内部引力的拖拽。在宇宙中适用的定律在地球上也适用,由于运用了科学方法,才发现了这些定律。对于信仰牛顿学说的观察者来说,宇宙像一块钟表,它一直兴奋地按照其自身的规律滴答作响地运行着。

所有的天体现象,似乎没有一个比彗星更神奇,然而,即使是这些偶然造访地球的流浪者,也受着牛顿万有引力定律的支配。在1682年,英国天文学家埃德蒙·哈雷(1656—1742)用牛顿万有引力定律正确地计算出后来用他的名字命名的彗星轨道,并且预告它将在1758年返回(见图2-20)。果然,哈雷彗星在1758年圣诞夜"被再次发现",全世界都庆祝牛顿系统的伟大胜利。

图2-20 在最近的一次,1986年,哈雷彗星再次访问地球

延伸思考:有序的宇宙

可预知性

牛顿学说中的宇宙是极端有规律的,并且是可预知的。的确,从牛顿学说的观点出发,如果你知道系统目前的状态和力对它的作用,那么根据牛顿运动定律,你就能预知系统的未来。法国数学家皮埃尔·西蒙·拉普拉斯(1749—1827)把这个观点发挥到了极致,他提出了"神圣的计算器"的概念,他的论据(用现代语言说)是这样的:如果我们已知宇宙中每个原子的位置和速率,并且我们有无限的计算能力,那么我们就能预知所有的未来时间里宇宙中每个原子的位置和速率。在这个论据中,没有区分一块岩石的原子和你手上的原子。拉普拉斯断言:所有的运动完全取决于物理学定律,直到时间的尽头。也就是说你不能选择你的未来,从一开始,什么都被决定了。

这个断言被两个现代的科学发现否定了。其中之一是海森堡的不确定性原理（见第 9 章）。这个原理告诉我们，在原子水平上，不可能同时精确地知道任何粒子的位置和速率。于是你永远不可能得到"神圣计算器"工作所需要的初始信息。

此外，科学家们用计算机模型研究，最近发现自然界很多系统能用简单的牛顿学说来说明，但是，对未来而言，不管出于什么意图和目的，都是不可预知的。这些情况被称为混沌系统，关于这种系统的研究领域被称为混沌。

我们所熟悉的山涧激流就是一个混沌系统。如果你把两片木屑放在溪水上游湍急的那一边，那些木屑（和它们漂流处的水）在它们到达终点时会被远远地隔开。无论你放置的木屑多么小，在开始时靠得多么近，这个现象总会发生。如果你知道一片木屑的确切的开头位置和在具有完整的数学精密度系统中水流的每个方向，你能用原理预知它将从下游何处出来。但是如果在你的最初的说明中有最轻微的误差，无论它多么小，木屑的实际位置和你的预测结果可能有非常大的差异。在现实世界中每次测量都有一些误差，因此永远不可能确定木屑起点的确切位置。所以，即使你知道所有作用在木屑上的力，你也不能预知它确切地漂流到什么地方和从哪个位置出来。

混沌的存在告诉我们，由牛顿关于宇宙的理论所引出的哲学结论不适用于自然界中的一些系统。例如地球上大气流和天气的长期发展似乎是混沌的，可以证明一些生态系统也是混沌系统。如果这是真的，政府在处理诸如地球变暖和保存濒危物种等问题的时候应该怎么做？你有多大的信心，在一些不好的事情发生之前，开始采取有效措施来防止它的发生？

 ## 回到综合问题

为什么行星似乎缓慢地在天空中运动？

■ 自从有历史记录以来，人们观察到在黄昏和夜间天空中有光的移动（也就是说，行星和恒星在移动）。

■ 宇宙里大多数可预知的物体中，有一些是我们每个夜晚看得见的恒星和行星。

■ 从地球的一个制高点上看，行星在夜间天空中缓慢移动，就像地球绕它的轴自转和围绕太阳公转一样。

■ 根据对天体运行的观察，托勒密和其他早期天文学家创建了地球位于宇宙中心的地心说理论。

• 哥白尼改进了托勒密早期的工作，认为是太阳而不是地球处于太阳系的中心。

- 意大利物理学家伽利略·伽利雷最重大的贡献在于他通过实验研究了在地球表面抛出物体并下落的现象。
■ 艾萨克·牛顿爵士综合了早期天文学家和伽利略·伽利雷的工作，形成了力学基本原理的简练的陈述，这些原理支配宇宙中每个物体的运动，从恒星和行星，到炮弹和云。牛顿意识到如果引力不限于地球表面，那么他的运动定律能够解释行星在它们的轨道上的移动，进而就解释了星星在夜间天空中的运动。

小　结

自从有历史记录以来，人们观察天象的规律，建造像巨石阵那样的历史遗迹，以更深入地了解世界。托勒密的地球中心系统和哥白尼太阳中心系统的模型尝试解释恒星和行星运动的规律。在第谷·布拉赫提供的新的更精确的天文学数据的引导下，数学家约翰内斯·开普勒提出了行星运动定律，阐明了行星在椭圆轨道上围绕太阳运转，而不是在先前假设的圆形轨道上运转。

与此同时，伽利略·伽利雷和其他科学家探讨了力学科学——靠近地球表面的物体的运动方式。这些探讨认清了运动的两种基本类型：匀速运动——它涉及恒定的速度（速率）和方向；加速运动——意味着运动的速率和方向两者之一或者都改变。伽利略的实验显示所有物体以同样方式落下，恒定的加速度大小是 9.8m/s^2。艾萨克·牛顿在他研究运动定律和万有引力定律的工作中，结合了开普勒、伽利略和其他人的成果。牛顿认识到没有力作用到物体上，就不会有加速度，并且加速度与施加的力成正比、与质量成反比。他指出力总是成对起作用的。

这些关于力和运动的认知，让牛顿发现引力是我们日常生活中最明显的力。一个物体的重力是由地球吸引而产生的。牛顿论证了苹果落到地球上和导致月亮在它的椭圆轨道上绕地球转动的力是相同的，都是引力。的确，引力在每个地方都起作用，在宇宙中每对具有质量的物体之间，引力也是成对的。

关键词

力学	匀速运动	重力
牛顿运动定律	万有引力定律	加速度
引力	速度	质量
速率	力	

发现实验室 ‥‥‥‥‥‥‥‥‥‥‥‥‥‥‥‥‥‥‥‥‥‥‥‥‥‥‥‥‥‥‥●

　　牛顿第三定律告诉我们，"对于每一个作用力，都有一个大小相等并且反向的反作用力。"我们依靠向后推才能向前走，鸟的翅膀向后推才能向前飞，牛顿第三定律总是在我们的身边。当你推墙的时候，墙给你的力与你加到墙上的力大小相等方向相反。在这个实验中，有这些实验样品：两片苏打片、防护眼镜、茶匙、一小杯水和一只35mm的从当地照相馆找来的胶卷盒。寻找一块室外的安全的水泥地面来完成实验。戴上你的防护眼镜，向胶卷盒中放入半茶匙的水；请一位朋友把一片苏打片放入胶卷盒，迅速盖上胶卷盒的盖；快速摇动胶卷盒10次，然后把它直立在水泥地上（盖朝下）；跑远一点，等待至少30s；你预料会发生什么？牛顿的哪个定律在这里适用？你能解释为什么吗？这个实验中的变量有哪些？怎样能改变结果？如何通过变量改变反应时间或把胶卷盒推动到一个更高的高度？这个实验是可以测量的吗？你能用图表示实验结果吗？

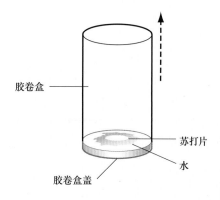

第3章 能量

? 为什么动物要靠吃东西来维持生命？

物理学

保龄球手抛出保龄球，保龄球的一些动能传给了保龄球瓶。

生物学

植物将太阳的辐射能转换为维持生物体在每个营养级的生命所需要的化学能。

化学

在燃烧过程中化石燃料（煤炭、天然气、石油）中储存的化学能转换成热能。

技术

新一代功能强大、质量轻的电池转换化学势能成为电动汽车所需的电能。

重要理念

能量的不同形式之间是可以互相转换的，而在一个隔离的系统中的能量的总量是守恒的。

环境

风和雨从太阳辐射能的转换中获得能量。

天文学

星星通过核聚变将氢元素聚变为氦元素并放射出能量。

健康与安全

运动把储存在人体内的化学能转化成动能和热量。

地质学

地震中，岩石的弹性势能突然释放成为岩石撕裂时的动能。

● =本章中将讨论的重要理念的应用　　　● =其他应用

每日生活中的科学：早晨

　　新的一天开始了，你打开床头灯，眯着眼去适应光亮，然后进行晨浴，当温暖的水淋到身上时，感觉非常舒适惬意。过一会儿烧开水冲咖啡，吃丰盛的早饭，然后开车去海滩。

　　实际上，每天的每时每刻，在你从事任何一项活动时，都使用了多种类型的能量，这些能量的形式是能够相互转换的。

 # 巨大的能量链

　　数亿年前，太阳的核心产生了大量的能量，接着能量渗到太阳表面；随后，在短短的8min内，它以阳光的形式越过宇宙空间到达地球，被漂浮在海面上的藻类生物所吸收。通过光合作用，这些藻类把太阳能量转换为自身生长所需要的化学能。最后这些藻类死亡并沉入海洋的底部，经过极其漫长的岁月，在压力和热量的影响下，死去的藻类最终转变成燃料——石油。

图3-1　位于科罗拉多的石油存储了数百万年之前的太阳能，工程师们用油泵把石油抽到地面上

　　石油被开采后（见图3-1），需要进行提炼。在精炼厂，汽油被提炼出来，并被运到大家所在的城镇，而你把汽油加进你的汽车油箱。当你开车时，这些汽油燃烧了，把汽油中储存的能量转化成机械能，让你的汽车开动起来。当汽车停下后，发动机缓慢冷却，这些热量又辐射回宇宙空间，离开太阳系，继续它们的运行。正当你阅读这些文字的时候，你昨天释放的能量可能已离开太阳系，进入宇宙空间的深处。

科学概念

此时此刻,你身体中的大量细胞正在努力工作着,把你昨天吃的食物中的化学能转换成使你今天生龙活虎的化学能。大气中的能量能够产生狂风和暴雨,而海洋中的能量能够驱动强大的连续不断的潮汐。在地球深处,以热形式存在的能量则能够让地球转动。

所有的能量消耗都有一个共同点。当汽车燃烧汽油时,燃料的能量最终让汽车的车轮转动。然后汽车施加一个力给道路,道路施加一个大小相等且方向相反的力给汽车,推动汽车前进。当你爬楼梯时,你的肌肉施加一个力抵抗地心引力让你向上爬升,甚至在你身体的细胞中,也有一个力作用于正在化学反应的分子上。能量与力的应用有着紧密的联系。

在日常谈话中,我们谈到某人有很大的“能量”,但是在科学中能量这个术语有明确的定义,与平常谈话中的意思是有区别的。要弄清科学家们谈到的“能量”这个物理概念,我们必须首先介绍“功”的概念。

功

物体在被施加的力的作用下移动了一定距离(其实是位移),力与距离的乘积就是功。举起这本书并且抬高1ft,你的肌肉在1ft距离上用了一个与书的重力相等的力,你就做了功。

功的这个定义与日常用语有相当大的区别。从一个物理学家的观点来看,如果你开车偶然撞到树上并且撞碎了汽车的挡板,因为一个力使得汽车挡板在一个可测量的距离上变形,可以说做了功。从另一方面来说,如果你花费一个小时徒劳地想移动一块大石头,不管你多累,物理学家会说你没有对这块石头做任何功。虽然你费了很大的力,但是巨石并没有动,所以对它做功为零。

以文字表示:功等于所施加的力乘以施加力时移动的距离。

以方程式表示:

$$功(J) = 力(N) \times 距离(m)$$

这里的 J 是功的单位,它的定义见下一段。

以符号表示:

$$W = Fd$$

在实践中,如果一个很小的力作用于一个长距离,它也能做很大的功。

正如你从这些方程式中可以预料的,功的单位等于力的单位乘以距离的单位(见图 3 - 2)。在米制单位制中,力是用牛顿(简称“牛”,N)来度量的,功是用牛·米(N·m)来度量的。1N的力大体上等于一个棒球施加给你手上的力。

功的单位用一个特定的名称“焦耳”(简称“焦”,J)来命名,以纪念英国科学家詹姆斯·普利斯科特·焦耳(1818—1889),他是了解能量性质的最早的一批人之一。1J的定义是当1N的力施加的距离是1m时所做的功,即

$$1J(功) = 1N(力) \times 1m(距离)$$

在英制单位制中,力用磅力(lbf)来度量,功用英尺·磅力(ft·lbf)来度量。

例 3 - 1

克服重力所做的功

当你搬一个 20kg 的电视机上一段楼梯(约高 4m)时,你做了多少功?

分析:在我们能确定功之前,必须首先计算由 20kg 质量的电视机施加的力。从前一章中,我们知道举起 20kg 质量克服重力加速度($9.8m/s^2$)需要一个力:

$$力 = 质量 \times g$$
$$= 20kg \times 9.8m/s^2$$
$$= 196N$$

解答:从功的方程式,功 = 力 × 距离

$$= 196N \times 4m$$
$$= 784J$$

图 3-2 一位举重运动员在一段距离（米）上用力（牛）举起重物

能量

能量是做功的能力。如果一个系统有能力在一段距离上施加一个力，就说这个系统具有能量。一个系统的能量，可以用焦或英尺·磅力（与做功的单位相同）来度量能做多少功。当一个系统用光了能量，它就不能再做任何功了。

功率

功率是由所做的功（同样，消耗能量）和做功所需时间两者共同决定的量。快速地完成某项体力活，你必须比慢慢完成同样体力活使用更大的功率。如果你快跑着上楼梯，你的肌肉必须使用比慢走着上同样楼梯更大的功率，而你在两种情况下消耗了同样的能量。棒球比赛中的一个强有力的击球手更快地挥动球棒，在他的肌肉中化学能转换成动能所用的时间，比其他的球手更短（见图 3-3）。

科学家定义功率为做功的效率，或者能量消耗的效率。如果在给定的一段时间中，你做了更多的功，或者在更短时间内完成一项任务，那么，你用了更多的功率。

图 3-3 运动员尽力产生最大的功率，也就是说，尽可能快地释放他们的能量——例如职业棒球手在棒球比赛中

以文字表示：功率的大小等于所做的功的数量除以做功所需要的时间。

以方程式表示： $功率 = \dfrac{功（J）}{时间（s）}$

以符号表示： $P = \dfrac{W}{t}$

在米制单位系统中，功率的单位是瓦特（简称"瓦"，W），以纪念詹姆斯·瓦特（1736—1819），一位苏格兰发明家，他发明了一种推动工业革命的现代蒸汽机（见图 3-4）。

图 3-4 詹姆斯·瓦特的第一台"太阳和行星"蒸汽机,现存英国伦敦科学博物馆,它把热能转换成动能

瓦(W),一个你很可能每天都遇到的单位,它的定义是 1 秒(s)之内消耗 1 焦(J)能量:

$$1W = \frac{1J}{1s}$$

单位千瓦(kW,1kW = 1000W)通常用来度量电的功率。在英制单位中,经常使用马力(hp)这个单位,1hp = 550ft·lbf/s。

常见的灯泡的功率(例如 60W 或者 100W)是用来度量它工作时所消耗的能量的效率。作为另一个常见的例子,多数的电动工具或家用电器的标准功率用瓦特来标定。

从功率是能量消耗的效率,可以得出:

能量(J)= 功率(W)× 时间(s)

这个重要的方程式允许你(和电力公司)计算你消耗多少的能量(和你应当付多少钱)。注意这个等式中,焦(J)是能量的单位,能量也能用功率 × 时间的单位来度量,如在电费账单中常见到的那样。表 3-1 归纳了我们用到的力、功、能量和功率等重要术语。

表 3-1 重要的术语		
量	定义	单位
力	质量 × 加速度	牛
功	力 × 距离	焦
能量	做功的能力	焦
能量	功率 × 时间	焦
功率	$\frac{功}{时间} = \frac{能量}{时间}$	瓦

 科学史话

詹姆斯·瓦特和马力

功率的另一个单位是马力(hp),是詹姆斯·瓦特在销售他的蒸汽机时设计出来的。瓦特知道他的蒸汽机主要用于矿山,那里的矿主传统上用马带动水泵抽水。最容易促销他的新蒸汽机的方法是告诉矿山工程师,每台蒸汽机能代替多少匹马。詹姆斯·瓦特等人做了一系列实验以确定在给定的时间里一匹马能够产生多少能量。瓦特发现,在一个平常的工作日,一匹健康的马每秒平均能做 550ft·lbf 的功——他定义这个单位为马力,并用来衡量他的蒸汽机的功率。虽然现在我们知道不只是为了取代马而制造蒸汽机,但我们仍然运用马力这个单位(比如有的汽车发动机用马力来标定功率)。

例 3-2

  一台典型的 CD 系统所用的电功率为 250W。如果用了 CD 3h，你用了多少度（kW·h）电？如果 1 度电的价格是 12 美分，你欠电力公司多少钱？

  分析和解答：你所用的电能总量由下式给出：

$$能量 = 功率 \times 时间$$
$$= 250W \times 3h$$
$$= 750W \cdot h$$
$$= 0.75kW \cdot h$$

  价格如下式：

$$价格 = 12 \text{ 美分}/(kW \cdot h) \times 0.75kW \cdot h = 9 \text{ 美分}$$

能量的形式

  能量，是做功的能力，出现在自然界各种体系中，具有多种多样的形式。在 19 世纪要弄明白能量的形式，对科学家来说是很大的挑战。最终他们确认能量具有两种主要形式：动能是一种与运动物体有密切关系的能量，而存储的能量或者说势能则是一种等待释放的能量。

动能

  试想一颗炮弹在空中飞行。当它击中一个木质目标时，弹头施加了一个力到木头的纤维上，撕裂了纤维并把它们分开，钻出了一个洞。

  产生出这个洞必须做功；纤维被挤压到两旁，必须有一个力在它们移动的距离上起作用。

  当炮弹击中木头时，它做了功，并且炮弹在飞行中有做功的能力，也就是说，它有能量（因为它运动）。这种运动的能量称为动能。

  你能发现自然界中无数的动能的例子。一头座头鲸在水中游动（见图 3-5），它因为在运动而具有了动能。所有运动的物体都有动能，一只飞翔的鸟，捕获猎物的动物，一辆飞驰的汽车，一只飞行的飞盘，一片落叶以及任何其他运动的物体都有动能。

图 3-5 这头座头鲸有动能，因为它在运动

直觉告诉我们，有两个因素决定了运动物体的动能大小。首先，比较重的运动物体与较轻物体相比具有更多的动能：一只速度为 10m/s 的保龄球比同样速度的高尔夫球具有更多的动能。事实上，动能与质量成正比：如果质量加倍，那么动能就加倍。其次，运动更快的物体，它有可能施加更大的力并且具有更大的能量。一次高速碰撞引起的损坏比一次停车场中的车祸引起的损坏要大得多。物体动能随着其速度的二次方增加而增加。一辆汽车以 40mile/h 的速度运行，它具有 4 倍于一辆以 20mile/h 运行的汽车的动能，而以 60mile/h 运行的一辆汽车具有 9 倍于一辆以 20mile/h 运行的汽车的动能。

动能的定义如下。

以文字表示：动能等于运动物体的质量乘以该物体速度的二次方，再乘以常数 $\frac{1}{2}$。

以方程式表示：

$$动能(J) = \frac{1}{2} \times 质量(kg) \times [速度(m/s)]^2$$

以符号表示：$\quad E_k = \frac{1}{2}mv^2$

例 3-3

保龄球和棒球

一只 4kg（约为 8lb）的保龄球以 10m/s（约为 22mile/h）的速度滚下保龄球道。它的动能是多少？与一只 250g（约为 0.5lb）的网球以 50m/s（几乎是 110mile/h）的速度飞行时的动能做比较，如果击中你，哪个物体对你的伤害更大（也就是说，哪个物体的动能更大）？

分析与解答：计算时我们必须将数字和单位代入动能方程式。

对于 4kg、运行速度为 10m/s 的保龄球的动能：

$$动能 = \frac{1}{2} \times 质量(kg) \times [速度(m/s)]^2$$

$$= \frac{1}{2} \times 4kg \times (10m/s)^2$$

$$= 200kg \cdot m^2/s^2$$

注意　$200kg \cdot m^2/s^2 = 200(kg \cdot m/s^2) \times m = 200N \times m = 200J$

对于 250g、运行速度为 50m/s 的棒球的动能：

$$动能 = \frac{1}{2} \times 质量(kg) \times [速度(m/s)]^2$$

$$= \frac{1}{2} \times 0.25kg \times 2500m^2/s^2$$

$$= 312.5kg \cdot m^2/s^2$$

$$= 312.5J$$

虽然保龄球比棒球大很多，一只被狠狠击打的棒球由于它的高速运动，比典型的保龄球带有更多的动能。

势能

在乡间几乎每一座山脉都有"平衡岩石"——一块石头危险地立在山顶上，看起来好像有一个很小的推动力，它就会滚下斜坡（见图 3 - 6a）。

如果平衡岩石落下，它获得了动能，向下滚动时做了功。平衡岩石有做功的能力，即使它现在不做功。仅仅凭借它目前的位置，它就具有能量。

这类能量，能够导致一个力施加在物体上并运行一段距离，但现在没有力的作用，也没有移动，这种能量被称作为势能。在平衡岩石的情况中，能导致岩石运动的是重力，势能被称作重力势能。一个被提升至地球表面以上的物体具有的重力势能，精确地等于从地面提升到现在位置处所做的功。

以文字表示：任何物体的重力势能等于它受到的重力乘以它的重心到参考面（零重力势能面）的高度。

以方程式表示：

重力势能(J) = 质量(kg) × g(m/s²) × 高度(m)

式中，g 是地球表面的重力加速度（见第 2 章）。

以符号表示：

$$E_p = mgh$$

在例 3 - 1 中，我们看到搬运一台 20kg 电视机上 4m 高的楼梯需要 784J 的能量。如果允许电视机落下，那么重力做的功是 784J，并且储存在 4m 处的电视机的重力势能也是 784J。

我们在日常生活中还会遇到重力势能以外的其他类型的势能。化学势能储存在汽油中能用来驱动汽车，储存在电池中供收音机通电，还能储存在炸药棒（见图 3 - 6b）中和你吃的食物中。所有的动物都依赖食物中的化学势能，并且所有的生物都依赖分子储存化学能以供未来之需。在每种情况下，势能都存储在原子之间的化学键当中（见第 10 章）。

你家里的电插座，能够让你利用电能，用电能转动风扇或开动真空吸尘器。一个紧密缠绕的弹簧，一把弯曲的弓（见图 3 - 6c）和一条拉伸的橡皮筋具有弹性势能，而一块冰箱磁块带有磁性势能。在上述每种情况下，能量被储存着，时刻准备做功。

热或热能

两个世纪过去了，动能和势能的基本特征已经被科学家们了解得差不多了，但是热的本质却神秘得多。感觉到热和测量热的效果是容易的，但是潜藏在热和冷的物体中的物理原因是什么？

我们现在知道，物体是由被称为原子的极小的粒子组成的，而通常两个或者多个原子聚集在一起组成的集合体被称为分子，分子太小以至于普通的光学显微镜都看不到。所有材料的性质取决于组成它们的分子的性质。对比固态冰、液态水和蒸汽，这

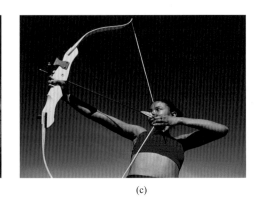

| (a) | (b) | (c) |

图 3-6 势能有很多形式。（a）山顶上一块危险的石头具有重力势能；（b）炸药棒储存了化学势能；（c）一把拉紧的弓具有弹性势能

三种物质都是由三个原子的分子组成的（这三个原子是两个氢原子连接着一个氧原子，写成 H_2O）。由对比可见，相邻原子或分子之间的相互影响很重要，会影响物质的性质（见第 11 章）。

热的本质在于所有的分子都处在不停的随机运动中。构成物质的粒子向周围移动或振动，这些粒子从而具有动能。如果材料中的分子移动得快，它们就有更多的动能和向其他粒子施加更大的力的能力。如果你接触一个分子移动得快的物体，物体里的分子与你手上肌肉里的分子碰撞，物体分子的热能转移到手上，于是你就会察觉到物体是热的。类似地，如果你肌肉中的分子移动得更快，快过你接触的物体中的分子的运动速度，那么你会察觉物体是冷的。因此，我们通常说的热，可以简单地看作热能，实质上就是原子和分子的随机运动的动能。

科学史话

热的本质的发现

什么是热？你怎样用科学的方法确定它的起源？这是科学家们两百年之前纠结的问题。他们认为在很多方面热与液体的表现一样。液体从一个地方流到另一个地方，并且平平地铺展开来，像洒在地板上的水。一些物体比其他物体吸收热量快，加热时很多材料看起来会膨胀，正像浸了水的木头。1800 年，在多年的观察和实验以后，很多物理学家错误地接受了热是一种看不见的液体的理论——他们称之为"卡路里"。根据热的卡路里理论，最好的燃料，比如煤，是被卡路里浸透了的，而冰实际上缺乏这种物质。

马萨诸塞州出生的本杰明·汤普森（1753—1814）是一位研究热的有影响力的学者。美国独立战争中，他站在英国人一边。他的第一份工作是当间谍，然后成为占领纽约的英国军队的军官。在美国赢得战争之后，汤普森逃到欧洲，在那里他被英王乔治三世授以爵位。在他晚年时，他因涉嫌充当法国间谍而逃离英国，之后在德国巴伐利亚参与制造大炮。

如果热是一种液体，那么某个物体的单位体积或质量中必须含有固定数量的"液体"。但是汤普森注意到在切削铜炮体时温度增加，与被切削掉的铜的质量多少毫无关系（见图 3-7）。他发现，工友锋利的工具切割铜比较快，产生的热比较少，而钝的工具切割过程慢还会产生大量的热。汤普森提出了一个假设，铜温度增加是因为摩擦而导致的机械能转化的结果，而不是以前所认为的那种不可见的热"液体"造成的。他把一台大炮钻床整个浸泡在水中，在切削加工中，观察到产生的热量使

图 3-7 本杰明·汤普森（伦福德伯爵），1798 年在巴伐利亚大炮铸造车间，注意到机械能转变成热能

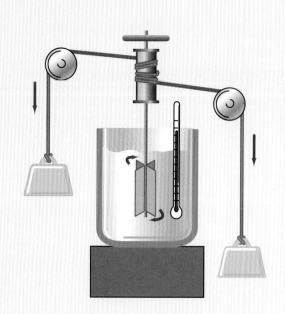

图 3 – 8 　焦耳的实验证明了热量是另一种形态的能量，图示桨轮的机械能转变成被搅动的水的热能

水变成了水蒸气，由此来证明他的论点。英国化学家和科普作家汉弗莱·戴维爵士（1778—1829）进一步论证了汤普森的论点。戴维在伦敦一个寒冷的日子里，用冰块进行摩擦，产生了热。汤普森·戴维和其他人的工作吸引了英国科学家詹姆斯·普利斯科特·焦耳的注意，他设计了专门的实验室，以检验汤普森的假设是否正确。如图 3 – 8 所示，焦耳的仪器使用了一个可以提升的系在一根绳子上的重锤。绳子连着一个浸泡在水桶中的桨轮。重锤有重力势能，在它下落时，势能转化成旋转桨轮的动能，而桨轮的动能又转化成水分子的动能。正如焦耳所推测的，水被加热是由于重锤释放的重力势能所引起的。他宣告，热是另一种形态的能量。

波动能

任何一位观察过浪花拍打海岸的人都有关于波动能的第一手知识。在水波的例子中，所包含的能量类型是显而易见的。大量的水处在快速运动中并且具有动能。我们看到的这个能量是波浪击打岸边时释放的。

其他类型的波也是有能量的。例如，当声波产生时，空气中的分子处在运动中，声波的能量与那些分子的动能紧密联系。通过坚硬的地球传播的类似的声波被称为地震波，它带有地震中释放的潜在的破坏性能量。在第 6 章中我们会遇到另外一种重要的波，这一类波伴随着电磁辐射而产生，如同太阳中发出的辐射能（光）。这种波在变化的电场和磁场中存储能量。于是，每种波都带有某种形态的能量，能量的形态我们在上文中已经学习过。因为不同种类的波有很多相似之处，关于波的具体内容我们将在第 6 章中讨论，这里我们把它们归在一起，讨论波的能量。

质量是能量的一种形式

一些原子，比如铀，在它们分裂时能够自发地释放能量，这被称为放射性。20 世纪早期放射性的发现让人们认识到，质量是能量的一种形态。这个原理是第 7 章的中心内容，其主要物理思想已经由阿尔伯特·爱因斯坦的著名方程归纳出来。

以文字表示：每个静止物体的势能等于它的质量与一个常数的乘积，这个常数是光速的二次方。

以方程式表示：

能量(J) = 质量(kg) × [光速(m/s)]²

以符号表示：

$$E = mc^2$$

式中，c 是光速，是一个等于 3×10^8 m/s 的常数。

这个已经成为一种文化标志的方程式告诉我们，质量转化为能量和用能量创造质量都是可能的。（应该注意的是，这个等式并不是说，质量必须以光速运动，而是被假定处于静止状态。）此外，因为光速如此之快，甚至很小的质量储存的能量都是庞大的。

例 3-4

很多的势能

根据爱因斯坦的等式，在一个质量为 0.001g 的沙砾中含有多少势能?

分析和解答：将质量 0.001g 代入著名的爱因斯坦方程式。记住 1g 是 1kg 的千分之一，于是 0.001g 等于 1kg 的百万分之一（10^{-6}kg）。还有，光速是一个常数，3×10^8m/s。

$$能量(J) = 质量(kg) \times [光速(m/s)]^2$$
$$= 10^{-6} \times (3 \times 10^8 m/s)^2$$
$$= 10^{-6} \times 9 \times 10^{16} kg \cdot m^2/s^2$$
$$= 9 \times 10^{10} J$$

包含在 1g 沙砾中的能量是巨大的，也就是 25000kW·h。美国一个家庭平均每月用电量是 1000kW·h，如果我们有手段把一粒沙砾的质量完全转换成电能（目前还做不到），那么一粒沙砾能在以后的两年中满足你的家庭对能量的需求!

在实际条件中，爱因斯坦方程式表明，在核电站能够用质量产生电能，在那里几磅核燃料足够供给一整个城市的动力。

能量的转换

从日常生活经验中，我们可以了解到能量可以从一种形态转变成另外一种形态（见表 3-2 和图 3-9）。植物吸收太阳发出的辐射能可以将之转化成为细胞和植物组织中储存的化学能。你吃食物可以将食物的化学能转换成肌肉的动能——运动的能量。当你爬楼梯的时候，动能会转化成重力势能。当你拉紧弹簧的时候，动能转化成弹性势能。当你摩擦双手的时候，动能转化成热能。诸如此类的例子比比皆是。

表 3-2 能量的几种形态		
势能	动能	其他
重力势能	运动物体	
化学势能	热	质量
弹性势能	声和其他波	
电磁能		

图 3-9 关于能量从一种形态转变成另一种形态的例子。你能辨认几类包含能量转换的实例呢?

能量的多种不同形态是可以相互转化的。

一种形态的能量能转化成另一种形态的能量。

蹦极跳可以很好地阐释这个规律（见图 3-10）。蹦极的人爬上一座高楼或者高台，把弹性绳系到脚踝上，然后他跳向空中并且向地面下落，直到绳子拉紧停止下落。

从能量的观点来看，一个玩蹦极的人从食物中获得的化学能用来克服重力做功，转化成重力势能。在下落过程中，重力势能减小，而人的动能在增加。在绳子开始拉紧的时候，玩蹦极的人减速下降，动能逐渐转化成弹性势能。玩蹦极的人在开始时具有的重力势能完全转变成弹性绳的弹性势能，然后弹性绳弹回，一些储存的弹性势能转变成动能和重力势能。在全部的时间内，一些能量也转变成热能：增加了脚踝上弹性绳和周围空气的温度。

我们所居住的宇宙的最基本的特性之一是：表 3-2 中所列的每种形态的能量能转化成其他形态的能量。

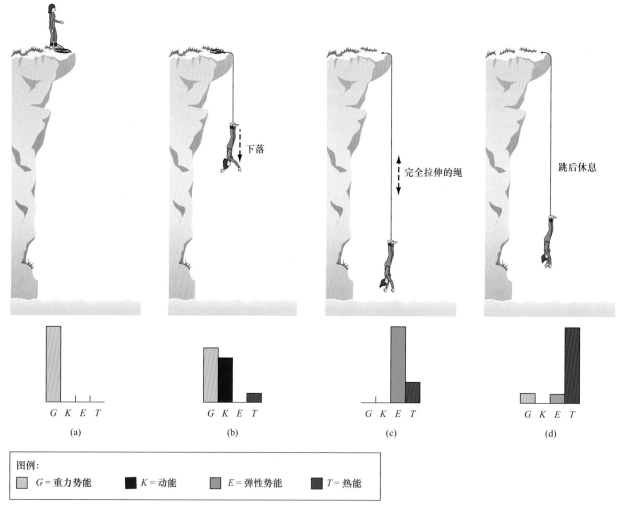

图 3-10 蹦极跳时的能量形态改变，总能量是守恒的。直方图显示了能量在重力势能（G）、动能（K）、弹性势能（E）和热能（T）之间的分布。
（a）最初，在跳跃中所有的能量是以重力势能存储的；
（b）当降落时，重力势能转化成动能；
（c）在跳到底部时，弹性绳被拉伸，于是大部分的能量处于弹性势能的形态；
（d）大多数能量变成热能

生命科学

生命的能量和营养级

地球上的所有系统，包括生物和非生物，能把太阳的辐射能转化成其他形式的能量。但是有多少能量是可用的，生物体又是如何利用这些能量的？

在地球大气层的上部，太阳的平均辐照度是1400W/m²。为计算地球接收到的来自太阳的辐射总功率，我们首先需要计算地球的横截面积。地球的半径是6375km，于是横截面积为

$$圆的面积 = π × (半径)^2$$
$$= 3.14 × (6375000m)^2$$
$$= 1.28 × 10^{14} m^2$$

于是在地球大气层上部接收的总功率是

$$功率 = 太阳辐照度 × 地球的横截面积$$
$$= 1400W/m^2 × 1.28 × 10^{14} m^2 = 1.79 × 10^{17} W$$

地球大气层上部每秒接收了 $1.79 × 10^{17}$ J 的能量，但是这个能量比到达地面的能量多很多。当太阳辐射遇到大气层上部时，大约有25%直接反射回太空，另外25%被大气层吸收，此外地球表面还会反射额外的5%进入太空。经过这些过程，大约只有初始量的45%留下来被地球表面吸收。

所有的生物系统从这45%中得到能量，但是吸收的仅仅是这个能量的一小部分——仅有4%进行光合作用，供给完整的食物链，更多的部分去加热地面或空气，或者使江河湖海的水蒸发。

当追踪流经地球的生物系统的能量变化时，食物链及其营养级的概念是十分有用的。营养级包括从同一能源获得能量的所有生物（见图3-11）。在所列出的方案中，从光合作用中生产能量的所有生物处在第一营养级。这些植物全部从阳光中吸收能量，并且用它推动化学反应以使植物组织和其他复杂的分子接着被处于更高营养级的生物作为能源来使用。

图3-11 食物链。有生命的生物按照其获得能量的方式，分成不同的营养级，第一营养级包括植物，它们从光合作用中生产能量，在更高的营养级上，动物以下一个低能级的生物为食物而得到能量

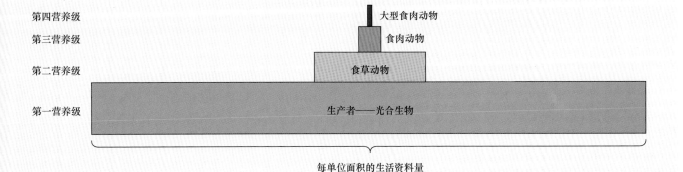

第二营养级包括所有的食草动物，它们依靠吃第一营养级的植物而得到能量。牛、兔子和很多的昆虫占据这个营养级。第三营养级由食肉动物构成，它们依靠吃第二营养级的有机体得到能量。第三营养级包括我们熟悉的狼、鹰和狮子，以昆虫为食物的鸟类，蚊子以及很多其他的生物体。

以其他食肉动物为食的食肉动物，比如虎鲸，占据了第四营养级。白蚁、秃鹫和细菌及真菌从死的生物体得到能量，但通常处于一个有别于我们刚说的四级别的营养级上（通常的惯例是：这个营养级不给编号，因为死的生物体可能来自其他任何一个营养级）。

一些动物和植物跨越几个营养级。例如人类、浣熊和熊都是杂食动物，从植物和其他营养级的生物体中获取能量，而捕蝇草是绿色植物，通过被困的昆虫补充它们的能量。

⚠ 停下来想一想！

在过去的 24h 之内，你从哪一个营养级获得能量？

虽然你可能不这么认为，事实上地球上的生物利用太阳能的效率是很低的，尽管所有这些生物为有效地利用能源而斗争。例如，当阳光照耀时，在八月的艾奥瓦州中部（艾奥瓦州中部毫无争议地是世界上适合植物生长最好的地方之一）的玉米地里仅仅有很小的一部分太阳能转变成植物中的化学能。其他大部分能量被反射掉，或用来加热土壤，蒸发水以及其他作用。没有任何地方的植物能转换并利用高于 10% 的太阳能，这是一个普遍规律。

同样的情况适用于前面提到的第一营养级。少于 10% 的植物化学势能最终出现在食用植物的第二营养级的动物细胞中。也就是说，大约少于 1% 的阳光的原有能量转变成第二营养级的化学能。继续使用同一模式，第三营养级的动物也应用了少于 10% 的第二营养级的可用能量。

在超市，你同样可以对上述说法做一个粗略的验证。五谷杂粮（那些没有被过度处理过的）通常的价格是每磅鲜肉的 1/10。从能量的观点来解释，这个价格的差别是不奇怪的。10lb 小麦或大米能量才能制造 1lb 牛肉，这个现象反映到了价格上。

能量通过营养级流动的最有趣的一个例子可以在恐龙化石中看到。在很多博物馆的陈列中，最难忘的标本是巨型食肉动物——暴龙或者带有 6in 剑齿和强有力爪的异特龙。你肯定常见到这些令人印象深刻的化石，以至于会认为这些恐龙是很普遍的。实际上，食肉动物的化石是非常罕见的，只占已知恐龙品种中的一小部分。例如，我们关于可怕的暴龙的知识只是基于为数不多的骨骼化石，并且它们中的多数是不完整的，而古生物学家们发现了更多的食草恐龙的骨骼。食肉恐龙的数量远少于食草恐龙的数量，正如现代的狮子和老虎的数量要远少于被它们吃掉的猎物的数量一样。实际上，所有恐龙骨骼的统计学研究显示，食草恐龙与食肉恐龙数量之比是 10：1，这个比值适用于我们当代发现的热血食草动物与热血食肉动物之比，并且远高于现代观察到的冷血爬行动物中的食草动物与食肉动物之比。这一点被很多古生物学家认为恐龙是热血动物的证据。

热力学第一定律：能量是守恒的

科学家们时刻关注着属性恒定不变的宇宙的变化。如果原子、电子或电荷总数是恒定的，那么这个特点就被说成是守恒的。任何关于属性是守恒的表述都被称为守恒定律（注意"守恒"的含义与通常表示适度消费和再循环利用有关的词语含义是不同的）。

在说明与能量相关联的守恒定律之前，我们必须先介绍系统的概念。想象系统是一个箱子，在那里面你放置一些质量和一些能量，然后去研究它。科学家们想去研究一盆水的系统，或是森林组成的系统，或者是完整的行星系统。医生可解释神经系统，天文学家探索太阳系，生物学家观察生态系统。

如果所研究的系统能够使物质和能量与它周围的东西交换——例如，一满盆水在炉上加热并且逐渐蒸发——这是一个开放系统（见图 3-12a），一个开放系统像一个打开的箱子，有东西可以拿出也有东西可以放进。如果一个系统中的物质和能量不能与它周围的东西自由交换，如同在一个封闭的箱子里，那么这个系统是孤立的。地球和它的初始能量来源——太阳，一起构成一个系统，在很多情况下可以设想成是一个孤立的系统，因为没有大量的物质或能量从外部进入这个系统（见图 3-12b）。

图 3-12 （a）一个开放系统就像一个打开的箱子，那里的能量和物质能够进入和流出；（b）一个系统中的能量或物质不能与其周围的东西自由交换，就像处在一个封闭的箱中，这个系统就是孤立的

开放系统

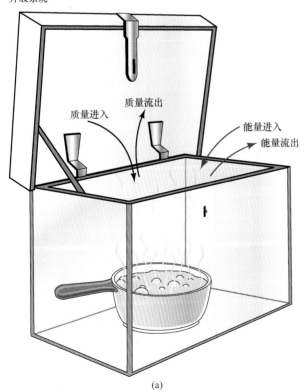

(a)

孤立系统

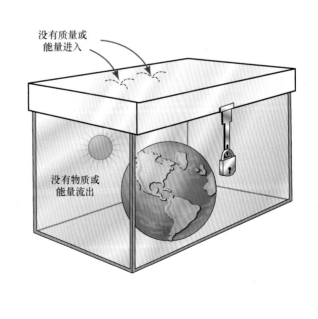

(b)

科学中最重要的守恒定律是能量守恒定律。这个定律也被称为热力学第一定律（热力学——字面上看是研究热的运动——是科学中关于热、能量和功的一个术语）。这个定律可表述为：

在一个孤立的系统中，能量，包括热，是守恒的。

这个定律告诉我们：虽然在一个给定的系统中能量的种类能够改变，但是能量的总量不能改变。例如，一个玩蹦极的人用力把自己抛向空中的时候，他具有的重力势能在落下时开始转化成一个等量的其他形式的能量。当他下落时，重力势能一部分转变成动能，一部分变成弹性势能，还有一部分用来增加周围的温度。然而，在下落过程中每个时刻，动能、弹性势能、重力势能和热能的总和始终与开始时的重力势能相等。

能量有点像货币的流通。你能挣到钱，然后可以存进银行或者存放在家中，当你去旅游的时候需要花掉钱，虽然钱经过你手中花掉，但是钱的总数是不变的。热力学第一定律告诉我们，在一个孤立的系统中，你永远不可能有比初始时更多或者更少的能量。

 科学史话　　**热力学第一定律的意义**

对 19 世纪的科学家们而言，热力学第一定律只是一个有用的关于能量的表述。实际上，它描述了自然界秩序的潜在对称性（甚至是美妙的），因而具有深刻的意义。焦耳以下面的诗一般的语言描述了热力学第一定律："没有什么被破坏，没有什么会永远丢失，但是整个世界是复杂的，它运转顺利、和谐……一切事物可以是复杂的，它们处在一个错综的环境中，在这里存在多种无止境的转换等，却保持着最完美的规律性，这完全是种意志的支配。"在焦耳看来，热力学第一定律只不过是造物主万能的证明——自然规律与灵魂不朽相类似。

 **数学计算**　　**饮食和卡路里**

热力学第一定律在很大程度上与美国人在饮食和体重方面的困扰相关。人类从他们的食物中得到能量，我们通常用卡路里来表征食物中的能量（注意，我们讨论的食物中的卡路里的定义是在 1 标准大气压下使 1kg 水的温度升高 1℃所需要的能量，这个单位称为千卡或大卡，表示为 kcal）。当一定量的能量被吸收时，热力学第一定律说两件事中的一件能够发生：它能转化做功并且增加周围的温度，或者它被储存起来。如果我们吸收了比我们消耗的能量更多的能量，超过的部分被存储在脂肪中。另一方面，如果我们摄入的能量少于我们所消耗的，则必须从储存能量中取走一部分以弥补摄入的不足，身体中脂肪量会减少。

这里介绍一组粗略的规则，你可以用来计算你食物中的卡路里：

1. 在多数情况下，维持正常身体每天每磅体重需要消耗 15kcal 热量。

2．为了获得1lb 脂肪，你必须吃掉3500kcal 的食物。

假设你重150lb，为保持体重不变，你每天必须吸收：150lb×15kcal/lb =2250kcal。

如果你要在一周（7 天）中减少1lb（3500kcal），你必须减少日常热量的摄入：

$$\frac{3500\text{kcal}}{7\ \text{天}}=500\text{kcal}/天$$

换言之，你必须将摄入的热量减少到1750 kcal——这相当于每天省掉的甜点所含的热量，或者通过锻炼能增加热量消耗。

大体上说，为燃烧掉500kcal，你必须跑5mile，骑15mile 的自行车或游泳1h。

抑制饮食比通过锻炼减掉体重要容易得多。实际上，很多研究者认为，在控制体重方面，锻炼的主要好处在于锻炼能够帮助人们控制食欲。

 科学史话

开尔文勋爵和地球的年龄

热力学第一定律给物理学家们提供了一个说明和分析宇宙的强有力的工具。这个定律告诉我们，每一个孤立系统的能量不变。当然，科学家们考虑的第一个系统就是太阳和地球组成的系统。

英国物理学家威廉·汤姆森受封为开尔文勋爵（见图3 –13），他问过一个简单的问题：地球里面能存储多少能量？多少比率的地球能量能辐射到外太空？地球有多少岁？问题虽然简单，但是这些问题对于哲学家们和神学家们有深奥的含义，他们有他们自己关于地球的相对陈旧的理念。一些圣经学者相信地球的年龄不能高于几千年。多数地质学家通过分层岩石中的证据，认为地球至少有几十亿年的年龄。生物学家们也需要大量的时间来说明地球上生命的逐渐进化。那么，谁是正确的？

与同时代的多数人所做的那样，开尔文假定地球是由星际尘埃的收缩云形成的。他想，地球起初是一个热的天体，天体早期的碰撞必然把大量的势能转变成热能。他用当时最新的数学知识去计算地球冷却到现在的温度需要多长时间。他假定地球内部没有能源，通过计算，他认为地球的年龄必须少于1 亿年。他似乎不同意地质学家和生物学家认定的地球年龄要更大的观点，因为这些观点看起来违背热力学第一定律。

科学家们很少会遇到这样的死胡同。两种关于地球年龄的对立的理论，每一种都有表面上的观察来支持，这件事是奇怪的。物理学家的计算看起来没有什么不对，然而生物学家们和地质学家们在田野中的观察同样是很谨慎的。有什么能解决这个问题？科学方法会失败吗？最终的答案来源于科学家们在1890 年发现的放射性（见第12 章），这是以前未知的一种能源。其中的热能是靠质量转换而来的。开尔文勋爵严格的地球年龄计算是错误的，仅仅是因为他和他同时代的人不知道地球能源中的这个重要组成成分。我们现在了解了地球的内部深处，所获得的热量中有接近一半来自放射性衰变。修正的计算表明，地球年龄为几十亿年，这与地质学和生物学的观察相符合。

图3 –13　威廉·汤姆森，开尔文勋爵（1824—1907）

美国及其未来的能源

自从工业革命以来，低廉且高效能源的使用推动了现代技术社会的成长。在 18 世纪末，当木头燃料成为昂贵和稀罕的材料时，詹姆斯·瓦特等人想出怎样获取储存在煤炭中的太阳能。在 20 世纪初，随着内燃机和其他新技术的发展，人们又选择石油作为燃料。这两次能源使用的转变大约都用了 30 年。

石油、煤和天然气被称为化石燃料，因为它们是很久以前产生的。从图 3-14 可以看出，美国经济几乎完全依赖于化石燃料。这种状况引发了两个困难问题。

化石燃料的一个特征是，它们是不可再生的——燃烧一吨煤或一桶油料，意味着对人类有意义的一个时间段就消失（化石燃料是远古时代经过一段时间的作用后才产生的）了。化石燃料的另一个特征，是燃烧化石燃料不可避免地会产生 CO_2 等附加物排放到大气中，而这一点又会导致气候的改变。于是，人类寻求采用下面的替代能源来推动经济发展。

可再生能源

图 3-14　美国和其他工业国家使用能源的份额，注意我们使用的能源中多数来自化石燃料

太阳能和风能被认为是两种最重要的替代能源。因为它们是连续不断的，太阳能和风能通常被分类为可再生能源。两者都不会导致地球变暖，并且两者都被认为有助于我们放弃使用化石燃料。

这些能源什么时候能够获得商业大量应用，是一个涉及技术和经济的复杂问题。在美国，商业发电被区分为两种类型——基础负载和高峰负载。基础负载是指每天用来照明和供制造业等使用的不可缺少的电力。高峰负载则涉及超额电力，比如夏天当所有的人都开启空调时所需的电力。一般情况下，基础负载由大的火力发电厂或者核电站提供。这些电厂建设时是昂贵的，但是每度电的净价还是很低的。而典型的高峰负载则由诸如燃气涡轮系统提供，这些电厂建设时是廉价的但运转昂贵，因为它们一般使用更昂贵的燃料。因此，高峰负载电力通常比基础负载电力更昂贵。再生能源要想进入商业市场，最好是进入高峰负载市场。

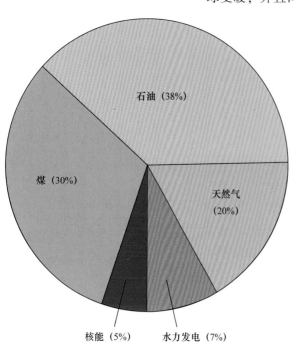

石油（38%）

煤（30%）

天然气（20%）

核能（5%）　　水力发电（7%）

风能

美国有巨大的风资源。"风带"从达科他地区南部延伸到新墨西哥州。与其他地方不同，这里常年有风，稳定而强劲，而且近海的科德角和密歇根湖东岸湖滨都可以作为风力发电场所。地球表面上的风能来源于阳光和地球的旋转，风能是取之不尽、用之不竭的。

现代风力发电机创始于 20 世纪七八十年代，用它们发电相当贵，是火力发电的 10~20 倍。风力发电机历经数十年的设计和工程方面的改善，价格有所下降，今天风力发电的价格也可以与传统的高峰负载发电的价格相比了。工程的改善以及政府对再生能源的支持是很多地方建设风力发电厂的原因（见图 3-15）。

计算表明，美国电力全部依靠风能存在着理论上的可能性。然而，这需要在整个南、北达科他州

图 3-15　从这一类风力涡轮机中发出的电开始成为美国经济中电力的竞争者

每隔四分之一英里就建造一个风力发电厂。多数分析学家认为，更可能出现的情况是，很多地方都建造风力发电厂，但是其他发电形式将继续在未来发挥作用。

太阳能

正如美国有巨大的风能一样，美国也有巨大的太阳能资源——在美国西南部的沙漠。在这些地方大量的能量以太阳光的形式存在，问题是要找到一个以合理价格开发这种能量的方法。有两种方法能使太阳光的能量转化成电能。其中之一被称为太阳能光伏发电，包括应用半导体将太阳光直接转化成电流（此项工作的细节将在第 11 章中讨论）。光伏电池常用在小的装置上，像交通信号灯，放在屋顶或者组成大的阵列（见图 3-16）。

另一项技术是太阳能热发电（见图 3-17）。在这些系统中，太阳光被反光镜收集起来并聚焦，然后用来加热液体，液体推动一台大型发电机运转。发电机的类型我们将在第 5 章中讨论，一般使用蒸汽发电机。一座这样的发电厂已经在加利福尼亚州的沙漠地带运转了很多年。

在一定程度上，太阳能的价格取决于太阳能收集器所处的位置。因为在更遥远的北方你只能得到较少的可用阳光。一般说来，今天太阳能发电的价格至少比火力发电的价格要多出 5 倍，并且分析学家们认为在 2030 年以前，上述两种太阳能发电的形式还无法与常规的大规模发电厂竞争。然而在此之前，科学家们说的太阳能的"末端应用"（例如在独立的屋顶上）是可以扩展的。正如风力发电的情况，在天气很热并且所有空调都开启的时候，太阳能多半会进入市场以提供高峰负载电力。

据估计，全美国需要的电量，只需要用与马萨诸塞州的面积相当的太阳能板发电即可满足。正如风力发电的情况一样，多数分析学家认为，在美国，将来太阳能也会成为数种不同的能源之一。

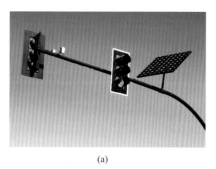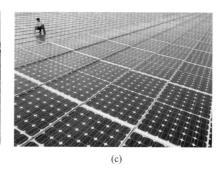

(a)　　　　　　　　　　(b)　　　　　　　　　　(c)

图 3-16　太阳能光伏板有很多用途。（a）比较小的阵列板能为交通信号灯供电；（b）稍大的阵列板放在屋顶上可以为一个独立的房间提供能量；（c）巨大的阵列板能用于商业级别的发电

图 3-17　在加利福尼亚州巴斯托的太阳能热装置中，反光镜反射太阳光到一个高大的塔上，在那里集中的能量用于制造蒸汽以驱动发电机

🛑 停下来想一想！

　　你经常看到的公路信号灯和交通计数器是由太阳能电池提供电量的。太阳能发电的价格很高，在这些地方使用平常的电力很容易，为什么还要使用太阳能供电设备呢？

与再生能源系统相关的问题

　　太阳能（和更小范围的风能）有它的自然间歇性——也就是说，太阳不是经常照耀的，而风也不能总是在吹。事实上，太阳能在夜间不能用，并且在特定的地方经常会出现高峰风速的时间段与高峰负载用电时间段不重合的情况。这就意味着从这种来源获得大部分电能的系统必须包括某种储存装置，以使在阳光照射的日子存储的能量能够在夜间或阴天使用。例如，在西班牙有一个太阳能电厂，太阳能电力将压缩空气存入地下的岩洞，然后在夜间将气体释放出来使涡轮机运转。当然，能量的储存会明显提高太阳能和风能的价格，这是工程师们正在着手解决的问题。

运输和能量的应用

　　在美国，运输业是最主要的能源应用领域，每年消耗国家能源预算的1/3。其中大部分能源是给汽车内燃机（ICE）提供动力的汽油。现在，工程师们都在努力开发能够替代内燃机的新方法——不过还难以与内燃机匹敌。下面介绍几种领先的竞争者。

电动汽车 电动汽车是用电池来驱动的，它们的能量实际上来自电池的铅板。在美国有很多小型电动汽车（想想高尔夫球场上的小车），还有一定数量的载客车辆。与电动汽车有关的主要问题是即便最好的电池也不能储存很多的电能。因为这个问题，电动汽车能行驶的距离（大多认为是"范围"）会少于内燃机汽车。然而，随着新的高效轻便电池的开发，电动汽车在国家运输系统中将起到更大的作用。

混合动力汽车 在混合动力车辆上，一台小型汽油发动机带动一台发电机给蓄电池充电，然后供电给电动机驱动汽车。因为电池处于不断的再充电状态，与全电动汽车相比，混合动力汽车能依靠很少的蓄电池来运行。由于驱动系统能收集汽车减速时的能量并且用来发电，混合动力汽车可以使用比内燃机汽车更少的汽油来行驶。进入美国市场的第一辆混合动力汽车是丰田的普锐斯，此后出现了很多其他型号的混合动力汽车，包括雪佛兰的沃特混合动力汽车（见图3-18）。

还有一种插电式混合动力汽车，每天夜里通过一条电缆插入普通电源插座给汽车上的蓄电池进行充电，在汽车转换到使用汽油之前，它有能运行大约40mile的能量，因此对于多数日常上下班的人非常有用。

燃料电池汽车 燃料电池是一个这样的装置，在这个装置中氢和氧结合形成水，在这个过程中产生热能，这个过程的效率很高，又因为它仅有的排放物是水，所以是很清洁的。工程师们认为有两种接近的燃料电池运输系统：其中一种是把纯氢注入燃料电池，而另一种是把含有氢原子的甲醇作为燃料注入发动机。在这两种情况下，必须消耗能量以提供氢。在纯氢燃料的情况下，能量是从水分子中分解出氢所需要的电能。以甲醇为例，目前商业用甲醇大多是从农田的植物（通常是玉米）中获得的。在两种情况下，都需要安装新的燃料分配系统。

⚠ 停下来想一想！

用哪儿的能量给电动汽车和插电式混合动力汽车充电？使用这种汽车对环境的影响是什么？

图3-18 混合动力汽车，像这款雪佛兰沃特，在美国开始成为面向大众的汽车，它用一台汽油发动机给蓄电池充电，再向电动机供电使其运转来驱动汽车，这些汽车和平常的内燃机汽车相比百公里耗油量低并且有类似的行驶范围

延伸思考：能量

化石燃料

　　所有生物都富含碳元素。碳在化学物质中实质上起的关键作用是构成细胞。生物利用太阳能量，直接通过光合作用或间接通过食物，形成碳基物质以储存化学能。当生物死亡时，它们聚集在池塘、湖泊或海洋的底层。过了一段时间，这个底层被掩埋了，地球的温度和压力可以改变生物的化学结构使之沉积为化石燃料。

　　地质学家估计，这些生物需要经过几千万年逐渐被掩埋与沉积，并与温度和压力的变形效果相结合，最后才能形成煤层或石油沉积。煤从古代广阔沼泽中茁壮成长的植物沉积层中形成，而石油则来源于原来的浮游生物——在近海表面漂浮的微小生物中含有的有机物质。这些化石燃料的自然形成过程今天仍在持续进行中。在地壳中，现在煤和石油的形成速度远远比不上化石燃料的消耗速度。由于这个原因，化石燃料被归类为不可再生的能源。

　　这种情况带来一个明显的后果是人类不能永久依靠化石燃料。高级原油和无烟煤的储藏量最多可以使用一百多年。低效率的化石燃料，包括低级煤和分散在固体岩石中的石油，在几个世纪后也将消耗一空。现在储藏在某些物质中的能量仍然存在，但是以不能被利用的热辐射的方式辐射到遥远的太空中了。假定不可逆地烧掉所储藏的化石燃料，我们可以采取什么步骤来促进能量转化？应该提高能量使用效率吗？我们可以期盼新型能源足够实用吗？

回到综合问题

为什么动物要靠吃东西来维持生命？

- 所有活着的生物需要一种能源为它们的新陈代谢过程添加能量，并且构筑和维护组织正常运行。植物和动物从不同的能源中获得必需的能量。
- 地球上所有生物系统最终从太阳获得它们所需的能量。
- 第一营养级包括进行光合作用的植物，它们用阳光来维持生活所必需的新陈代谢过程。
- 因为植物从太阳获得能量，所以它们不需要进食。
- 维持其他营养级生命的所有能量都是由第一营养级（也就是进行光合作用的植物）提供的。
- 第二营养级包括已知的食草动物，这些动物不能用太阳作为能源。
- 食草动物依靠吃第一营养级的植物获得它们的能量。
- 少于 10% 的第一营养级中的化学能转变成第二营养级的化学能。这就是生产 1lb 牛肉所需的能量是生产 1lb 小麦或水稻所需能量的 10 倍的原因。

- 第三营养级由食肉动物组成。这一级别中的生物吃其他动物来获得生存所必需的能量。
■ 动物不能用阳光合成能量，所以它们必须进食，以便获得必需的化学能来维持生存的新陈代谢过程。

小 结

用焦（或是英尺·磅力）测量的功被定义成力作用在物体上一段距离产生的能量，当你沿力的方向移动一个物体时，你就对它做了功。我们生活中每个动作都需要能量（也是用焦来度量的），能量是做功的能力。用瓦或千瓦来度量功率，表明能量被消耗的比率。

能量有多种形态。动能是伴随运动物体诸如汽车、炮弹等产生的能量。势能是储存起来备用的能量，诸如煤的化学能、被卷起来的弹簧的弹性势能、被拦阻的水的重力势能或者墙上插座中的电能等。热能或者热是动能的一种形态，与原子或分子的振动有关。能量也可能是波动能的形态，例如声波或光波。在 20 世纪早期，人们发现质量也是能量的一种形态，我们周围所有的能量不断地从一种形态转换成另一种形态，并且，所有这些种类的能量是可以互相转变的。

第一营养级中产生光合作用的植物使用了来自太阳的能量。这些植物为更高营养级中的动物提供能量。粗略地估计，仅有上一营养级中可用能量的大约 10% 到达下一营养级。

在热力学第一定律中表达的关于能量的最基本思想是能量可以转换，在一个孤立系统中能量总量永远不变。能量在不同种类之间来回转变，但是所有能量的总和是不变的。

在现代，多数工业化国家使用化石燃料来保证它们的经济正常运转。未来的可替代能源包括太阳能和风能，在汽车领域的替代品是电动汽车和燃料电池汽车。

关键词

功（单位为焦）	热力学第一定律功率	营养级
热	功率（单位为瓦或千瓦）	势能
系统	波动能	守恒定律
能量（单位为焦）	燃料电池	
热能（热）	动能	

关键方程式

功（J）=力（N）×距离（m）

能量（J）=功率（W）×时间（s）

动能（J）$=\frac{1}{2} \times$ 质量（kg）×[速度（m/s）]^2

重力势能（J）=质量（kg）× g × 高度（m）

静止质量的能量 = 质量（kg）×[光速（m/s）]^2

常数（光速）$c = 3 \times 10^8$ m/s

发现实验室 ┄┄┄┄┄┄┄┄┄┄┄┄┄┄┄┄┄┄┄┄┄┄┄┄┄┄┄┄┄┄┄┄┄ ●

你想过一个下落物体的势能和动能的影响吗？我们来做一个实验看看势能和动能是如何转换的。实验需要一些橡皮筋、秒表和塑料娃娃玩具（大约 0.3m 高）。称量一下玩具的质量有多少克，并转换成千克。将质量乘以重力加速度得到重力。把橡皮筋一个扣一个地连接起来形成橡皮绳，一端系着玩具的脚。用手拿住橡皮绳的另一端，放下玩具娃娃，分别在 0.5m、1m、1.5m 和 2m 的高度处投下娃娃，看看需要多长的橡皮绳，恰好能够使娃娃的头发碰到地面。记录下从松开娃娃到碰到地面的时间。对于不同的高度重复实验。利用方程式 $E_p =$ 重力 × 高度来计算每一个高度的势能。

使用下列方程式 $v = d/t$ 来计算蹦极时玩具娃娃的速度。用这个方程式 $E_k = \frac{1}{2}mv^2$ 来计算动能。画出橡皮绳长度和蹦极高度的关系曲线。

根据得到的数据，确定娃娃从 5m、10m、15m 或任何其他高度蹦极时所需要的橡皮绳的长度。为了让实验更加有趣，可以分成若干个小组，分别在 5m 的高度做实验，在地上放一盆水，看看在用你确定长度的橡皮绳时，娃娃的头发是否恰巧碰到水面。

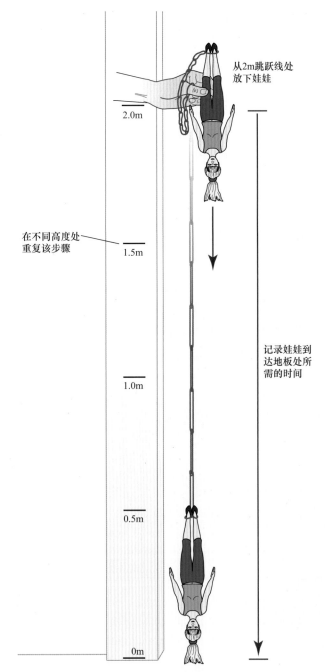

从2m跳跃线处放下娃娃

2.0m

在不同高度处重复该步骤

1.5m

记录娃娃到达地板处所需的时间

1.0m

0.5m

0m

第 4 章
热和热力学第二定律

? 为什么用一个鸡蛋制成一个煎蛋比用一个煎蛋制成一个鸡蛋更容易？

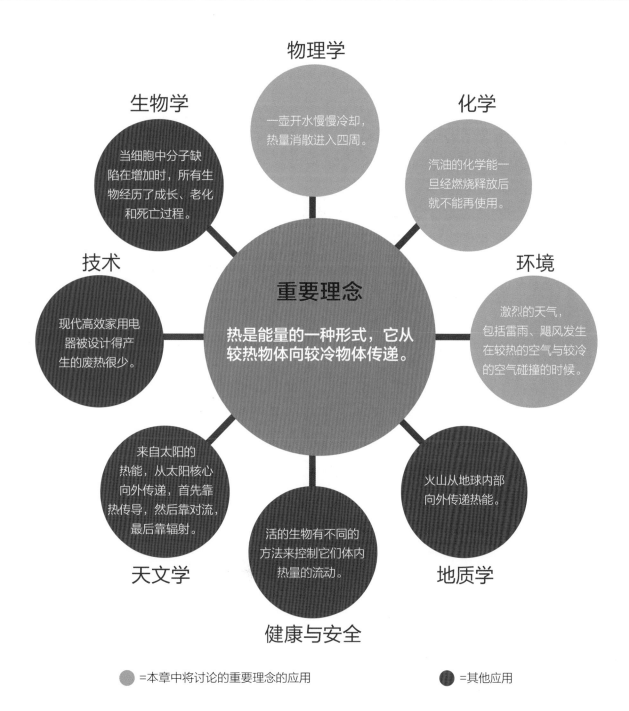

物理学
一壶开水慢慢冷却，热量消散进入四周。

化学
汽油的化学能一旦经燃烧释放后就不能再使用。

生物学
当细胞中分子缺陷在增加时，所有生物经历了成长、老化和死亡过程。

环境
激烈的天气，包括雷雨、飓风发生在较热的空气与较冷的空气碰撞的时候。

技术
现代高效家用电器被设计得产生的废热很少。

重要理念

热是能量的一种形式，它从较热物体向较冷物体传递。

来自太阳的热能，从太阳核心向外传递，首先靠热传导，然后靠对流，最后靠辐射。

天文学

活的生物有不同的方法来控制它们体内热量的流动。

健康与安全

火山从地球内部向外传递热能。

地质学

● =本章中将讨论的重要理念的应用　　● =其他应用

每日生活中的科学：一顿热早餐

现在是享用一顿丰盛早餐的时候了。你煮了鸡蛋，榨了一些鲜果汁，烤了松饼并且泡了一壶咖啡。在预备这餐早饭的时候，你注意到了一个明显但是特别的事实：自然界看起来是有方向的。很多日常生活中的事件只能随着时间向前发展。你能从一片水果中榨出果汁来，但是反过来就不行。烤好的面包不能变回未烤过的面包，泡好的咖啡不能再恢复到未泡的咖啡粉。

但是，为什么会是这样呢？在牛顿运动定律或是万有引力定律中，没有任何提示说，做事情只能沿着一个方向。我们学过的关于能量的知识对自然界的这种方向性也没有任何解释。

当你喝凉果汁或是热咖啡的时候，你感觉食物或饮料很热或很凉，这就显示了某种类似的方向性。一杯冰凉的果汁逐渐变温，而一杯冒着热气的咖啡逐渐变凉，热量均匀地扩散开来。

这些日常事件是如此熟悉，以至于我们想当然地认为本来就是如此。但是，在刚煮熟的鸡蛋或热饮料变凉这些司空见惯的事件背后，隐藏的是自然界最精巧和最神奇的定律之一：热力学第二定律。

自然界的方向

思考一下每天发生的很多有方向性的事件。一滴香水的香味能迅速向四面八方扩散，但是你要把这些香水分子再收集成单独一滴是极其困难的。你的宿舍过了一个星期变得凌乱，你必须花时间和精力打扫它。你的生命经历着不可逆转地逐渐变老的过程。

热力学第一定律，是关于能量守恒与转换的定律，并没有禁止事件在"错误"的方向上前进。例如，当你煮一个鸡蛋的时候，炉子的热能转化成煮鸡蛋的化学能。根据热力学第一定律，加到煮鸡蛋上的能量恰好与炉子放出的热量相同。香水分子扩散到房间的能量与房间里香水分子紧密地装在瓶中的能量相同。你在房间移动东西的能量恰好与将它们收回原位所需要的能量相同。然而，事物变化的趋势，看起来总是随着时间流逝而变得不那么有秩序了。

对大自然中的方向性追本溯源，最终能追到构成所有物质的基本粒子——原子和分子的行为上。例如，你手里拿着某个物体，它的原子以或快或慢的平均速度运动，如果再引入一个原子进入这个物体，新引入的原子比它周围的任何一个原子运动得都要快。

这个运动快速的原子一次又一次地与其他原子碰撞。在每次碰撞中，它可能会失去一些能量，就像一个快速移动的台球在与其他台球碰撞之后速度会逐渐慢下来。如果你等待足够长的时间，快速运动的原子的能量将会被分给其他原子。因此，物体中的每个原子就会比快速运动的原子进入之前要运动得稍微快一些。

如果你长时间观察这个原子群，几乎不可能出现这样的情形，即在原子群中，只有一个原子快速运动而其他原子的运动速度很慢。用物理学家的话来说，仅仅只有一个快速原子的初态几乎是不可能存在的。随着时间流逝，任何一种不太可能出现的初态都会演化到一种可能的状态——所有原子都具有近乎相同的能量。

所有系统从可能性小的状态演化到可能性大的状态，这种演化趋势解释了在宇宙中我们所看到的方向性（见图 4-1）。从能量的观点出发，没有理由表明那些可能性很小的情况不能单独发生。15 个缓慢运动的台球有足够的能量导致其中一个台球快速运动。这种情况实际上在自然界几乎是不能发生的，这一事实，对于从原子水平上来考虑物体怎样做功，是一条重要的线索。

19 世纪科学家们依靠研究热、原子和分子的运动，发现了自然界的演化具有方向性的根本原因。在涉及这些发现的具体细节之前，这些发现被总结为热力学第二定律，让我们先认识一下热的一些特性。

图 4-1 热力学第二定律告诉我们，拆毁一些事物比建造它更容易，照片中公寓的拆毁过程形象地说明了这个定律

与热有关的术语

原子永远不会静止。它们总在运动，并且在这个过程中它们重新分配动能——我们称之为热能或者内能。在寒冷的冬天，你在任何时候要想给房屋升温，实际上就体验了原子不断运动的过程。如果你灭掉炉子，屋中的能量逐渐传递到室外，屋子开始变冷，这其实就是因为原子在运动，把热传到屋外了。能使屋子保持温暖的唯一方法就是不断地补充热量。相类似地，我们的身体不断产生热量以维持体温接近 37℃。炉子和你的身体都在内部产生能量——能量以热的形式不可避免地流到外面。事实上，热向四面扩散。

为了了解热和热运动的性质，我们需要给三个密切相关的术语下定义：热、温度和比热容。

热和温度

在日常用语中，我们经常交替使用"温度"和"热"这几个词，但对科学家们来说，这几个词有不同的意义。热是能量的一种形态，它从较热的物体向较冷的物体传递。任何热物体能把它的内能作为热传递给周围的物体。1 加仑开水含有的热量比 1 品脱（1/8 加仑）开水多，并且能传递更多的热给周围的物体。热通常用卡路里（cal）来测量，这是一个通用的能量单位，它的定义是在 1 标准大气压下，使 1g 室温的水升高 1℃ 所需要的热量（不要混淆简称为 cal 的卡路里与通常用于营养学讨论的卡路里。饮食卡路里简称为大卡，1 大卡等于 1000cal）。

温度是用来比较一种物质与另外一种物质中充满活力的原子如何运动和碰撞的术语。如果热从一个物体到另一个物体没有自发地流动，那么这两个物体被定义为处于同一温度。在相同条件下，1 加仑沸水与 1 品脱沸水，虽然它们质量不同，但是都是沸水，所以它们具有同一温度。两个物体之间在温度上的差异是确定两个物体之间热传递有多快的因素之一：温度差异比较大，热传递就比较快。在夏天暴风来临的时候，你经常可以看到伴随着雷雨，还有作为前锋先导的冷空气。强风是对流的结果（具体在后面讨论），对流可以让两个有大温差的空气团之间进行热传递。

温标提供了一种比较两个物体温度的简便方法。人们曾经提出过各种不同的温标，所有的温标和温度单位都是任意的，所以不能说哪个温标是正确的或是不正确的。我们这样来建立温标：选择两个容易复现的温度（水的冰点和沸点是最常见的选择），并找到某个可测量的物理量，比如试管中水银随温度变化的膨胀量，一小段电线随温度变化的电阻，然后在两个温度参考点之间进行分割以区分温度。

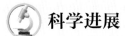

科学进展　　华氏温标

丹尼尔·华伦海特（1686—1736）是荷兰阿姆斯特丹的一个仪器制作和玻璃吹制者。他醉心于开发和销售温度测量仪器，以便不同地方的人们能够比较他的实验结果。因此，他发展了能够用于他制作的温度计的温标（最终通过水银的热膨胀来作为温度的指示）。在这个温标里，他把在自己的实验室里能够得到的最低温度（水、冰、盐的混合物）作为 0 华氏度（°F），把人体温度作为 96°F。在这个温标下，水的凝固温度是 32°F，沸腾温度是 212°F。华伦海特公布了这些数字，以这两个温度为参考点的温标就以他的名字命名了。有趣的是，在现代的华氏温标中，人体温度是 98.6°F，而不是当初的 96°F。

在华氏温标中，32°F 和 212°F 是水的冰点和沸点。在摄氏温标中，水的冰点和沸点分别是 0°C 和 100°C。在开尔文温标（又称开氏温标）中，跟摄氏温标一样，在冰点和沸点之间分了 100 等份。开尔文温标中，定义 0 开（K）为绝对零度，这是可能获得的最低的温度，在这个温度下，根本不可能从原子或分子中获取任何热量。绝对零度，大约是 −273°C 或 −460°F。也就是说，水的冰点和沸点分别对应开尔文温标中的约 273K 和 373K（见图 4−2）。

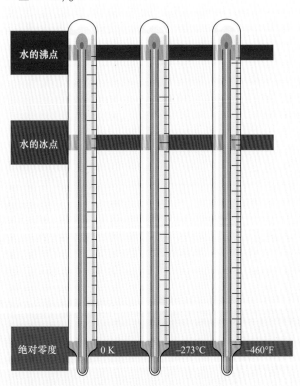

图 4−2　开氏、摄氏和华氏温标的比较

温度的换算

经常需要从一种温标换算成另一种温标。例如，美国的旅行者经常从摄氏度（世界上其他地方使用最多）换算成华氏度。我们注意到，华氏温标在水的冰点和沸点之间分成 180 等份，而摄氏温标中则是 100 等份，所以，华氏温标的度数（θ）是摄氏温标度数（t）的 5/9（100/180）。这一换算需要用下列公式：

$$\frac{\theta}{°F} = \left(1.8 \times \frac{t}{°C}\right) + 32$$

公式中 1.8 反映了华氏度比摄氏度小这样一个事实，32 反映了水在 32°F 即 0°C 结冰的事实。从华氏度到摄氏度反向换算的公式是：

$$\frac{t}{°C} = \left(\frac{\theta}{°F} - 32\right)/1.8$$

记住所有的温标是用不同的方式来测量同一结果，它们只是用不同的数值来描述同一个温度。

例 4 -1

穿什么？

在美国你注意到预报最高温度是 89.6°F，你会戴手套和穿外套吗？

推理和解答： 运用从华氏度换算成摄氏度的方程式：

$$\frac{t}{°C} = \left(\frac{\theta}{°F} - 32\right)/1.8$$
$$= (89.6 - 32)/1.8$$
$$= 32$$

即 32°C，看来你今天不需要穿外套。

 技术　温度计

温度计是用来测量温度的装置。多数温度计是用数字或是编号刻度来显示温度的。温度计是利用材料随温度发生改变的原理制作的。很多材料遇热膨胀遇冷收缩，利用这种特点可以用来测量温度（见图 4 -3）。如在老式的水银温度计中，水银珠随温度增加而膨胀进入细玻璃管，读出对应的水银柱高度，就知道温度了。很多其他的（更安全）温度计依赖于温度传感器的电学参量随温度改变的特性而制成。

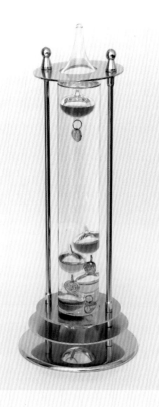

图 4 -3　一种最直观的令人感兴趣的温度计，在 17 世纪早期由伽利略·伽利雷发明，采用了液体密度随温度变化的特性而制成。"伽利略温度计"由一个大的密封玻璃圆筒构成，在筒中装有加热后密度会发生改变的液体。很多小的已编号的砝码悬浮在液体中，每个砝码有稍微不同的密度。在低温时，多数砝码升到瓶子顶上。随温度增加，密度较大的砝码一个接一个地沉到底部，温度可从一直浮在温度计顶部的砝码上的最低数值读出

比热容

比热容测量物质吸收热量的能力，定义为使 1kg 物质温度升高 1K 所需的热量。水在常见的普通物质中，具有最大的比热容。根据定义，1 卡路里是使 1g 水温度升高 1℃所需的热量。与此对照，金属在火中能很快被加热，吸收很少的热就能够引起金属温度明显增加。

回忆一下你用铜底壶烧开水的经历。不用多长时间铜壶温度就高于水的沸点，因为铜与大多数其他金属一样，吸热很快。实际上，1 卡路里能使 1g 铜的温度升高大约 10℃。但水是一种与之不同的

物质，1g 水必须吸收 10 倍于 1g 铜吸收的热量才能达到与铜一样的温度。于是即使在最高档的炉具上，也需要花几分钟才能烧开一壶水。水储存热能的能力在地球气候中起着关键作用，海洋温度的相对稳定保证了较为温和的气候变化。

 停下来想一想！

为什么纯水的冰点和沸点通常用来作为温标的刻度标准呢？你能想到其他用于日常测量的标准吗？

热传递

你不能阻止热从一个高温物体向它四周的低温物体传递，你只能减慢物体传递热量的速度。事实上，科学家们和工程师们花费了数十年研究热传递现象。在热传递过程中，热量从一个地方传递到另一地方。热依靠三种基本方式来传递，分别是热传导、热对流和热辐射，每一种方式在日常生活中都是很重要的。

热传导

当你握住平底锅的金属把，把平底锅放到炉子上，你的手指有炙热的感觉吗？如果有，你就有了热传导的第一手体验。热传导是依靠原子的碰撞而形成的热运动。

如图 4 - 4 所示，热传导是通过原子、电子或靠化学键连接在一起的分子的运动来实现的。如果一块金属一端被加热，那么在这端的原子和它们的电子开始更快地运动。当被加热的原子和离加热端较远的原子发生碰撞，它们将能量传递给这些较

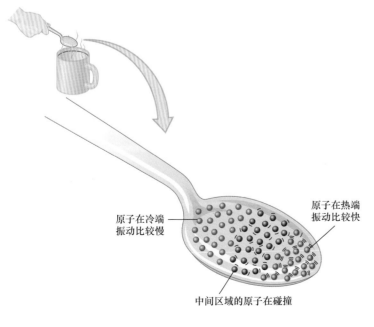

图 4 - 4　热传导通过分子、原子或自由电子的热运动实现热量的传递

原子在冷端振动比较慢

原子在热端振动比较快

中间区域的原子在碰撞

冷的原子，则这些分子的运动也就加快了。这样就形成了一条碰撞链，一段时间后，离热源更远的原子的运动也加快了。

对于冬天我们在家庭和办公室中所支出的大部分取暖费用，主要是因为热传导而产生的。过程是：冬天室内的空气比室外更温暖，当室内的分子与墙壁材料（如窗玻璃）碰撞时，它们把其热量分给这些材料。于是，热量通过热传导，被传递到墙壁外面。这里，热量还通过热对流和热辐射传递到门外面，这将在后面介绍。然而，关键的一点是，房间的每一部分都成为把热量从室内带到室外的一条通道。因此，室内的热量就散失了，你不得不为补充热量而支付更多的取暖费用。

减慢热量向室外流动的一种方法是在墙壁上装上隔热材料或者在窗户上装上特殊的玻璃。这是由于不同材料的热传导能力是有区别的，所说的热传导能力是指热从一个分子传递给下一个分子的能力。你是否注意到，无论在任何时候，当你接触一块室温的木头时，感觉"正常"，而接触一块同样温度的金属时，就感觉到冷。木头和金属处于同样的温度，

接触金属感觉到冷，是因为金属是良好的导热体——它能迅速地从你的皮肤带走热量（皮肤一般总是比空气温度更为温暖一些）。而木头是良好的隔热体——它阻碍热流动，于是摸木头的时候感觉比较温暖。对房间进行隔热设计时，要求热传导特别低，这样热传递才能减慢下来（但永远不会停止）。因此，当你使用特殊的隔热窗玻璃或是在墙壁上放置某种隔热材料的时候，就能够使得热向外流动更加困难，从而使你在热量泄漏出去之前，能够更长时间地享受温暖（见图4-5）。

热对流

让我们仔细观察正在炉子上面烧的一锅开水。在水面上你会看到水的滚动和翻腾。如果你把手放到水的上方，你会感觉到热。热从锅底的水传递到顶部依靠的是热对流——依靠水本身的膨胀而进行的热量的传递，如图4-6所示。

烧开水时，靠近锅底的水遇热膨胀，因此，单位体积的水质量减轻。较冷的水在上方而较热的水在下面，这样的情况是不稳定的，因此较轻的热流

图4-5 对同一间房屋采用红外线摄影（左侧）和可见光摄影（右侧）得到的不同照片。在红外线影像中，门和窗更亮些，说明其表面上有热量从室内很快地流失到室外

图 4 – 6　热对流。热传递靠的是流体的膨胀，比如空气或水的膨胀。在烧水锅中，热水上升而冷水下沉

体开始上升，较重的冷流体逐渐下降。结果热水从锅底升到顶部，而冷水从顶部沉到底部。在热对流过程中，大量水在膨胀中运动，膨胀的同时带走快速运动的分子。

　　水被加热的过程中，存在着连续的、循环的对流过程。随着冷水从锅顶到达锅底，它被火焰加热。随着热水到达顶部，它的能量被传导到空气中。顶部的水冷却收缩，而底部的水受热膨胀。这样的情况持续重复着。流体的这种移动导致了一种翻滚的运动，所以在你观察开水表面的时候，会看到水在不停地滚动。

　　这些水上升和下沉的区域称为对流槽。在清水区域，看起来有气泡上升，这是热水升起的位置。气泡和浮沫集中的位置是冷水下沉的位置。热从炉子通过水的对流被带出来，并且最终被传递到空气中。热对流是热量传递的一种有效的方法。

　　生活中有很多热对流的例子，比如一杯冰茶中冷水的小规模循环，暖气或者面包炉上方空气的上升，地球大气的大规模运动（见图 4 – 7）。在郊外，你或许见过对流槽。炎热的夏天，在大型购物中心的停车场上，你有时会看到颤抖的空气，这是空气被热沥青加热后向上升起的结果。离这个区域稍远的地方，比较冷的空气在下降。购物中心被称为"热岛"，是对流槽中较热的部分。

　　你可能会注意到大城市的温度通常比远离市中心的郊外更高一些。城市是具有对流槽的热岛，有自己的独特的气候特点，城市里形成的对流槽吸引周围区域的冷湿空气，所以城市的雨量通常高于周围的地方。

图 4 – 7　空气中对流槽保证滑翔机在天空滑翔

技术

家庭隔热

现在的住宅建设者们会很严肃地对待热传导和热对流，材料的多样性提供了有效解决隔热问题的方法。广泛用于隔热的玻璃纤维能把家中热传导和热对流减少到最低程度。固态玻璃是相当劣质的隔热材料，不过，热沿着纠缠的细玻璃纤维传递需要很长时间，与交叉着的玻璃纤维部位接触时会需要更长时间。此外，一种类似布料的玻璃纤维垫分散了气流，能够阻止通过热对流进行热传递。用厚的多层玻璃纤维装在墙壁和顶棚上，就构成了理想的阻碍热流失的障碍物（见图 4 - 8）。

窗户带来了特殊的隔热问题。老式单层玻璃窗户传热很快，那么我们怎样做才能让光线进来而不让热出去呢？一种解决办法是采用带密封的双层玻璃窗户，在两层玻璃之间形成密封空间，这样做会阻碍热传导。此外，还可以使用一种泡沫隔热材料来密封门和窗户周围任何可能泄漏的缝隙。

现代高科技材料提供了新型的隔热措施，这些新材料当中多数是将空气隔绝在材料内部从而有效提高隔热性能。例如，对于老旧住宅，现在常规隔热方法是在外墙和内墙之间注入液体泡沫。当这些泡沫固化时，驻留在其内部的很小的空气泡使热传递慢下来。在新的建筑中，固态泡沫聚苯乙烯薄板当中含有很多空气泡，经常被用来替代玻璃纤维，将泡沫喷射到混凝土内表面以增加它的隔热能力。

使用限制微小空气泡的新型实验玻璃，能使窗户变成良好的隔热器，虽然这样会使室内得到的光线受限。用这种材料制成的玻璃和玻璃纤维有相同的隔热能力。

图 4 - 8 厚的玻璃纤维隔热层会减少你家和周围环境之间的热传递，并且会减少你冬天的供热费用和夏天的降温费用

生命科学

动物隔热：皮毛和羽毛

房屋不是我们世界中仅有的需要隔热的地方。对于鸟类和哺乳动物而言，无论其周围温度如何变化，它们都能维持恒定的体温，并且都有办法控制进出身体的热流。它们使用隔热材料——皮毛、羽毛和脂肪——能够让体内热的流动慢下来（见图 4 -9）。因为多数时间动物的身体都比环境更温暖，所以通过隔热来维持体内的热量，是常见的情况。

鲸鱼、海象和海豹通过厚厚的脂肪层把自己与冷水隔离开。脂肪是不良导热体，在它们身体中起的作用和玻璃纤维的隔热作用相同。羽毛是另外一种隔热体。实际上，帮助鸟类维持身体温度的是羽毛。羽毛由轻的中空管组成，它们之间尖端相连排列在一起。它们有一些隔热特性，但是主要作用是使靠近鸟类身体的空气驻留，限制其流动，正如我们前面指出过的，静止的空气是相当好的隔热体。为了对抗非常寒冷的天气，鸟类经常依靠收缩肌肉让羽毛抖开，这样有利于增加身体附近的不流动空气层的厚度，增强隔热能力。（附带说一句，鸟类比人类更需要隔热，因为它们的正常体温是 41℃ 或 106℉。）

图 4 -9　皮毛、羽毛和脂肪帮助
动物隔热，使热量保持在体内

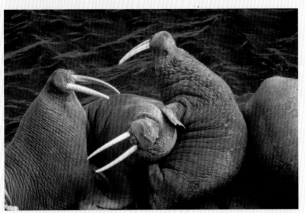

毛（或者皮毛）实际上由与皮肤外层相似的死细胞组成的。像羽毛那样，毛的作用也是保温。一些动物，如北极熊，每根毛含有驻留空气的细小气泡，因此增加了毛的隔热能力。这些气泡反射光线使北极熊的毛呈现白色——它们的毛实际上是半透明的。

毛从皮肤的毛囊中生长出来，周边的小肌肉让动物的毛直立以增加它的隔热能力。在温暖气候中进化的人类，丧失了很多体毛和使大量体毛直立的能力。我们应该都知道的动物的一个特性，"鸡皮疙瘩"现象，就是皮肤里的肌肉试图使毛直立。

热辐射

每个人都有这样的经验：冷天进屋后正常的反应是走向热源，让热进入身体。

热是怎样从炉火传到你的手上的呢？它不能依靠热传导，因为空气是好的隔热体，将热量通过空气，传递到你的手上太困难。也不是热对流，因为你没有感觉到热风。

热传递的第三种方式是热辐射，或者是依靠电磁辐射传递热（我们将在第 6 章讨论）。炉火或电暖气的能量以红外辐射的形态传递。这种辐射从热源传递到你的手上，在你手上被吸收并转换成分子的热能。正因为红外辐射的能量被带到你手上，你才能察觉到热。

物体始终以这种方法接受宇宙射线的能量。在正常的环境下，物体把能量辐射给周围的物体，同时它也接受周围物体给它的辐射能量。于是，达到了一种平衡，没有能量的消耗，因为物体与它周围的物体处于同样的温度下。然而，如果物体所处的温度比它周围物体的温度高，它辐射出的能量将比它接受的能量要多。例如，你的身体不断地辐射能量给周围更冷的物体。只要你的身体消化食物维持活力，你将持续辐射能量。

辐射是能量能够通过空间传递的唯一的方式。传导需要原子或分子振动或相互之间碰撞，对流需要液体或气体膨胀后才能运动，但值得注意的是，辐射不需要任何媒介传递热量，辐射甚至可在真空中发生。以阳光形式落到地球上的能量几乎是维持地球上生命的全部能量，它是通过 9.3×10^7 mile（1.5×10^8 km）的空间辐射到地球上。

在现实世界中，三种热传递过程——热传导、热对流和热辐射——在任何时间都在发生，以任何一种方式或者与另外一种方式联合发生，或者三种方式同时发生。此时此刻，热正在你的身体中产生。它的传递需要通过组织传导，借助血液循环对流，依靠皮肤表面的辐射。实际上，在自然界中，热就是通过这三种方式不断地传递的。

 **生命科学**　　　　**温度调节**

动物的新陈代谢需要能量，依靠的是"燃烧"它们从食物中获取的热量，并且热力学定律告诉我们这个过程必然产生废热。对于小动物，依靠单纯的传导将热量排到空气中，但是体型更大的动物必须有更完整的系统来处理废热。

同样，动物必须有能力吸收所处环境的热量以维持它们体内的温度。一些动物，如爬行动物通过热辐射吸收热量，这就是为什么你经常看到蛇和蜥蜴在温暖的日子里晒太阳和在寒冷的早晨行动迟缓的原因。另外一些动物，如哺乳动物和鸟类为了维持恒定的体温有着复杂的机构。

人类有完整的升温和降温的方法以适应环境温度的变化。如果你的体温开始升高，靠近皮肤表面的血管会扩张，以便血液依靠对流带走更多的热到身体表面，从而过多的热能就被辐射出去了。这就是为什么你在阳光下停留一会儿后脸就会发红的原因。此外，当你出汗时，出汗的目的是使皮肤表面的水蒸发，带走一部分热量（见图 4 –10）。

当体温下降时，靠近皮肤表面的血管收缩，血液带到身体表面的热量减少。在极端情况下，会导致冻伤，这是因为细胞拒绝接受通过血液正常带给它们的氧气和其他物质而死亡。因此，你身体内的新陈代谢增加以产生更多的热量来应付寒冷的天气。例如，颤抖是一种人体遇到寒冷天气的反应，在颤抖时，肌肉不由自主地收缩导致发热，用来平衡降低的温度。

你可能想起发烧时的身体颤抖。这种表面上自相矛盾的情况发生，是因为在生病时，身体内部的"恒温器"被调节得比正常情况下的高。此时颤抖并且感觉到冷，是因为当这种情况发生时，身体的温度低于"恒温器"设定的温度，因而需要更多的热量来提高体温。

图 4 –10　拳击手在练习时出汗，出汗的目的是把水转移到皮肤上，然后用体温蒸发水

⚠️ **停下来想一想！**

人们相信，大象的耳朵有防止大象体温过热的作用。耳朵的什么特性使它们能够起这个作用？包括了什么类型的热传递？

热力学第二定律

整个宇宙中能量的行为是有规律的并且是可预见的。按照热力学第一定律，能量的总量是恒定的，虽然能量可以反复不断地从一种形态变成另外一种形态。以热的形式存在的能量能依靠热传导、热对流和热辐射从一个地方流向另一个地方。但是，每天的日常生活经验告诉我们，能量的流动是有方向的。鸡蛋一旦敲开，就不能再组装成原来的完整的样子。这些常识是遵循热力学第二定律的。热力学第二定律是科学中最迷人的和最强有力的思想之一。

热力学第二定律对热和其他形态能量的传递方向与做功都做了严格限定。这个定律有三种不同的表述：

1）热量不能自发地从低温物体流向高温物体。

2）你不可能建造一台把热完全转换成有用功的发动机。

3）每个孤立系统会随着时间变得更无序。

虽然上述三种表述很不相同，实际上它们在逻辑上是相同的——给出任一种表述，都能得出另外两个。例如，给出热从热物体流到冷物体的表述，一位物理学家能通过一套数学步骤，指出没有发动机能 100% 把热转换成功。在这种意义上，定律的三种表述都是说明同样的事情。

热量不能自发地从低温物体流向高温物体

热力学第二定律的第一种表述说明在不同温度下两个物体的行为。在某个炎热夏天的下午，如果你在室外拿着一支冰淇淋，它会很快融化。用能量的术语来描述就是，热量会从热的大气中流向冷的冰淇淋并引起它温度上升直至融化。类似地，在冷天你拿着一杯热巧克力到室外，它会变冷，因为热从杯子流向周围的大气了。

单独从能量的角度来看，事物要以这样的方式运行是没有道理的。如果热停止不动，能量应当守恒，甚至有可能是热从冰淇淋流向热的大气使冰淇淋变得更凉。我们每天的经历使我们确信，我们的宇宙不是以上述方式运行的。在宇宙中，热只有向着一个方向流动，即从热到冷。热力学第二定律的这种表述很容易在分子水平上得到解释。如果两个物体碰撞，其中一个物体的运动速度比另一个大，那么运动较慢的物体会加速，而运动较快的物体会减速。于是，正如我们在讨论热传导时看到的那样，运动较快的分子倾向于与运动较慢的分子分享它们的能量。

在宏观尺度上，这个过程看起来像是依靠传导使热量从热的区域流向冷的区域。如果违反热力学第二定律，碰撞使运动较慢的分子慢下来，把它们的能量传给较快运动的分子，使其更快地运动。但实际经验告诉我们，这是不可能发生的。

热力学第二定律没有说热从冷物体流向热物体是不可能的。当冰箱运转的时候，你把手放在电冰箱下面你会感觉到热空气从电冰箱流出来。热力学第二定律只是说这种行为不能自发地发生。如果你希望用这种方法得到更冷的东西，你必须另外提供能量。实际上，热力学第二定律换一种说法是：如果不插电冰箱就不能工作（不可能让储藏的凉的物体把热量传给热的空气）。

热力学第二定律并不是说不能制作冰块，只是说不消耗能量就不能制作冰块。

你不可能建造一台把热完全转换成有用功的发动机

热力学第二定律的第二种表述对我们使用能量的方法做了一个严格的限制。乍一看，这种关于热和功的表述似乎与热永远不会自发地从冷物体流到热物体这样一个基本原理关系不大。然而两种表述在逻辑上是相同的——给出其中一个，必定能够推导出另一个。

能量被定义为做功的能力。热力学第二定律的第二种表述告诉我们，无论什么时候能量从热转换成另外的类型——如从热转换成电流——一些热量必须分散到环境中并且不做功。这个能量既不会丢失也不会消灭，但是它不能用来发电。科学家和工程师们定义了一个专门的术语——效率，来代表有用的能量的损耗。效率是你从一台发动机得到的功除以你所提供给它的功。

在第 3 章中，我们已经知道了热和其他形态的能量是可以互相转换的，并且能量的总量是守恒的。从热力学第一定律的观点来看，以热的形态出现的能量能以 100% 的效率转化成电能。但是热力学第二定律却表明这样的过程是不可能的，能量的流动像时间一样有方向。这个定律的另一个表述方法是，能量总是从更为有用的形态趋向于较少有用的形态。

在自然界我们熟悉的日常事例中，汽车发动机是一个典型的例子。当你转动点火开关的时候，汽油和空气的混合物产生的高温高压气体推动活塞运动。活塞的运动转化成一系列机械零件的旋转运动，最后转换成汽车的运动。一些能量因摩擦而损耗，但是热力学第二定律也说明即使摩擦不存在，我们能够使用的有效能量也是有限制的。

观察一台汽车发动机运转的不同阶段（见图 4-11）。爆发的空气与燃气混合物中以热的形态存在的能量转化成发动机活塞运动的能量，而活塞的运动又转换成汽车的运动。这里似乎找不到为什么热量不能以 100% 的效率转化成发动机活塞运动能量的理由。但是你不可能认为汽车发动机运转中，活塞只做向下的运动，工程师们称为工作行程。如果所有发动机都是这么工作的，那么每辆汽车的发动机只能有一个工作行程。问题是一旦你使活塞向下推——从空气与燃气混合物中提取了有用功——那么，你就必须使活塞返回到气缸顶部，这样才能循环重复进行。换句话说，为了让发动机活塞回到最初位置，从而继续做更多的有用功，就必须消耗一些能量让活塞升高。

真实的发动机比图 4-11 的发动机更复杂，我们可以暂时忽略其复杂性，而只考虑图中的模型。从活塞那里得到有用功之后，必须把活塞向上提升。气缸充满气体，因此当向上提升活塞的时候气体被压缩和加热。为了使发动机回到爆发前的状态，必须移走压缩气体中产生的热。实际上，这些热量被散到大气中。

用物理学术语来描述，爆发的热空气与燃气的混合物被称为高温热源，而用来分散压缩生热的空气被称为低温热源。热力学第二定律表明，任何在两个温度间运转的发动机必须分散一部分热到低温热源中。例如，在汽车发动机中由活塞往复运动产

进气行程初期　　　进气行程中期　　　压缩行程初期　　　工作行程初期　　　排气行程初期

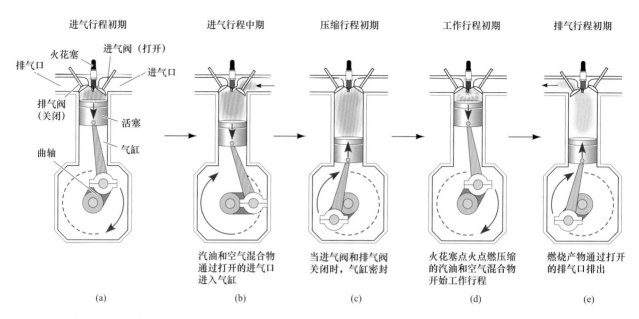

汽油和空气混合物
通过打开的进气口
进入气缸

当进气阀和排气阀
关闭时，气缸密封

火花塞点火点燃压缩
的汽油和空气混合物
开始工作行程

燃烧产物通过打开
的排气口排出

(a)　　　　　　　　(b)　　　　　　　　(c)　　　　　　　　(d)　　　　　　　　(e)

图 4-11　本图显示了一台汽车发动机的运转。（a）进气行程开始；（b）进气行程中间，此时汽油和空气混合物进入气缸；（c）压缩行程开始；（d）在工作行程开始时，火花塞点火，点燃被压缩的汽油和空气的混合物；（e）在排气行程开始时，燃烧产物被清扫出去。注意每次循环时对应曲轴完整地转了两圈

生的热量必须分散掉一部分。

　　储存在汽油中的一些化学势能有足够的能量带动汽车，但是很多能量必须分散到空气的低温热源中去。一旦热量进入空气，这些分散的热量就不能被用来开动汽车。于是热力学第二定律的这一表述告诉我们，世界上运转的任何真实的发动机，即使没有摩擦，也必须有一些进入大气的能量。

　　热力学第二定律的这种表述解释了为什么石油储存和煤炭储存会在经济中发挥如此重要的作用。它们是高等级的不可再生的能用来产生高温热源的能源。它们也是仅仅能使用一次的能源。当使用燃烧化石燃料产生的高温热源发电时，一大部分能量不得不直接被抛弃掉。

　　虽然由热力学第二定律可知，对循环做功的发动机有比较严格的限制，但是在很多其他的能量应用方面并没有使用发动机。例如，燃烧天然气给屋内加热或用太阳能加热水，就没有使用发动机，因此也就不需要考虑关于发动机的那些限制。所以，燃烧化石燃料或使用太阳能来直接供热比用它们来发电具有更高的效率。

 **数学计算**　　　效率

　　用热力学第二定律可以计算一台发动机的最大效率。我们假设高温热源的温度是 $T_热$，低温热源的温度是 $T_冷$（温度单位为开尔文）。现实世界任何一台发动机最大的理论效率——可用于做有用功的能量的百分比——计算如下。

　　以文字表示：效率可由高温热源和低温热源之间的温度差与高温热源的温度之比得出。

　　以方程式表示：效率（百分数）= $\dfrac{温度_热 - 温度_冷}{温度_热} \times 100\%$

以符号表示：效率（百分数）$= \dfrac{T_热 - T_冷}{T_热} \times 100\%$

在真实机械中，带轮、齿轮或车轮中由于摩擦导致能量损失会使实际效率小于理论最大值。在真实情况中，这个最大值是达不到的。

考虑一下正规的燃煤发电厂的效率。高能热源（蒸汽）的温度大约是 500K，废热必须分散进入的低能热源（空气）温度是周围的室温，大约是 300K。由热力学第二定律得出，这样的发电厂的最大可能效率是：

$$效率（百分比）= \frac{T_热 - T_冷}{T_热} \times 100\%$$

$$= \frac{500 - 300}{500} \times 100\%$$

$$= 40.0\%$$

换句话说，在典型的燃煤发电厂中产生的能量的多一半必须作为废热分散到空气中。这个效率与发电厂有效运转的能力无关。在实际应用中，工程师们做得很好，多数发电厂以略低于最大效率几个百分点的效率运转。这一结果对于能源应用有重要的意义。它告诉我们，依靠转换煤或核反应堆产生的热去发电的效率是有基本限制的。将来我们必须面对的一个重要问题是：用地球上还剩下的煤和石油去发电，其中当然会产生很多废热，或者是用煤和石油来生产塑料之类的合成材料（见第 10 章），哪一种选择更好？

每个孤立系统会随着时间变得更无序

对于热力学第二定律的第三种表述有很多种，其中最广为人知的是：我们周边的所有系统，都趋向于无序。你花费时间仔细打扫过的房间，只会变得越来越凌乱；你的新车只会变得越来越脏并且有刮痕；我们的年龄只会越来越大，身体越来越衰老。对物理学家们来说，热力学第二定律的这个表述有很明确的特殊意义。

为了了解热力学第二定律的这个表述，我们需要知道物理学家所指的"有序"和"无序"的意义。一个有序的系统是指，在一个系统中的一些物体，比如可以是原子或者汽车，处在完全有规律和可预见的模式之中。两种有色石子分为两层装满一个瓶子，比石子呈混乱状态装满瓶子更加有序，一个整齐放置的砖堆比一个无规则放置的砖堆更有序（见图 4-12）。与此相似，一个完美晶体中的原子或排成一条直线的汽车，都形成了高度有序的系统。另一方面，一个无序的系统包含的物体都处在随机的状态，没有任何明显的规律。气体中的原子或是高速公路上连环相撞后的汽车，就是无序系统的例子。

有序和无序的数学定义要考虑一个系统可能的不同排列方法的数量。

为了得到对这个定义的感性认识，我们来举个例子。有三个橙色球，编号分别为 1、2、3；三个绿色球，编号分别为 4、5、6。将这六个球排成一行，那么会有多少种不同的排列方法（见图 4-13）？对于第一个球，有六种可能的放置地点，对第二球，则有五种可能，第三个球有三种可能，以此类推，通过乘法可以得到：$6 \times 5 \times 4 \times 3 \times 2 \times 1 = 720$。

也就是说，要把这些球放成一排，一共有 720 种可能的排列方法。

在上述排列中，在三个橙色球之后就是三个绿色球，这种排列有多少种呢？假设我们是不能区分同种颜色的球的。放置三个橙色球的方法有六种（$3 \times 2 \times 1$），放置三个绿色球的方法也有六种。那么，在总共 720 种排列中，三个橙色球继之以三个绿色球的排列情况，有 6×6，也就是 36 种是有序排列的，占全部排列的 5%。剩下的 684 种排列是不那么有序的。于是，两种情形的比例为 19:1，无序排列的可能性更大，因为达到无序状态比达到有序状态有更多的方法。

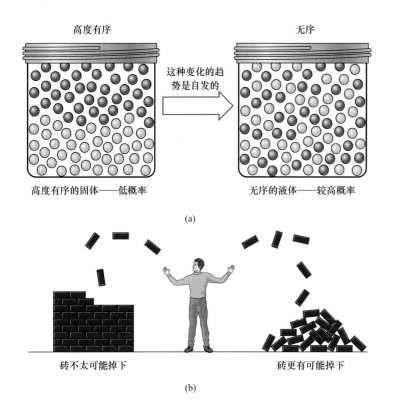

高度有序　　　　　　　　　　　无序

这种变化的趋势是自发的

高度有序的固体——低概率　　　　无序的液体——较高概率

(a)

砖不太可能掉下　　　　　　　　砖更有可能掉下

(b)

图4-12　物体以高度有序、有规律的模式的存在概率很可能比无序、无规则的模式要小。

（a）如果你摇晃瓶子，分层装进瓶中的有色石子会自发地随机混合在一起；（b）抛进砖堆的砖不像整齐的砖堆中的砖那样稳定。这些例子都证明了热力学第二定律

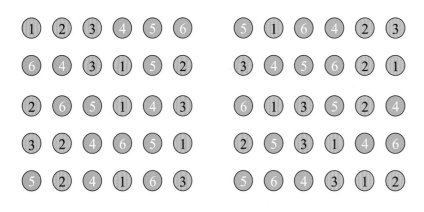

图4-13　有720种不同方法排列六个编号球。如果前三个球是橙色的、后三个球是绿色的，那么只有一小部分的排列是按颜色排序的

对于任意数目的球的排列，你可以重复练习。对于十个球（五个橙色球和五个绿色球）的情况，能够得到超过360万种不同的排列图形，但是这么多的排列中，只有14400种是在五个橙色球之后是五个绿色球的有序排列，也就是约占全部可能排列的0.4%！

当物体的数目从6增加到10，再增加到10^{24}数量级（正如我们在很小的原子组成的物体中的情形），高度有序排列的比例就会无穷小。换句话说，几乎每个可能的排列都是无序的，所以高度有序排列是不可能的。系统无序状态的概念用

术语熵来描述。用熵来描述热力学第二定律，则是：

一个孤立系统的熵保持不变或者增加。

熵这个词是由德国工程师鲁道夫·克劳修斯（1822—1888）提出的，他在判定热力学第二定律过程中起到了核心作用。用他自己的话说："我建议命名（这个物理量）为熵，熵是从希腊文字转换而来的，我是有意识地用了熵这个单词，从而尽

可能与能量这个词相似，因为这两个物理量是如此相关。"

作为测量无序的熵的定义可能看起来有点模糊，但是奥地利物理学家路德维希·玻尔兹曼（1844—1906）于 19 世纪末期把它放到了一个稳固的定量的位置上。玻尔兹曼用概率论证明了原子任意排列时的熵与能够完成排列的可能的方法总数量有关。于是熵的数值就与将编有序号的球排列成一排有多少种方法有关。例如，将一杯氯化钠溶液当作一个系统，其中有很多钠离子和氯离子，在氯化钠溶液中钠离子和氯离子可以随机混合排列，排列方法的总数比在氯化钠晶体中离子严格交替排列方法的数量要大得多。这就是为什么溶解在水中的钠和氯离子的熵要比在晶体中的那些离子的熵大得多。

根据热力学第二定律，任何系统会自发地进展到最无序的状态，这种状态在所有排列中具有最大的不确定性。没有认真地进行化学和物理控制，原子和分子都倾向于成为混合物；不认真驾驶汽车，那么大量汽车在一起也会倾向于处于更无序的状态。

本章开始时我们给出了一个例子，在慢速运动的大量原子群中有一个快速运动的原子，这个例子很清楚地表明了系统会经历一个怎样的过程。在大多数情况下，所有的原子都处在低能量状态时，熵是最大的。因此，本章开头例子中只有一个原子处在高速状态，这种可能性的概率是很低的。另一种说法是，系统倾向于避免出现高度不可能状态。

尽管系统更倾向趋于无序，热力学第二定律不需要每个系统都达到低度有序的状态。想一想水的情况，因为水分子是随机排列的，它是一种高度无序的物质。如果你把水放到制冰机里，就会得到冰块，在冰块中一种有规律的晶体结构形成了，水分子以一种更有序的状态出现。显然系统进展到更有序的状态。这一点与我们的热力学第二定律是否矛盾呢？

对这种矛盾的似是而非的答案在于热力学第二定律描述中的一个词——孤立。你所用的制冰机不是一个孤立的系统，因为它通过电线插入墙上的插座并且最终与发电厂相连。在这个例子中，孤立系统应该是制冰机加上发电机。热力学第二定律说系统的总熵必须增加，但它没有说系统的所有不同部分中的熵必须增加。

在这个例子中，系统的一部分（冰块）变得更为有序，而系统的另外部分（发电厂，煤的燃烧和周围的空气）则变得更为无序。热力学第二定律要求，发电厂无序度的全部增量要比冰块的有序增量更大。只要能满足这个要求，就没有违背热力学第二定律。实际上，在这个例子中，发电厂的无序度显著地超过了冰箱里出现的有序度。

科学史话　　宇宙的热寂

19 世纪热力学第二定律的发现是一件令人类忧郁的事情。在当时的哲学领域，通常认为生活、社会、宇宙永远处在无尽头的螺旋式上升的过程当中。在这种乐观的思潮中，发现宇宙中能量是守恒的而能源不可再生地递减，对于 19 世纪的科学家们和哲学家们来说，要接受这一点是很困难的。热力学第二定律似乎暗示着，宇宙中的能量最终会转化成废热，宇宙中的所有事物最终会达到同样的温度。这种结局被称为宇宙的"热寂"。一些学者把它看作是热力学第二定律会得到的必然结果。

热力学第二定律的影响 ▬────────────────────▪

时间矢量

我们生活在一个四维的世界里。其中的三个——空间的维度——没有明显的方向性。在我们的宇宙里，你可以去东边或者西边，北边或南边，并且也能向上或者向下。但是时间这个第四个维度，却是有方向的。

将你喜欢的家庭电影或者录像倒放，你会发现有很多搞笑的镜头出现了。这些镜头在实际生活中是不会发生的。对于跳水运动，就会看到运动员飞出水面，全身完全干爽地登上跳板；对于打高尔夫球，会见到一只高尔夫球向发球区飞去；在大海边，从海岸退去的海浪接上另一拨从岸边退却的波浪。多数物理学定律，比如牛顿运动定律或者热力学第一定律，对于时间没有什么说法。牛顿预言的运动和能量的转换与时间无关。它们的运动正像你正放、倒放视频一样。

热力学第二定律则不同。依据事件发生顺序，如热量从热的物体流向冷的物体、燃料燃烧产生废热、孤立系统的无序度从来不会自发地减少、人越来越老等，从中我们证实了时间是有方向性的。我们经历和体验了满足热力学第二定律的很多事件。科学家们不能回答这么一个深奥的哲学问题：为什么我们察觉到时间的矢量仅仅只有一个方向？不过通过热力学第二定律，科学家们能够说明这种方向性产生的影响。

宇宙的固有极限

热力学第二定律对现实世界和哲学都具有意义。它对人类控制自然的方法和自然界运转的方法这两方面都设置了严格的界限。热力学第二定律告诉我们，在我们的宇宙中，总有一些事情是不可能发生的。

在现实意义上，热力学第二定律告诉我们，如果我们继续靠燃烧化石燃料或核分裂来发电，就会用光那些不可再生能源提供的能量。这些限制不是因为工程的偷工减料或是设计拙劣的问题，它们是自然界的规律。如果你能设计一台发动机或其他装置，从煤或石油中提取能量，并且效率比热力学第二定律限制的效率高，那么你也就能设计一台不用接电源就能工作的电冰箱。

在哲学意义上，热力学第二定律告诉我们，自然界有一个关于能量使用效率的固有规律。做功时必须要有能量排放到低温源。做功所需要的最低能量，或者说做功为零时所需要的能量，最终都会排入到低温源。也就是说，一旦能量减少到这个最低能量点，它就无法再做功了。对地球来说，通过维持生命的区域——生物圈的能量，最终会有一部分以辐射的形式进入太空而消失。

生命科学　　　进化违背热力学第二定律吗？

　　神创论者认为，地球上的生命是在一个不可思议的奇迹事件中创造出来的，他们经常用热力学第二定律反驳生命逐渐进化的理论。这些行为反映了对热力学第二定律的普遍误解。

　　神创论者指出，因为生命是高度有序的系统，在系统中上万亿的原子和分子必须精确地以正确的顺序排列，这种排列不可能没有违反热力学第二定律而自发地形成。然而他们忽略了驱动生命系统的能量是阳光，于是热力学第二定律说的"孤立系统"应该是地球生命圈加上太阳。你应该注意到，进化论和热力学第二定律是相容的，因为生命体中的有序度，没有超过太阳中的更大的无序度。正如我们前面说到的制冰的例子中需要将冰块及其仪器一起考虑一样，这里我们需要将太阳与生物圈作为一个孤立系统予以考虑，这样就满足热力学第二定律了。科学至今还不能完整、详细地解释我们星球上的生命是怎样产生的，但是科学能指出热力学定律与社会进化发展是相容的。

延伸思考：熵

衰老

　　在我们的经验中，没有什么事情比人的衰老能更好地说明自然界的方向性了。原子碰撞和制造冰块都是能很好说明热力学第二定律的例子。当我们看到自己和周围的人都不可避免地走向衰老时，就能更深切地体会到热力学第二定律对我们每个人都具有很现实的意义。实际上，人类历史上一直都有一个不老的梦想，期望某一天某个人找出如何扭转衰老的进程。现代生物学家们研究衰老问题，是通过观察生命有机体的进化过程，让器官保持生命特征，并且这些生命特征能够遗传到后代。某物种的一个个体的寿命更长些，似乎没有什么特别的理由。事实上，在人类历史上，只有很少的人能够活过 40 岁，因此直到最近，人们才感知到衰老是一个重要的问题。

有两种理论试图解释为什么会衰老。第一种，我们称之为"有计划的衰退"。它指出人的身体实际上被设计成在一定的时间之后会自我破坏，或许是为了保证能够有更多的食物和其他资源留给下一代的孩子们使用。第二种，我们能称之为偶然积累学派，持有的观点是：身体的一般磨损和破坏最终超过身体的修复能力，系统就停止运行了。在现代，科学家们研究 DNA 损伤的积累，DNA 是含有细胞运作指令的分子。

正如所有科学问题一样，要对上述两种理论做出选择，必须建立在实验的基础上。当然，对于假定的问题，实验会在动物身上做而不是在人身上做，这是因为动物身上的很多遗传学和化学过程在人的身上是同样的。现在，很多科学家关心偶然积累学派的观点，很多实验表明果蝇和微小蠕虫依靠细胞中的特殊化学物质能够使它们的生存时间延长两倍。另一方面，其他科学家的实验证明，同样的蠕虫衰老过程看起来由少量的基因控制，这些基因作为"主控制"管理其他种类的细胞进程，这个实验支持"有计划的衰退"这一理论。基于上述情况，我们或许可以认为这两种理论的综合可以解答为什么会衰老这一问题。

如果人的寿命预期突然翻了一倍，你认为会引发什么问题？在教育、就业和政策方面会有什么样的变化？你认为这种让人长寿的研究应当继续吗？

 ## 回到综合问题

为什么用一个鸡蛋制成一个煎蛋比用一个煎蛋制成一个鸡蛋更容易？

■ 自然界的方向性

● 当你把一个鸡蛋制成煎蛋的时候，炉子里的热能转化成煎蛋的化学势能。

● 加热过程戏剧性地改变了鸡蛋内蛋白质分子的结构，使蛋白的黏度（也就是抵抗流动的能力）发生变化。随着煎制过程，半透明的可流动的蛋白成为不透明的固态。

● 根据热力学第一定律，用来煎制鸡蛋的热能，同样也可以将已煎熟的鸡蛋变回生鸡蛋。然而，将煎熟的鸡蛋变回生鸡蛋是几乎不可能的事，因为所有系统的自然趋势是从不可能状态向更有可能状态发展。

■ 你的煎蛋制作过程不可逆，是自然界的固有方向性决定的，这个规律的描述就是热力学第二定律。

小　结

宇宙中所有的物体都处在绝对零度以上的温度中，并且，它们都具有一些能量——运动原子的动能。热是一种能量，它自发地从较热的物体流向较冷的物体。比热容定义为 1kg 物质升高 1K 所需要的能量。

两个具有不同温度的物体之间的热传递，有三种方式。热传导是原子和电子的碰撞而形成的传热。热导率表征能量传递的难易程度。热对流与对流槽中流体物质的运动有关，在对流槽中，比较温暖的原子从一个地方被运输到另外一个地方。热也能通过热辐射传递——红外线能量和其他波长的光通过房间或通过太空传递，直到最终被吸收为止。

热力学第一定律表明，无论能量怎样从一种形态转换成为另外一种形态，能量的总数永远不变。但是热力学第二定律限制了能量转变的方向，热力学第二定律有三种不同但等效的表述，都强调了这个规律。

1. 热量不能自发地从低温物体流向高温物体。这是热力学第二定律的第一种表述，它对传热的方向做了一个限定，例如，在电冰箱工作前，必须先提供一个外部能源。

2. 你不可能建造一台把热完全转换成有用功的发动机。这是热力学第二定律的第二种表述，它表明建造一台以 100% 效率运转的发动机是不可能的。所有发动机通过循环过程而运转，必须消耗掉一些能量，使其返回到初态。

3. 每个孤立系统会随着时间变得更无序。这是热力学第二定律的第三种表述，它提出了熵的概念。孤立系统随时间变化的趋势是系统变得更加无序。宇宙中能量流动的方向性明确解释了我们对于时间方向的感觉。

关键词

温度	热导率	效率
热传递	热力学第二定律	热传导
热辐射	比热容	对流槽
绝对零度	热对流	熵

关键方程式

$$效率（百分数）= \frac{T_热 - T_冷}{T_热} \times 100\%$$

发现实验室

隔热体是防止热量进入或离开介质的物质。某些材料比其他材料能更好地隔热。隔热体越好，温度变化就越慢。为测试不同的隔热体，我们需要五个有盖子的药瓶（其他的有盖子的瓶子或有橡胶塞的试管亦可），五个用来隔热的容器（咖啡罐、烧杯或者比药瓶大的任何容器）和隔热材料（沙子、木屑、聚苯乙烯泡沫塑料和秸秆），还需要一支温度计和一个秒表。

用热水灌满五个药瓶，记录温度。在一个隔热的容器里，装上沙子，中间挖一个坑，将一个药瓶放进去。对另外三个药瓶也这么做，只是每次使用不同的绝热材料。而把第五个药瓶放在一个没有绝热材料的容器里，这个药瓶用作控制器。每5min记录一下各个药瓶的水温，持续30min。哪个隔热器的效果最好？做一个温度关于时间的图。

可以用隔热体使物体保持冷的状态么？通过重复上述实验，可以解答这个问题。只需将上述实验中的热水换成碾碎的冰或雪。用不同的隔热材料诸如棉花、羊毛、爆米花、豆子、铝箔、纸等等来进行测试。

哪种隔热体效果最好？植物和动物有隔热体么？自然界中的一个隔热体的例子就是鸟窝，想一想自然界和你家中的其他隔热体有哪些？

第 5 章　电和磁

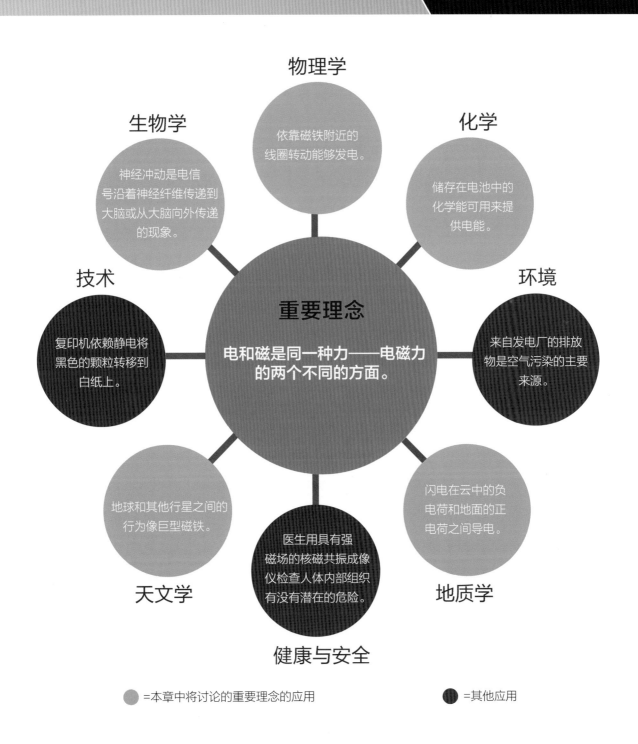

物理学

依靠磁铁附近的线圈转动能够发电。

生物学

神经冲动是电信号沿着神经纤维传递到大脑或从大脑向外传递的现象。

化学

储存在电池中的化学能可用来提供电能。

技术

复印机依赖静电将黑色的颗粒转移到白纸上。

重要理念

电和磁是同一种力——电磁力的两个不同的方面。

环境

来自发电厂的排放物是空气污染的主要来源。

地球和其他行星之间的行为像巨型磁铁。

医生用具有强磁场的核磁共振成像仪检查人体内部组织有没有潜在的危险。

闪电在云中的负电荷和地面的正电荷之间导电。

天文学

健康与安全

地质学

● =本章中将讨论的重要理念的应用　　　　● =其他应用

每日生活中的科学：神秘的力量

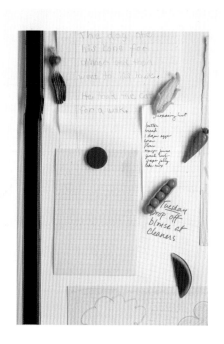

早餐后的打扫时间，你清洗盘子并打开水池中的垃圾处理机，电动机呼呼急转着投入工作。你打开冰箱放进牛奶和黄油的时候，冰箱灯亮了，冰箱压缩机开始鸣响，冰箱门上的备忘录提醒你去换新的驾驶执照。然后电子表嘟嘟报时，提醒你现在是早上 8 点——是出门运动的时间了。

所有这些熟悉的东西，电灯、压缩机、固定备忘录的冰箱磁贴、报时器和其他的必要技术，都要归功于普遍存在且看不见的电磁力。

 # 自然界中的其他力

按照牛顿运动定律，没有力就什么都不会发生，但是牛顿讨论过的万有引力定律不能解释很多日常的事情。冰箱磁贴是怎样固定到金属上的？指南针是怎样围绕北方摇摆的？静电怎么能使你的衬衫起皱？闪电为何击毁大树？这些现象表明，世界上还存在一些有别于引力的其他基本力。

牛顿当时可能不了解这些力，但是他确实给了我们研究的方法。首先观察自然现象并且研究这些力的行为是怎样的，然后将观察结果进行归纳得到规律，并且最终用这些规律去预言物理世界未来的行为。这就是我们称为科学方法的研究过程。

在实践中，我们会发现，牛顿第一定律（见第 2 章）在我们调查研究自然界其他力的过程中是很有用的。根据这个定律，我们无论何时看到任何一个物体的运动状态发生了变化，就知道有力作用于物体并导致了这种变化。这样，当我们看到物体运动状态的变化并发现引起改变的力不是我们已知的力（如引力）时，我们能断定这个变化必须是由一个直到现在还不了解的力引起的。我们将用这个推理方法来证明在自然界中电力和磁力的存在。

人们对涉及静电和磁学现象的了解始于 18 世纪，是由一批自称为电学家的欧洲和北美洲科学家来进行的。这些研究者为很多与自然界看不见的力有关的神奇现象而着迷。他们的思想没有聚焦于实际应用上，也没想过他们的研究会怎样改变世界。

静电

图 5-1　当女士接触带电球时，她的头发也带上了电荷，每根头发互相排斥，于是头发竖立起来

你在干燥的冬日注意过自己的发梢怎样微微浮在空中，或者是怎样和衣服粘在一起的吗？这种现象与静电有关。古希腊人当时就知道，有人用猫的软毛摩擦一块琥珀，然后用琥珀接触其他物体，那些其他物体会相互排斥。他们发现，如果有人用丝绸摩擦一块玻璃，会发生同样的事情，与玻璃接触过的物体会相互排斥。如果一个人将与琥珀接触过的物体靠近与玻璃接触过的物体，它们会互相吸引。物体以这种方法起作用，表明其带有电荷，或者说是带电的。

在这些简单的论证中，使物体互相趋近或离开的力被称为电（来自 electro，希腊语"琥珀"）。在这些简单的实验中，一旦电荷被放在一个物体上它就不再移动，于是这种力也被称为静电力。

静电力明显区别于引力，引力永远不是排斥力，当一个引力作用到两个物体之间时，引力总是把两个物体往一起拉。而静电力则不同，它能吸引一些物体互相靠近，但是也能将两个物体推开（见图 5-1）。此外，静电力普遍比引力更强大。一个袖珍的带静电的梳子能够很轻易地提起一张纸，抗拒了地球对纸张的引力。

今天，我们知道了存在两种电荷以及由它们所产生的静电力的性质（见图 5-2）。我们说接触了同种来源（比如琥珀或是玻璃）的物体，就有了同样的电荷并且互相排斥。另一方面，一个与琥珀接触的物体会带有与接触玻璃的物体不同的电荷。不同的电荷，体现在它们的行为中——互相吸引。

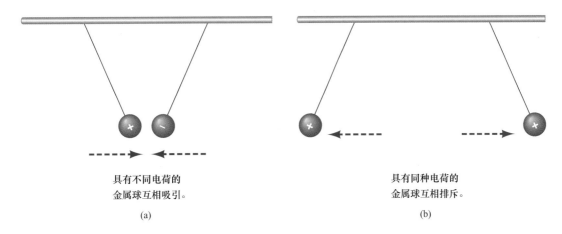

具有不同电荷的金属球互相吸引。

(a)

具有同种电荷的金属球互相排斥。

(b)

图 5-2　两种电荷，种类不同的电荷互相吸引，种类相同的电荷互相排斥

科学史话

本杰明·富兰克林和电荷

美国最著名的电学家是本杰明·富兰克林（1706—1790），他是电学先驱者之一，又是美国开国元勋。作为一个从事印刷和出版业的成功人士，他在退出工作后于 1746 年从摩擦生电开始了他的电学实验。即使多数科学家想从两种不同"电流"相互作用来研究电的效果，但是富兰克林确信，依靠单一的电流从一个物体到其他物体的转移，能够解释所有的现象。他认识到，物体中的电流会有两种不同情况，他对这两种情况使用阴性和阳性的名称来区分。

随着实验的开展，据说富兰克林于 1752 年 6 月证明了闪电的电学本质，这是靠他著名却非常危险的风筝实验来完成的（见图 5-3）。

一次轻微的闪电，击中了他的风筝，并且沿着潮湿的线传过来，产生了电火花和电击。不满足于已获得的实验知识，富兰克林在发现闪电的电学性质之后，接着发明了避雷针——由一根金属棒一端接地而另一端插在建筑物的屋顶上，它能将闪电的电荷导入地下，防止闪电损坏建筑。避雷针很快在美国和欧洲多国流行起来，预防了无数次致命的火灾。直到今天它们仍在被广泛地应用。

图 5-3 本杰明·富兰克林进行他著名且存在危险的风筝实验

电子的运动

我们现在都知道，电荷有两种，观察带电物体之间的吸引和排斥作用，可以很容易了解这一点。现在我们说所有物体都是由微小的被称为原子的物质所组成的，并且所有的原子又是由更小的带有电荷的粒子组成的。正如我们将在第 8 章看到的，带负电的电子围绕原子中央巨大的带正电的原子核运动。电子和原子核带有相反的电荷，于是它们之间存在吸引力。原子内部的这个力起的作用与引力所起的作用相类似。多数原子是中性的，因为原子核的正电荷抵消了电子的负电荷。

电子，那些在远离原子核外部轨道上的小粒子，倾向于离开原子对它的约束。这些电子能够从原子（如通过摩擦）那里被移走，并且一旦被移走，就能在金属中自由移动或者跟其他元素起作用。

当负电子从一种材料中被剥离出来，就没有电子来中和原子核中的正电荷了。结果是物体中正电荷最终超过了负电荷，我们就说，物体整体获得了正电荷。相似地，当额外的电子加到物体上的时候，物体就获得了负电荷。在干燥的日子里，当你用塑料梳子梳头时，会发生这种额外获得电子的情况：电子从你的头发上剥离下来附着到梳子上，于是梳子获得了负电荷（见图 5 - 4）。与此同时，你的头发丢失了电子，头发就带上了正电。

当发生雷雨时，在更大的规模上同样的现象出现了，风和雨摧毁了云中正常的电子分布。当带电的云通过大树或高层建筑时，被称为闪电的猛烈放电，是由地面上的正电荷和云中的负电荷互相吸引而引起的（在发生闪电的情况下，正负电荷两者都移动）。

虽然历史上主要是通过人为实验来对电荷进行研究，我们还是逐渐知道了带电荷的粒子在很多自然系统中起着重要作用。例如，实质上太阳中的所有原子都丢失了电子，于是太阳由带正电的粒子和带负电的电子的动荡的混合物组成。在所有先进的生命形态（包括人类）中带电粒子不断运动进出细胞，以维持生命过程。正当你阅读这些文字的时候，带正电的钾离子和钠离子正在通过你视神经中的细胞膜在运动，从而携带信号进入你的大脑。

库仑定律

电现象给人们带来一些稍微奇怪的情况，直到 18 世纪中期，科学家们才开始应用科学方法来调查它。首要任务之一是需要明确表述静电力的性质。

头发失去电子梳子得到电子

图 5 - 4　当用塑料梳子梳头发时，电子从头发转移到梳子上，头发和梳子都各自带上了电荷

法国物理学家查尔斯·奥古斯丁·库仑（1736—1806）做了这项工作。18 世纪 80 年代，在本杰明·富兰克林和其他美国同行一起撰写美国宪法的同时，库仑设计了一系列实验，在实验中他对不同电荷数量的物体测量了它们之间的力。

在多次重复测量之后，库仑发现静电力在一些方面与牛顿在较早时期发现的引力很相似。他观察到，如果两个带电物体互相远离，它们之间的力就变小，恰好像引力一样。实际上，如果两个物体之间的距离加倍，力减小到 1/4，即熟悉的 $1/距离^2$ 关系，或者说反平方关系，这种关系就是我们在第 2 章万有引力定律中所看到的。同时库仑还发现，力的大小正比于两个物体电荷的乘积——一个物体电荷加倍，力也加倍；两个物体的电荷都加倍，力就增加到四倍。

库仑把他的发现归纳成现在我们大家都熟悉的库仑定律的简单关系式中。

以文字表示：任意两个带电物体之间的静电力（库仑力），与它们的电荷乘积成正比，与它们之间距离的平方成反比。

以方程式表示：

$$静电力（N）= k \times \frac{第一电荷 \times 第二电荷}{距离^2}$$

以符号表示：

$$F = k\frac{q_1 q_2}{r^2}$$

式中，距离 r 的单位为米（m）；电荷 q 的单位为库仑（C）；k 为库仑常数，在电学中起着与引力中万有引力常量 G 同样的作用。像 G 那样，k 是一个常数（在国际单位制中，它约等于 $9 \times 10^9 N \cdot m^2/C^2$），它是由实验来确定的，在宇宙中任一个地方，其数值都是一样的。

库仑定律是针对固定电荷或静电所做的大量实验的总结。为了得到这样的结果，科学家们必须为电荷单位下定义，他们在做了大量的重要工作之后，把这个单位称为库仑。今天我们定义库仑是 6.3×10^{18} 个电子所带的电荷，这是一个很大的数。当这样多的电子被加到一个物体上，或从一个物体上移去的时候，那个物体就有了 1C 的电荷。

 **数学计算**　　**两个力的比较**

在第 8 章中我们会学到一个有趣的事实：构成物质世界各种材料的原子都具有明确的内部结构。很小的被称为电子的带负电粒子围绕带正电的原子核旋转。因此，在原子内部，原子核和电子之间有两个力起作用：引力和库仑力。根据这个事实，我们可以来深刻理解这两种力的相对强度。

最简单的原子是氢，其中有一个单独的电子围绕一个单独的带正电的微小质子运动。电子和质子的质量分别是 $9 \times 10^{-31} kg$ 和 $1.7 \times 10^{-27} kg$，质子的电荷是 $1.6 \times 10^{-19} C$，而电子具有同样大小的电荷但是带负电。在一个原子中，这两个粒子之间的距离是 $10^{-10} m$。

已知这些数值，那么，在这两个粒子之间的库仑力和引力的数值各是多少呢？

根据万有引力定律可以求出这两个粒子之间的引力：

$$引力 = G \times \frac{质量_1(\text{kg}) \times 质量_2(\text{kg})}{[距离(\text{m})]^2}$$

$$= 6.67 \times 10^{-11} \frac{\text{N} \cdot \text{m}^2}{\text{kg}^2} \times \frac{1.7 \times 10^{-27}\text{kg} \times 9 \times 10^{-31}\text{kg}}{(10^{-10}\text{m})^2}$$

$$= 1.0 \times 10^{-47}\text{N}$$

另一方面，根据库仑定律可以求出库仑力：

$$库仑力 = k \times \frac{电荷_1(\text{C}) \times 电荷_2(\text{C})}{[距离(\text{m})]^2}$$

$$= 9 \times 10^{9} \frac{\text{N} \cdot \text{m}^2}{\text{C}^2} \times \frac{1.6 \times 10^{-19}\text{C} \times 1.6 \times 10^{-19}\text{C}}{(10^{-10}\text{m})^2}$$

$$= 2.3 \times 10^{-8}\text{N}$$

从这个简单计算中我们能看出，在原子中库仑力（2.3×10^{-8}N）比引力（1.0×10^{-47}N）数量级（10 的指数）大很多。这就是我们在以后的章节中讨论原子时会完全忽略引力的原因。

电场

想象一下，在某一点有一个电荷（见图 5-5），带电物体可以是一块亚麻布、一个电子或是一根头发。如果你移动第二个带电物体靠近第一个，第二个物体会感觉到有一个力。之后如果你移动第二个物体到靠近亚麻布的另一个点上，它仍会感觉到有一个力，但是这个力通常与在第一个点上受的力大小不同，而且指向不同方向。实际上，在围绕第一个带电物体空间中的每一点，第二个带电物体都会感觉有一个力。

每个带电物体在它周围施加了力（电场力），创造了一个电场。在一个点处的电场强度被定义为该处点电荷所受电场力与其所带电荷的比值。电场方向通常被画成与力的方向一致，以箭头表示，箭头的长度与它的大小相符。用这种方法，你能绘成一张图，表示围绕带电物体的电场，如图 5-5 所示。注意电场是作为力来定义的，是由另外一个电荷放置在电场中某点上受力才感觉到的，不过，即使没有另外的电荷，电场也是存在的。

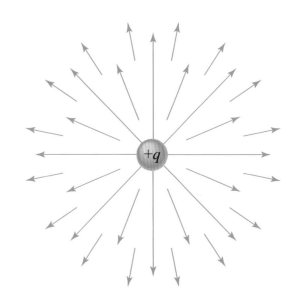

图 5-5　一个正电荷 +q 周围的电场，可以用向外辐射的线条来表示力。任意一个带电物体靠近 +q 时，越靠近它时就会受到越来越大的电场力，带正电的物体会受到排斥力，而带负电的物体会受到吸引力

磁

正如被古代哲学家了解的电学现象那样，还有一种现象就是磁现象。早期的磁铁是自然生成的铁矿石。如果你带一块这样的矿石（常见的一块磁铁矿石，或者叫磁石）靠近一块铁，铁会被它吸引。毫无疑问你见到过这样的实验现象：把磁铁靠在钉子附近，钉子会跳起来并悬挂在磁铁上。

钉子的行为告诉你，自然界中一定还存在另外一种力，一种明显地区别于电场力和引力这两者的力。电场力不能让钉子运动，引力也不能让钉子跳起来。磁铁吸起钉子的简单实验说明，基本可以确认宇宙中有一种磁力——通过我们用来研究引力和电场力同样的方法，能够辨认和说明的一种力。实际上，电学直到很晚才被研究，而磁学很早就得到了应用。在中国发明并且由欧洲人在探险的年代用于航海的指南针是人类历史记录中的第一种磁性装置。一小块磁石，让它处于自由转动的状态，它会使自己与南北方向保持一致。现在我们经常使用指南针，几乎不太当回事了，以至于时常容易忘记它对于早年的旅行者了解方向是多么重要，尤其是那些乘帆船冒险离开陆地去远航的旅行者。

在 16 世纪末期，英国科学家威廉·吉尔伯特（1544—1603）首先对磁铁进行了系统的研究。虽然他作为医生很受尊敬（他负责伊丽莎白一世和詹姆斯一世的医疗），但他最持久的声望来自发现每块磁铁都能以所谓的磁极作为特征。如果你拿一块天然的磁铁并允许它自由转动，磁铁的一端指向北方而另一端指向南方。磁铁的这两端被称为磁极。磁铁的这两个磁极给出北和南的标签，这种磁铁被称为偶极磁铁。

在吉尔伯特的研究过程中，他发现了磁铁的很多重要特性。他学会用磁石敲击的方法使铁和钢棒磁化。他发现捶打过的铁被磁化了，还发现加热能破坏铁的磁性。他认识到地球本身是一个巨大的偶极磁铁——这个事实能够解释指南针的工作原理。吉尔伯特发现，如果把两块磁铁互相靠近，使北极贴在一起，两块磁铁之间有排斥力将它们分开。同样地，两个南极靠在一起也会相互排斥。但是，如果把一块磁铁的南极靠近另一块磁铁的北极，形成的力是吸引力。威廉·吉尔伯特的成果归纳成两项简单的表述：

1. 每块磁铁有两磁极。
2. 同样的磁极互相排斥，而不同的磁极互相吸引。

一旦你了解了一块磁铁有两极，你就能明白指南针是怎样起作用的。地球本身是一个巨大的偶极磁铁，一极在加拿大而另一极在南极洲。如果一块磁铁（如指南针）被允许自由转动，它的一极会被吸引并且指向北方的加拿大，而另一极指向南方的南极洲（见图 5–6）。

回顾一下，对于电场，可以用带箭头的线段表示电场强度（见图 5–5）。磁力也可以用磁场这个术语来表示。磁铁附近任一点上的磁场，可以用带箭头的线段表示，箭头指明磁力方向，线段长度表示强度。如图 5–7 所示。如果拿很多小指南针靠近磁铁，由磁铁施加的力会使指南针转向平行于磁场的方向。总体来看，这些指南针会沿着这样一条

曲线首尾排列，这条曲线的起点和终点分别是偶极磁铁的北极和南极。

正如我们可以想象电荷周围有很多代表电场的电场线围绕着一样，我们也能想象每个磁铁周围有很多磁场线围绕着（见图 5–8）。这些线是这样画出的：如果把一个指南针放在空间中某一点，针会转动直到其指向沿着这条线。给定区域中线的数量多少代表施加到指南针上的力的强度。在北极的极光中可以看到这个效果的影响（见图 5–9）。来自太阳的带电粒子流与地球上的磁场相互作用时，能辐射出光来。靠近地球北极和南极处，磁场线的密集聚合（磁场强度加大）能提高这个效果并且呈现出彩色。

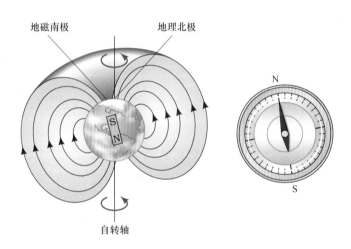

图 5–6　指南针和地球。由于小磁针的磁极和地球的磁极之间有力的相互作用，小磁针 N 极指向会与地球磁场的方向保持一致。注意地球的南北磁极连线与地球的自转轴并不完全重合

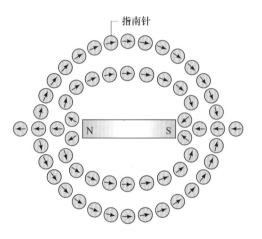

图 5–7　由围绕条形磁铁的小指南针的排列显示磁场的曲线

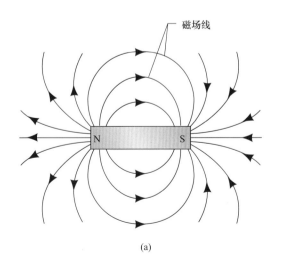

(a)

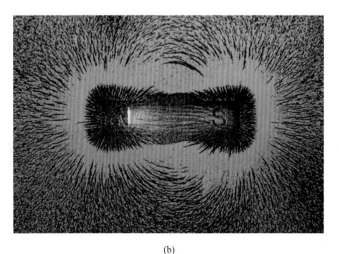

(b)

图 5–8　（a）一只磁铁棒和它的偶极磁场；（b）铁屑靠近磁铁棒，沿着磁场线排列

图5－9　北极光的壮观景象，它是来自太阳的带电粒子流与地球磁场相互作用的结果

 生命科学

磁导航

很多生物包括人类，在远行时都要利用地球磁场。1975 年麻省理工学院的科学家论证了生物利用地磁场的这种能力。当时他们研究了附近沼泽底部淤泥中的单细胞细菌，发现细菌吸收了大约 20 个微小的磁铁矿石晶粒进入它们体内（见图 5 –10）。这些小晶粒被串在一条线上，实际上形成了一个微小的指南针。

因为地球的磁场下降到北半球地面之下，而在南半球升起到地面之上，马萨诸塞州的细菌构造了"上"和"下"方位的指示物。这种内部的磁铁允许细菌移动到池塘底部的富营养淤泥中。令人感兴趣的是，南半球中类似的细菌则是沿着方向相反的磁场线到达那里的池塘底部。

从 1975 年以来，科学家们在很多动物身上发现了相似的内部磁铁。例如，一些候鸟用内部磁铁引导它们飞行上千里的距离。澳大利亚有种绣眼鸟，有证据显示这种鸟能"看见"地球磁场，通过一个在彩色视觉中正常包含的分子修饰过程来实现这一点。

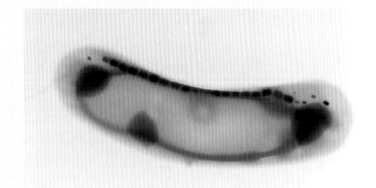

图5－10　细菌中的铁矿石颗粒使得它能够辨别上下方位

磁极

图 5-8 中显示的偶极磁场在自然界中起很重要的作用。自然界中发现的磁铁有北极和南极——你永远不会发现只有一个磁极的磁铁。即使你拿一块普通磁铁把它切成两半，你也不会得到孤立的南极或北极，而是得到了两块小磁铁，每一块都有北极和南极（见图 5-11）。如果你把其中一块小磁铁再切成两半，你会继续得到更小的偶极磁铁。实际上，这是一条自然界的一般规律：

自然界中没有孤立的磁极。

在物理学家的语言中，一个单独孤立的北极或南极被称为磁单极。虽然物理学家们对于磁单极进行了广泛研究，但是，仍然没有发现任何关于它们存在的明显的实验证据。

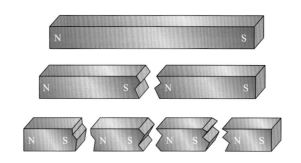

图 5-11　如果你把磁铁一分为二，你会得到两块更小的偶极磁铁，而不是孤立的北极或南极

电池和电路

直到两种我们所熟悉的装置——电池和电路——被发明后，人们才发现了电和磁之间令人惊奇的联系。值得注意的是，人们是通过研究青蛙而受到启发来研究这些技术的。

生命科学

路易吉·伽伐尼和生命的电力

18 世纪的科学家发现了生物和电的联系。在自然界的所有现象中，没有一件事比神圣的"生命力"更让科学家们着迷了，所谓生命力看起来就是允许动物运动和生长的力。一种古老的被称为"生机论"的学说坚持认为这种生长的力只能在活的生物器官中被发现。意大利科学家路易吉·伽伐尼（1737—1798），给这样的说法增添了证据，他用一系列经典实验证明了电在生物上的效果。

伽伐尼最有名的发现是，当带电荷的金属碰到被切除的青蛙腿时，青蛙腿发生痉挛——这个现象就像一个人受到电击会产生的无意识反应一样。后来他用一只铜叉和一只铁叉同时接触青蛙腿也能产生类似的效果。用现代的语言，我们会说由于带电荷的金属和青蛙腿中含盐液体里的金属导致青蛙腿神经中电荷的流动，这个过程引起肌肉收缩（见图 5-12）。然而伽伐尼说，他的实验指出在生物系统中有一种生命力，他称之为"动物电"，

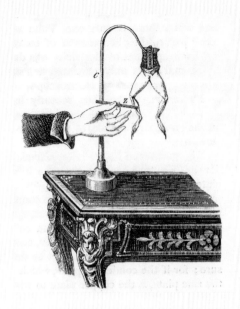

图 5-12　路易吉·伽伐尼的实验表明，当受到电流刺激时，青蛙腿会痉挛，这个现象最终促成了电池的发明（以及小说《弗兰肯斯坦》）

这一点构成了生物与非生物的区别。这种理念获得了一些科学团体的承认，但是却激起了伽伐尼和意大利物理学家亚历山德罗·伏特（1745—1827）之间的长时间的辩论。伏特认为伽伐尼效应是由金属和青蛙腿中含盐液体之间的化学反应引起的。现在来回顾一下，这两位科学家的观点都有一部分是正确的。肌肉收缩需要由电信号开始，甚至如果没有类似动物电这种现象，电荷也能借助化学反应而促使其流动。

围绕伽伐尼实验的辩论产生了很多令人意外的成果。在实验方面，正如我们在文中讨论的，伏特在化学反应方面的工作发明了电池并且间接地影响现代我们对电的了解。至于动物电的观念，则给庸医和骗子提供了巨大的商机，并且在几个世纪中有各种电气装置被用来欺骗人们，声称可以治疗几乎每一种已知的病。有的一些装置现在还能看到在销售，比如，把磁铁系到人身体上，号称能治疗各种疾病。

最后，在伽伐尼的研究之后，有其他的研究者用电池来研究人的尸体上的电流效应。在一次著名的公开演示中，由于电刺激使一具尸体坐起来并且踢腿。这样非正常的实验为玛丽·雪莱在创作著名小说《弗兰肯斯坦》时提供了灵感（见图 5-13）。

图 5-13　《弗兰肯斯坦》中的一些情节，是从关于动物电的早期实验中得到启发的

电池和电流

虽然我们在日常生活中能够经常遇到静电，但是我们接触最多的电是来自运动的电荷。例如，在你家中，带负电的电子通过导线流动，并启动你家里的电器。带电粒子的流动称为电流。

在亚历山德罗·伏特之前，科学家们一直不能够在实验室中产生持续的电流，因此对电流的了解很少。在伽伐尼研究的基础上，伏特发明了第一种电池，这是一种能够将电池材料中储存的化学能转换成为通过外部导线电子流动的动能的装置。

最早的电池是很粗糙的，但是我们现在用它的升级版来启动我们的汽车和使各种便携式电器运转。你的汽车电池是一种可靠的工程装置，可以连续用上好几年。它是由铅和氧两种材料分别制成的有间隔的板组成的，这两种板浸泡在稀硫酸槽中。当电池放电时，铅板与酸发生反应，形成硫酸铅（围绕旧电池极柱聚集的白色沉淀）和一些自由电子。这些电子通过外部导线跑到另外的板上，在那里它与氧化铅和硫酸发生反应形成更多的硫酸铅。电子通过外部导线流出进而发动你的汽车。

在电池完全放电时，硫酸铅板浸泡在水中，这种结构就不会获得能量。然而，源源不断的电流流回电池，所有的化学反应反向进行，再储存能量，回到最初的结构状态。我们说这是给电池再充电。

一旦再充电，整个循环就能持续进行。当你汽车的发动机运转时，发电机能持续地给电池再充电，于是它就经常处在准备使用的状态。

电路

很多人是通过家中和汽车上的电路来接触电现象的。一条电路是由能携带电的材料构成的完整线路，这样的材料被称为导电体（导体）。铜线是一种导体。例如，你阅读这本书使用的荧光灯是电路的一部分，这个电路开始于很多千米以外的发电厂。电持续地通过电线进入你的小区，并且分配到周围的导线上，直到进入你的屋子为止。这盏灯是电路中的一部分，电路由穿过你家墙壁的导线组成，这些导线中的一条首先到达电路继电器（在电路有过载危险的情况下自动断开电路的装置），然后到达开关，并最终到达灯泡。当你接通开关时，就意味着你使一条从发电厂到灯泡一路远行的完整线路畅通了。

当电流通过荧光灯中的气体时，它激发原子并且导致它们发光。当你把开关拨到"关"的位置时，就像升起一座吊桥：电流无法流进电路的这一部位，从而无法到达灯泡，房间就变暗了。

每条电路由三部分组成：像电池一类的电源，电流能流通的通常由金属导线组成的回路以及如电动机或灯泡一类使用电能的装置（见图 5 - 14）。

图 5 - 14　每条电路包含电源、导线回路、用电装置（如灯泡）

欧姆定律

要理解电路，一个好的办法是把电子流过导线与水流过水管做类比。在水流过水管时，我们用两个物理量来描述：每秒流经某一点的水的总量以及水压。在电路中，我们用来描述的参数是类似的。

实际流经导线的电流的总量（电子的数量）用单位安培或者安（A）来计量，这个单位是以法国物理学家安德烈·玛丽·安培（1775—1836）的名字来命名的。1A 相当于每秒通过导线中某一点 1C 的电荷：

$$1A \text{ 电流} = \text{每秒 } 1C \text{ 电荷}$$

因此电流类似一条河或小溪的水流。任意地方的常规家用电器使用的电流从 1A（一只 100W 灯泡）到 40A（所有炉子和烤箱的用电范围）。

我们把电路中任意两点的电位差称为电压，以伏特（V）来计量，这是根据发明化学电池的意大利科学家亚历山德罗·伏特的名字来命名的。你能想到的电路中的电压和你能想到的水暖设备系统中的水压几乎相同。电路中更大的电压意味着电流的"劲儿"更大，正如更大的水压使水流得更快。通常一个新的闪光信号灯的电池产生 1.5V 电压，一个充满电的汽车电池产生大约 15V 电压（虽然它们被称为 12V 电池），普通家用电路都是 110V 或者在 220V。

电流（电子）流经的导线与通水的管子相类似。管子越细小，水流过越困难。与此相似，在一些导线中比其他导线中电子流动起来会更困难些。计量电子流经导线困难程度的量被称为电阻（见图 5-15）。所使用的单位被称为欧姆（Ω）。随着电阻增加（也就是说效率更低），更多的电子动能转化成热能。例如，普通铜导线的电阻较低，这就是为什么我们普遍使用铜导线的原因。另一方面，烤面包和电暖气使用高电阻导线，以使当电流通过时能产生大量的热。在通信线路中，尽可能地减少

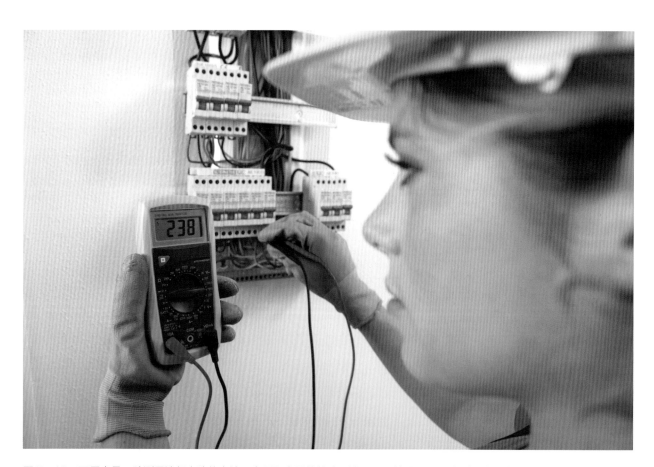

图 5-15　万用表是一种测量流经电路的电流、电压和电阻的仪表，这里显示的是用万用表测量小型商用电阻丝的电阻

能量从线路一端传递到另一端的损失是很重要的，因此我们使用很粗的低电阻（高效率）导线。

电路中电阻、电流和电压之间的关系被称为欧姆定律，这是为纪念德国物理学家乔治·欧姆（1789—1854）而命名的，表述如下。

以文字表示：电路中的电流与电压成正比，与电阻成反比。电压越高，电流越大。电阻越大，电流越小。

以方程式表示：

电压（伏特）= 电流（安培）× 电阻（欧姆）

以符号表示：

$$U = I \times R$$

电路的电压、电流和电阻表示了电路的特性。无论什么时候电流通过电路，都服从欧姆定律。例如，根据欧姆定律，你能了解闪电的特性。在雷雨中，云层中粒子的碰撞，使得在云层底部的颗粒聚集了负电荷，云层下面的地面物体则聚集了正电荷。云层底部的负电荷排斥地面的电子，使得云层下面地面区域只留下正电荷。这种聚集使云层和地面之间产生了电压，当电压足够高时，闪电就是它们之间通过的电流。闪电像其他电流一样，会沿着电阻最小的路线流动。闪电通常会击中类似建筑物和树一类的高大物体，因为它们的电阻小于空气的电阻（见图 5 - 16）。正如我们之前提到的，本杰明·富兰克林发明的避雷针，就是应用了这一原理，它允许闪电通过低电阻的金属棒流动。现在大部分的建筑物都装有避雷针。

停下来想一想！

在富兰克林的时代，一些人相信有一种方法能预防闪电的危险：爬上教堂的尖塔并且摇响吊钟，这是一个好主意吗？

图 5 - 16 闪电是自然界中电流的一个例子

任何电路中的负载是"商用端"——做有用功的地方。荧光灯、你的头发、干燥器的加热元件或者一台电动机中的电磁线圈都是典型的负载。负载所用的功率取决于通过它的电流和电压的大小。电流或电压越大，需要使用的电功率就越大。一个简单的公式可以用来计算所用的电功率的数值。

以文字表示：一台电器消耗的电功率等于电流和电压的乘积。

以方程式表示：

电功率(瓦特) = 电流(安培) × 电压(伏特)

以符号表示：

$$P = IU$$

这个方程告诉我们，对于一个高消耗电功率的装置，电流和电压两者都必须高。表 5-1 归纳了关于电路的一些关键词。

表 5-1 与电路有关的术语			
术语	定义	单位	与水管相似
电压	两点之间的电位差	V	水压力
电阻	对电流的阻力	Ω	水管直径
电流	电子的流动率	A	水流量
电功率	电流 × 电压	W	移动的水做功的效率

例 5-1

启动你的汽车

当你打开汽车点火开关时，15V 的汽车电池必须让一台 400A 的起动电动机转动起来。此电路的电阻是多少？启动你的汽车需要多少功率？

分析和解答：为了计算电阻，我们需要将上面的欧姆定律重写一下：

$$电阻(欧姆) = \frac{电压(伏特)}{电流(安培)} = \frac{15V}{400A} = 0.0375\Omega$$

这个电阻值很低，小于一只典型灯泡电阻的千分之一。为了计算电功率，我们用电流乘以电压：

$$功率(瓦特) = 电流(安培) × 电压(伏特)$$
$$= 400A × 15V$$
$$= 6000W$$
$$= 6kW$$

最早期的汽车是利用摇柄来启动的，这样需要 100W 功率，对于一个成年人来说，这是一个合理的数值。现代高压缩比汽车发动机需要比一个人产生的功率更多的启动功率。

例 5-2

声音的功率

一个典型的小型光盘系统有 50Ω 的电阻。假设这个系统接入标准家用插座，其电压为 220V，有多大的电流通过这个立体声系统，其消耗的功率又是多少？

分析和解答：根据欧姆定律，可以计算出其电流：

$$电流(安培) = \frac{电压(伏特)}{电阻(欧姆)} = \frac{220V}{50\Omega} = 4.4A$$

然后，计算功率消耗：

$$功率(瓦特) = 电流(安培) × 电阻(欧姆)$$
$$= 4.4A × 220V$$
$$= 968W$$

这个功率消耗大约相当于十只普通的 100W 灯泡。

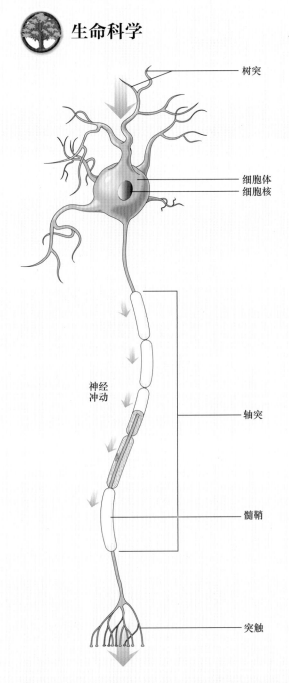

生命科学

树突

细胞体
细胞核

神经
冲动

轴突

髓鞘

突触

图 5-17　一个神经细胞由细胞体和大量丝状结构组成。树突接收进来的信号，轴突传导信号离开细胞体，髓鞘帮助轴突隔离来自附近的电干扰

神经信号的传播

你身体的所有运动，从心脏跳动到眨眼睛，都是由神经控制的。虽然人体中神经信号就是自然界中的电，但是它们与通过导线的电子移动没有什么相同之处。图 5-17 说明了构成了神经系统的基本单元——神经细胞。一个神经细胞是由细胞体和大量从细胞体离开的丝状结构组成的。这些丝状结构把一个神经细胞与其他神经细胞连接起来。携带从细胞体发出来的信号并且把这些信号传递给其他细胞的丝状结构，被称为轴突。

环绕轴突的薄膜是一种复杂的结构，充满了很多通道，这些通道允许原子和分子在其中移动。当神经细胞处于静止状态时，带正电荷的微粒倾向于处在薄膜外面，带负电荷的则倾向于在里面。然而当一个电信号发射到轴突时，薄膜被扭曲，过了一小会儿，正电荷（主要是钠离子）涌进细胞。当内部储存了更多的正电荷后，薄膜再次改变并且正电荷（此时主要是钾离子）移动到外面以恢复到原来的电荷状态。这种电荷干扰作为神经信号沿丝状结构向下移动。当信号到达突触时，信号被传递到下一个细胞，传递是由被称为神经传递体的一组分子完成的，这些分子是由上游细胞中喷涌出来的，并且由下游细胞的特殊结构接收。神经传递体的接收启动了一个复杂的、我们目前还知之甚少的过程，借助这个过程，神经细胞决定是否沿着它的轴突发送一个信号给其他的细胞。可见，虽然人类神经系统不是一个普通电路，但它其实还是依靠电信号来运行的。

两种电路

根据导线和负载排列的不同，普通家用电路可以分成两种类型。其中一种是串联电路（见图 5-18a），两个或者更多的负载沿着导线的单回路连接起来。另一种是并联电路（见图 5-18b），与串联电路相反，不同的负载位于不同的导线回路中。

这两种电路之间的区别在圣诞节时会变得更明

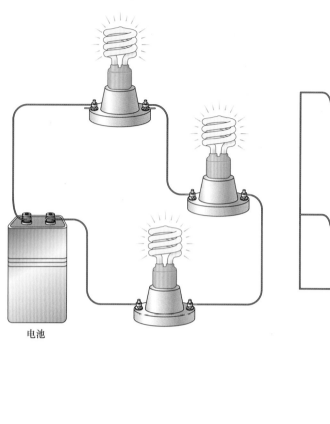

电池

(a) 串联电路

回路2

回路1

电池

(b) 并联电路

图 5 -18　两种电路
（a）在串联电路中，多个负载放
在同一导线回路上；
（b）在并联电路中，多个负载放
在分开的导线回路上

显。很多老式的圣诞灯是用单独的串联电路连接起
来的。如果任何一只灯熄灭，电路就被切断，整条
线上的灯都熄灭了（这种方法能够成为一种破坏性
实验，以找到那只坏灯泡）。另一方面，最现代的
圣诞节灯带则是以几条并联回路为特征，每一条都
连接着一些灯。如果一只灯熄灭，仅该灯所在线上
的灯泡会熄灭。

 电和磁之间的关系

在我们日常的体验中，电和磁看起来是两种无关的现象。19 世纪
的科学家深入地探索了电场力和磁场力，发现了两者之间不寻常的关
系——这是一个转变技术方面的重大发现。

电的磁效应

1820 年春天，在丹麦的一次物理讲座中发生了一件奇怪的事情。
演讲者汉斯·克里斯蒂安·奥斯特（1777—1851）用电池演示了电的

一些性质。他偶然注意到，无论何时他接通电路（于是电流开始通过电路流动），一只靠近桌子的指南针的指针就开始扭动。当他断开电路时，指针又回到指北的位置。这个偶然的发现导致了科学史中最著名的发现之一。奥斯特发现电场力和磁场力这两种力看起来是完全不同的，就如同白天和黑夜一样。而在实验上，却相互之间有着密切的关系。它们好比同一个硬币的两面。在随后的研究中，奥斯特和他的同事们证实，无论何时电荷通过导线流动，环绕着导线会产生磁场。导线附近的指南针会扭动直到它指向磁场的方向为止。从这个实验诞生出在电学和磁学中的重要发现。

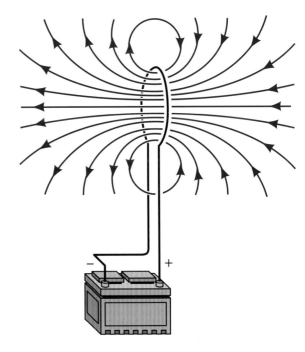

磁场能够由电荷运动而形成。

像所有的重要发现一样，自然定律的发现有重要的实际应用结果，这个发现引领了电磁铁的发展。电磁铁是由线圈组成的装置，无论何时电荷通过导线运动，电磁铁就会产生磁场，几乎每个现代技术中的电气设备都要采用这个装置。

电磁铁

图 5–19 说明了电磁铁工作的简单原理。如果电流在导线的回路中流过，那么围绕导线会形成一个磁场，这与奥斯特在 1820 年发现的相同。这个磁场具有图中描绘的形状，这种形状就是图 5–8 所示的双极磁场的形状。

换句话说，我们能直接依靠电流沿着导线回路流动，而创造出一个相当于磁铁棒的物体。电流越强（也就是说更多的电荷通过导线），磁场就会越强。但是与磁铁棒不同的是，电磁铁能被接通或关闭。为了说明这两种磁铁的区别，我们经常把由诸如铁制成的磁铁称为永磁体。

图 5–19　电磁铁的工作原理和结构组成：一条导线回路和一个电源。当电流流过导线回路时，就产生了围绕它的磁场

电磁铁的实际应用很广泛，包括蜂鸣器、开关和电动机。这些装置都在磁铁附近放置一块铁。

当电流在导线回路中流过时，铁块被推向磁铁。在某些情况下，电磁铁能用来合上电路的开关。在电磁铁中电流刚一断开，一只弹簧将铁块推回，在电路中的较大的电流就会被关掉。

在很多家用电器中都使用了电磁铁开关。例如你家或许用电炉取暖，电炉与你的居室或走廊墙上的恒温器相连接。你给恒温器设置了一个特定温度。如果室内温度下降到低于设定的温度，借助使用电磁铁合上开关，恒温器有响应动作，允许小电流流过。当电流流过时，开关合上并且电炉开始工作，你家中的房间被加热。当温度达到你设定的水平时，恒温器阻止流经电磁铁的电流，开关断开，电炉关闭。用这种方法你能调节房间的温度，而没有必要在房间接通电炉时跑到地下室去打开电炉的开关。

技术

电动机

　　坏视一下你的房间，试着数数你每天使用的由电驱动的仪器的数量。在电扇、钟、光盘驱动器（见图5-20）、吹风机、电动剃须刀和一些其他仪器中都有电动机。电磁铁是电动机中的关键组成部分。

　　最简单的电动机如图5-21所示，它使用一对永磁体和一条处于磁铁磁极内部的旋转导线回路。旋转回路中通过电流调控以使得当它在如图5-21a所示方向时，电磁铁的南极置于靠近永磁体北极的位置，并且电磁铁的北极置于靠近永磁体南极的位置。北极和南极之间的吸引力导致导线回路旋转。

图5-20　这是计算机光盘驱动器内部电磁铁的放大图，6个线圈是电磁铁

图5-21　一台电动机。最简单的电动机依靠安装一只能在两块永磁体之间旋转的电磁铁而工作（a）当电流接通时，电磁铁的北极和南极被吸到永磁体的南极和北极；（b）~（d）由于电磁铁旋转，电流方向改变，导致电磁铁继续旋转

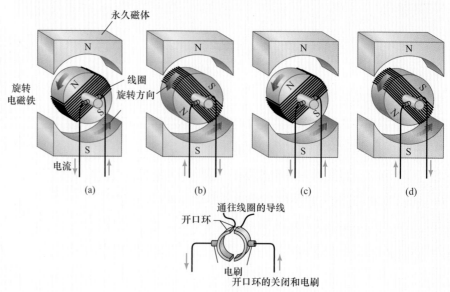

一旦回路到达图 5 −21b 所示的位置，电流反向，电磁铁的南极处在刚刚超过永磁体南极的位置，而电磁铁的北极处在刚刚超过永磁体北极的位置。同样，磁极之间的排斥力作用使得旋转继续下去。依靠回路中电流的交替，在导线上形成了一个持续旋转的力，因而导线能够维持着转动。

这个简图包含了一台电动机的必要特征，但是大多数电动机会更加复杂些。通常它们有三块或者更多不同的电磁铁和至少三块永磁体，并且电流方向的交替比我们刚才例子中的要稍微复杂一些。依靠人造的各种电磁铁和永磁体，发明者生产出了大量的各式各样的电动机：用于 CD 机的混合速度电动机，用于食物加工机械的可变速电动机，用于电动螺丝刀和钻床的可反转电动机以及具有很多工业用途的特殊电动机。

为什么磁单极不存在

前面我们讲述过，在自然界中不存在孤立的北磁极或者南磁极。电磁铁为了解这条定律的来源提供了基础。在原子尺度上，围绕原子运动的一个电子"电流"，类似于一个电磁铁中的一圈导线。正如我们将在第 11 章中看到的，永磁体中的磁力来源于无数电子的运动，这些电子中的每一个都在一个原子核周围运动。这个事实解释了为什么普通磁铁永远不能被分成磁单极。如果你把一块磁铁一直细分下去，直到分成最后的一个独立原子，由于电子绕原子运动，导致所产生的电流回路的存在，你仍然持有一个偶极磁场。如果你试图进一步打碎这个原子，则偶极磁场会消失，除了与微观粒子本身相关的力以外不会再有磁力。于是自然界中的磁力最终与电荷的排列有关，而不是任何物质本身固有的。

生命科学

核磁共振

正如原子中电子的运动产生了电流，进而产生磁场一样，原子核的转动也能产生类似的情形。实际上，多数原子核可以设想成一个微型偶极磁体。这个事实产生了现代医学中最有用的工具之一——核磁共振成像（MRI）。

在这项技术中，患者被安排在强力磁铁的磁极之间。分布到患者组织当中的磁场引起组织中那些细小的原子核尺度的磁铁按照每种原子的固有频率进行转动。由于这个效应，原子核吸收辐射波，辐射波的频率与原子转动重合。借助辐射波发送到患者组织中，观察由转动的核吸收的辐射波的频率，医生就能确定哪种原子存在于身体的每个位置，并且因此形成身体组织的详细的图像（见图 5 −22）。不像 X 射线（X 射线区别不同的软组织是有困难的），MRI 能提供身体任何部位的详细剖面图。

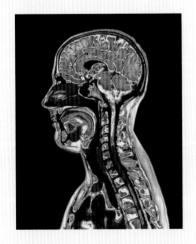

图 5 −22　人体头肩部的核磁共振图，表明这种技术能够形成软组织的可视图

磁的电效应

当奥斯特和其他人证明磁效应是由电引起的时候，没过多久科学家们就明白了电效应是由磁引起的。一些科学家对此做出了很大贡献，其中英国物理学家迈克尔·法拉第（1791—1867）是与这个发现最直接有关的一位。

法拉第的关键实验是在 1831 年 8 月 29 日实现的，当时他把两个线圈（实际上相当于两个电磁铁）并排地放在实验室里。他用一个电池给一个线圈通电，并且观察另一个线圈。令人吃惊的是，虽然第二个线圈甚至没有连接上电池，却在其中发现了强大的电流。我们现在知道在法拉第的实验中发生了什么：其中通电的导线回路在第二个回路中相邻位置产生了连续磁场。这个变化的磁场又通过一个被称为电磁感应的过程在第二回路中产生了电流（见图 5 - 23）。当法拉第在他的导线线圈附近挥动一只永磁体的时候，可观察到完全相同的效果，没有电池却产生了电流！

迈克尔·法拉第的研究可以归纳成一条简单的定律：

变化的磁场能够产生电场和电流。

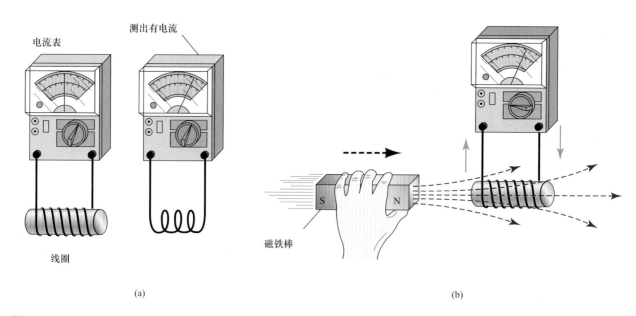

(a)　　　　　　　　　　　　　　(b)

图 5 - 23　电磁感应
（a）电流在左边的电路中流动，虽然在右边电路中没有电池或电源，却观察到有电流流过右边的电路；
（b）移动磁铁进入导线线圈的区域，引起电流流过没有电池或其他电源的电路

图 5 - 24 说明了发电机的工作原理。发电机是一种已经被广泛应用在现代技术中的仪器。把导线回路放置在强力磁铁的北极和南极之间，而不带电池或其他电源。当导线回路静止不动时，在导线中就没有电流流过，但是一旦我们开始转动回路，在导线中就有电流流过。尽管事实上电路中并没有任何电池或其他电源，但在导线中还是有电流流动。

对导线中的电子而言，任何转动都会改变磁场的方向。根据法拉第的发现可知，磁场的变化会驱动电子在回路中流动。如果我们连续转动回路，那么就有连续的电流在其中流过。在半圈转动中，电流沿着一个方向流动，在另外半圈转动中，电流沿着相反方向流动。发电机这种有活力的重要装置是直接根据法拉第发现的电磁感应发明的。

在一台发电机中，一些能源经过诸如水坝的水，由核反应堆或燃煤锅炉产生的蒸汽，或者风力驱动的推进叶片来转动轴。在汽车中，转动磁场线圈的能量来自发动机燃烧的汽油。在每台发电机中，转动轴与在磁场中转动的导线线圈相连接。由于转动，电流在导线中流动，并将电能分接到外线上。我们所使用的电几乎都是以这种方法产生的。

你可以注意一下关于电动机和发电机的奇妙事实。在一台电动机中，电能转换成转动轴的动能，

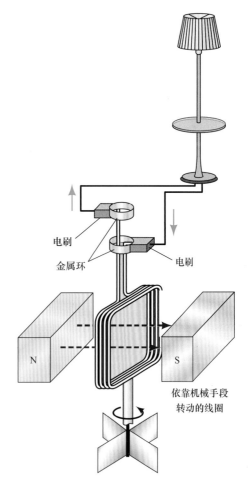

电刷
金属环
电刷
依靠机械手段转动的线圈

图 5 -24　发电机。 只要导线回路转动，靠近变化的磁场，就会产生电流并在导线中流过

然而在发电机中，转动轴的动能转换成电能。于是从某种意义上说，电动机和发电机在电磁领域中恰好是相反的。

技术　　　交流电与直流电

因为发电机线圈中的电流首先从一条路径中流出，然后换成从另一条路径流出，你家的导线回路中的电流流动也是这样的。这种电流，被称为交流电，简称 AC，因为它的电流流动方向是交替变化的。在家用电器和汽车上的电流都是交流电。与交流电形成对照，电池中化学能导致的电子仅仅沿着一个方向流动，我们称其为直流电，简称 DC。

历史上，19 世纪在美国发生了一场重要的激烈辩论，主题是关于使用 AC 还是 DC 作为商业标准。一些很著名的人物，如托马斯·爱迪生，在辩论中都失败了。

🌐 科学史话

迈克尔·法拉第

迈克尔·法拉第，19 世纪最受尊敬的科学家之一，他的职业生涯很不容易（见图 5-25）。他是铁匠的儿子，仅仅接受了初等教育。法拉第 14 岁时成为一个伦敦书商的学徒，在那里他成为一个技术精湛的订书匠，同时他如饥似渴地大量阅读，读完了大英百科全书以后，他又着迷于科学文章，并决定未来将以科学作为他的人生方向。

年轻的法拉第狂热地追求着科学事业。他参加了由伦敦最著名的科学家汉弗里·戴维爵士在皇家学院所做的一系列科学演讲，汉弗里·戴维爵士是一位化学和物理研究的世界级领袖。法拉第把他的演讲记录认真整理打印，并用精致加工的皮革装订后，大胆地交给了戴维。此后，法拉第作为戴维实验室的助手开始了他的新工作。

经过 10 年和戴维在一起的工作，法拉第成为一个具有创造力的科学家。他发现了很多新的化合物，包括苯。并且因其巨大的成就，他开始在皇家学院向广大伦敦公众做演讲。让法拉第一直享有盛誉的是他所完成的一系列经典的实验，通过这些实验他发现了电和磁之间互相关联的重要思想。

图 5-25　迈克尔·法拉第（1791—1867）

麦克斯韦方程

电和磁并不是完全不同的现象，而只是电磁力的不同表现形式。在 1860 年，英国物理学家詹姆斯·克拉克·麦克斯韦（1831—1879）意识到我们以前讨论过的关于电与磁的四条独立定律，构成了一个关于电与磁的相互关联的描述。在做这个统一工作时，他对第三条定律加上了一个技术细节——一个由数学描述完成的细节。

因为麦克斯韦第一个认识到这四条定律的关联，所以这四个数学表达式被称为麦克斯韦方程组。麦克斯韦对这些方程进行了数学处理，并用它来预测未来的科学发现，这些我们将在下一章讨论。这里我们列出麦克斯韦方程组的关于电和磁的四个基本定律（在这里我们只给出文字表述）以作为参考。

1. 库仑定律：同种电荷互相排斥，异种电荷互相吸引。

2. 自然界中没有磁单极。

3. 磁现象能够由电效应产生。

4. 电现象能够由磁效应产生。

延伸思考：电磁

基础研究

　　很难想象现代社会没有电会是怎样的。在运输、交通、取暖、照明以及在社会生活中不可或缺的和令人舒适的很多其他方面都需要使用电。不过，给我们电这一奇妙礼物的人，并不是首先研发灯具或者交通工具的人。根据我们在第 1 章所介绍的，给我们带来这一礼物的是从事基础研究的人们。如伽伐尼和伏特，他们开始研究青蛙肌肉受到电荷击打而收缩，进而被吸引到电的研究中来。伏特的第一个电池是仿造电鳗中发现的器官而做成的。很多科学发现，甚至是那些给人类带来巨大利益的科学发现，都来自一些意想不到的研究。

　　这些能够告诉你关于政府研究基金拨付的问题吗？你能设法说服政府专门小组，表明对伽伐尼的青蛙腿实验进行资助是因为它会产生一些有用的事情吗？计划用来生产更好的照明系统的联邦基金生产出电池（以及电灯）了吗？有没有对油灯做出改进？与将基金投入到能够立即实现的但是改善生活质量幅度较小的研究中相比，你考虑会投入多少基金用于冒险研发中（在某种机会中，研发能得到大回报)？在你思考这些问题时，你可以记住迈克尔·法拉第的回答。当一个政治领袖问到他的电动机哪里好的时候，他这样回答："它哪里好？总理先生，有一天你能向它征税!"

回到综合问题

闪电是什么？

- 闪电是电荷在大气中的释放。一个闪电能以超过 200000km/h 的速度运行并且达到 30000℃ 的温度。

- 电荷的猛烈放电产生的高能量会加热周边的空气，引起压力波，这就是我们所听到的雷声。

- 闪电产生的过程，与你在干燥的日子梳头发使其"竖起来"的物理过程是一样的。

- 远离原子核的在轨道上运转的电子被松散地约束在原子上。依靠一些过程，包括诸如摩擦的机械过程，这些电子能够从原子中被移走。

- 当带负电荷的电子从材料中剥离，它们不再抵消原子核中的正电荷。结果物体获得正电荷。

- 类似地，当额外电子附加到物体上，它获得了负电荷。你在干燥的日子里梳头发，就会发生这种情况。电子从你头发上剥离下来并且附加到梳子上，梳子获得了负电荷。同时发生的是，你头发丢失了电子，变得带正电。

- 当大雷雨时，上述现象在更大规模上发生了。风和雨影响了云中电子的正常分布，并在云层内部产生了正电荷和负电荷。闪电是由地面上的电荷和云中相反电荷的互相吸引而引起的。

- 当带电的云通过高树或高层建筑时，就会发生强烈的电荷放电——我们称其为闪电。
- 闪电是危险的，你被闪电击中的概率为二百万分之一。

小 结

电场力和磁场力完全不同于 17 世纪牛顿描述的万有引力。不过，牛顿运动定律给后来研究电磁行为的科学家们提供了定性描述和定量计算的科学方法。

静电现象包括闪电和静电附着，都是由电荷引起的。而静电荷起因于物体间的电子转移。物体中有了多余的电子则带上负电，如果缺少了电子则带上正电。带有同种电荷的物体互相排斥，而带有异种电荷的物体互相吸引。库仑定律中定量描述了上述观察现象。库仑定律表明，任意两个物体之间的静电力的大小与两个物体的电量成正比，与它们之间距离的平方成反比。

科学家们研究了很多不同的磁现象，他们观察到每个磁铁都有北极和南极，磁铁之间会互相施加力的作用。将一块磁铁无论切分多少次，其中每一小块磁铁都有两个磁极——不可能存在孤立的磁极。同类磁极互相排斥，而相反的磁极则互相吸引。指南针是一个针形磁铁，它被设计成指向地球偶极磁场的北极。电场力和磁场力两者能用力场来描述——可以想象用显示力的方向的线来描述，在电荷或者磁性物体附近就有力的作用。

电池提供连续的电源，电流（以安培为单位）是电压（以伏特为单位）和电阻（以欧姆为单位）之比。电路是带电材料构成的封闭回路。

19 世纪科学家们发现，表面上无关的电和磁现象事实上是电磁力的两个表现方面。奥斯特发现通过导线线圈流动的电流能够产生磁场，电磁铁和电动机直接得益于他的工作。当迈克尔·法拉第放置一个线圈靠近磁场时，他发现了相反的效果，于是设计出了第一台发电机，产生出了交流电（AC）。电池发出了直流电（DC）。

詹姆斯·克拉克·麦克斯韦进行了很多独立的关于电和磁的研究，形成了对电磁现象的完整描述。

关键词

电荷	磁力	电磁铁
电	磁极（北和南）	电动机
静电	磁场	发电机
正电荷	电流（以安培为单位）	交流电（AC）
负电荷	电池	直流电（DC）
库仑定律	电路	电磁力
电场	电压（以伏特为单位）	
磁铁	电阻（以欧姆为单位）	

发现实验室

　　准备两个 6V 干电池，两个大号硬币大小的钢钉，一条 3m 长和一条 6m 长的绝缘贝尔电线，电线剥皮器，有色绝缘带，一盒回形针和剪刀。四个鳄鱼夹，用于连接元件和电线以及单刀开关。几乎所有这些元件都可以在你们那里的电器商店中买到。

　　剥去电线两端的绝缘皮，留下 1 英寸（in）裸线。取 3m 贝尔电线，围绕钉子头部缠一回路。用 40cm 电线挂在一端靠近回路。用一只手小心地举着钉子，另一只手举着贝尔电线更长的一端，开始紧密地缠绕贝尔电线——缓慢地移向钉子的尖端，留下大约 1.5in 的钉子并且靠近钉尖绑上回路。把电线的两个裸端连接到干电池的不同极柱上。围绕电线分层缠绕一些绝缘带。接下来，把钉子插入回形针盒并且向下挖到盒底，数到三，清点一下有多少回形针从盒中移除。

　　现在用第二只钉子做同样的事情，但是用 6m 长的贝尔电线做这件事；围绕钉子缠满一层，并且将第二层覆盖上第一层。做的时候，像第一次那样数一下取出了多少回形针。在这两种情况下，做的每一个流程都是相同的，除去第二只钉子有两层电线，用第二层线取出多少只回形针？如果你试试三层线呢？

　　更有趣的是，试着把两个干电池连接起来（"＋"和"－"极柱交替连接），两者与一层电线连接，然后试试两个干电池与两层电线连接。注意吸引回形针的磁力的区别。写出你的观察结果并且做出折线图以直观显示你的数据。（然后用鳄鱼夹夹住电线端头，并且连接开关以打开或闭合电路，使得吸引或排斥回形针的过程多了几分戏剧性。）当前世界中普遍存在的电磁现象的原理是什么？

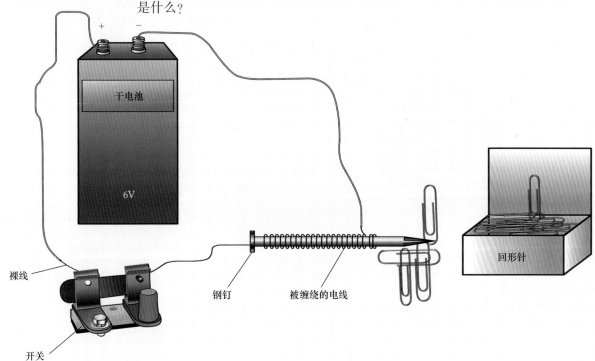

裸线　　开关　　钢钉　　被缠绕的电线　　回形针

第6章
波和电磁辐射

物理学

通过电磁波传送无线电和电视信号。

生物学

通过一系列过程，眼睛将电磁辐射转换成为图像和颜色。

化学

通过X射线可以确定矿石和其他晶体的原子结构。

技术

微波炉通过炉壁反射，使得食物吸收微波能。

重要理念

无论何时一个带电物体被加速，它就会产生电磁辐射——以光速传播的能量波。

环境

大气层中微量的臭氧气体可以避免地球上的生物吸收过多来自太阳的紫外线辐射。

天文学

星星发出的所有电磁辐射，从无线电波到γ射线，都能用轨道望远镜观测到。

健康与安全

皮肤长时间暴露在紫外线照射下会被晒伤并增加患皮肤癌的危险。

地质学

多普勒雷达装置能追踪到风暴的移动，是通过测量电磁波频率来实现的。

● =本章中将讨论的重要理念的应用　　　　● =其他应用

每日生活中的科学：收音机

汽车已经检查好，现在准备出发，你将驾驶 90min 去海滩度过一天。开车时你打开收音机，选中中意的 FM 音乐台，把音量调大到让你感觉到心在激烈地跳动。虽然时不时地你也会调到其他台，听一下交通和天气报告，以避免可能出现的一些路况问题。我们对收音机是如此熟悉，但有时候仍然觉得它有点不可思议。音乐和新闻是怎样无形地通过空气从无线电台传送出来的呢？很多不同的电台怎么能在同一时间互相不干扰地播音？答案与波和电磁力的行为密切相关。

波的性质

　　波就在我们的周围，水波通过海洋表面传播并冲刷陆地；当我们听音乐时，声波通过空气传播；地震是一种强烈的岩石和土壤的波动，所有这些波必须通过物质而传播。

　　所有这些波中，一种最引人注目的波能够以光速在真空中传播。在海滩上阳光让你温暖，实际上为地球上的生命提供必需能量的阳光就是依靠这样的波通过真空传播的。给你带来你所喜欢的音乐的无线电波、你加热晚餐用的微波、你的牙科医生用来检查口腔的 X 射线都是电磁波的不同类型——电磁波是一种带有能量以光速传播的波。在本章中，我们会介绍通常的波，然后把重点放在电磁波上，电磁波在我们日常生活中起着巨大的作用。

　　波是迷人的，同时也是我们所熟悉的并且还有点怪异，不像飞行的炮弹和疾驶的汽车，波有传递能量的能力而无须传递质量。

用波传递能量

　　在我们日常的世界中，能量以两种形式被传递：粒子和波。假设你有一副多米诺骨牌摆在桌子上，并想去敲打它，需要能量从你本人传送到多米诺骨牌这样一个过程。其中一种方法是拿起一枚多米诺骨牌并扔向另外一块。从能量的观点来看，你可以说，你手臂的肌肉把动能传递给多米诺骨牌使之运动，相应地，这些传递过来的能量让多米诺骨牌动起来并最终倒下（见图6-1a）。我们说能量是通过一个固体物质的运动传递的。

另外一种能量传递的过程可以是这样的：你把竖立着的多米诺骨牌排列成一排，推倒第一枚骨牌，然后第一枚骨牌接着能推倒第二枚骨牌，第二枚骨牌接着推倒第三枚骨牌（见图6-1b）。最后，多米诺骨牌一直倒下直到最后一枚骨牌。然而，在一列多米诺骨牌相继倒下的这种情况下，从你本人到最远处的多米诺骨牌之间并没有一个单独的物体在运动。用物理的语言，我们就说，你启动了放倒多米诺骨牌的一列波，并且这列波能推倒最后一枚多米诺骨牌。可见，波是一种运行着的扰动，它带着能量从一处运动到另一处，一般需要物质作为媒介。还记得在第4章中当我们解释热能通过辐射从篝火传到你的手上的例子吗？辐射现在再次进入我们的视野中，光波将能量从一个物体传送给另一个物体，就是通过辐射的方法。

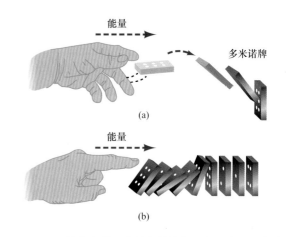

图6-1　用一枚多米诺骨牌敲击其他牌，有两种不同方法：（a）扔出一枚多米诺骨牌或（b）引发多米诺骨牌的连续波动

波的特性

想想我们所熟悉的关于波的例子。在秋天的下午，你站在寂静的池塘岸边，没有微风，面前的池塘是寂静而平稳的。你拾起一个小石子，把它扔进池塘中央，石子一进到水里，一连串波纹就从碰撞点向外扩散移动。在横截面上，波纹有如图6-2

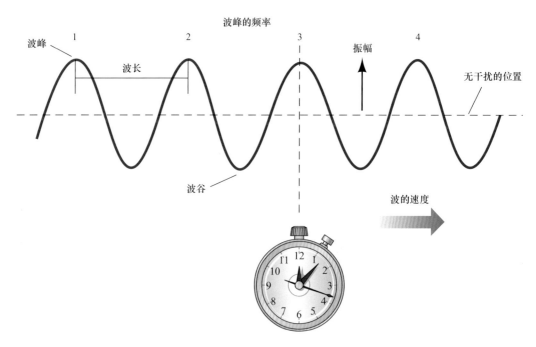

图6-2　图中波的横截面揭示了波长、速度和振幅的性质，连续的波峰被编号为1、2、3、4。一位在时钟所在位置处的观察者记录了1s内通过的往复振动的数量，这就是频率，其单位是周每秒，或者称为赫兹

所示的形状，可以用五个物理量来描述波的性质。

1. 波长是相邻波峰（波的最高点）之间的距离，在池塘中波长可以是几厘米，然而在海洋中，相邻波峰之间可以有几十米或者上百米的距离。

2. 频率是每秒经过指定点的振动的数量。每秒通过一个完整振动的距离，就称为每秒有一个周期的频率或者是一赫兹（Hz）。池塘上的小涟漪可能有几赫兹的频率，而大洋的波浪可能几秒才有一次。

3. 周期是完成一次完整振动所需的时间，是频率的倒数（计算时用 1 除以频率）。也就是，周期以"每个振动的秒数"来计量，而频率以"每秒振动的次数"来计量。

4. 速度是波峰本身的速率和方向，水波通常每秒运行几米，其速率大约与行走和轻轻摇动的速率差不多；而声波在空气中每秒运行约 340m（1100ft）。

5. 振幅是从无干扰的位置上（如无干扰的水平面）到波峰的高度。

波长、频率和速度之间的关系

波长、频率和速度之间存在一种简单的关系。事实上，如果知道这三者之中任意两个物理量，我们就能用一个简单的等式计算出第三个物理量。

为了了解原因，可以想一想水上的波。假设你坐在一条帆船上，观察一连串波峰从你旁边经过，你能数出每秒钟经过的振动的数量（频率），还能测量出波峰之间的距离（波长），从这两个量出发，就能够计算出波的速率。

假设某一种波每两秒到达一次，并且相邻波峰相距 6m，那么该波必须每两秒运行 6m，速度为 3m/s。如果你在观察水面的时候，看到一个特别大的波峰在四个比较小的干扰波之后到达船的所在位置。那么你可以预知大浪距你有 30m 远（5 倍波长）并且它将在 10s 后到达。如果你正在策划帆船赛或者预测潜在的破坏性海洋巨浪经过的路径，那么这种信息会有所帮助。

波长、速度和频率之间的关系能够以方程式的形式表达。

以文字表示：波的速度等于每个振动的长度乘以每秒通过的振动的数量。

以方程式表示：

波的速度(m/s) = 波长(m) × 频率(Hz)

以符号表达：

$$v = \lambda f$$

式中，λ 和 f 分别是表示波长和频率的通用符号，这个简单的等式适用于所有种类的波（见图 6−3）。

图 6−3　经过一条帆船的波揭示了波长、频率和速度之间的关系，如果你知道相邻波峰之间的距离（波长）和每秒通过的振动的数量（频率），你就能计算出波的速度

例 6-1

在海滩

一个比较风平浪静的日子里，在海滩上，海里波浪每秒运行 2m，每 5s 击打一次岸边，这些海浪的波长是多少？

分析：给出波浪的速度（2m/s）和频率（$0.2s^{-1}$，或者 1/5Hz = 0.2Hz），我们能够求出波长：

波的速度（m/s）= 波长（m）× 频率（Hz）

解：我们重新整理方程式以求出波长。

$$波长（m）= \frac{速度（m/s）}{频率（Hz）} = \frac{2m/s}{0.2Hz} = 10m$$

两种波：横波和纵波

想象一下，在池塘的水面上有一块树皮或是一片草叶，当你把一块石头扔进水里激起的水波纹经过树皮或草叶时，这些漂浮物和水在上下移动，但它们不会移到其他地点。而与此同时，波峰在平行于水面的方向上继续向前移动，这意味着，波本身的传播与波传播所依赖的介质的运动方向是不同的。这种介质的运动垂直于波的传播方向的波，被称为横波（见图 6-4a）。

如果你曾经去过拥挤的体育场，在那里球迷做"人浪"，你能够观察到（或者参加）这种现象。

每个人简单地站起来和坐下，但是视觉效果是围绕整个体育场的巨大的横扫动作，以这种方式，横波能移动很长的距离，但是，所有的传输介质的单元都几乎不移动。

并非所有的波都是像水面上那样的横波——在讲横波时，我们简单地举了池塘的例子，因为这个例子我们非常熟悉而且是可以实际看到的。声音是一种通过空气传播的波。当你讲话时，你的声带使得空气分子来回振动。这些空气分子的振动使得其相邻的分子处于运动中，这些相邻分子又使得下一组相邻的空气分子运动，以此类推。一列波从你的嘴里传出，这列波看起来与池塘中的波相类似。但是，声波是不同类型的一种波，因为在空气中声波的波峰并不像是在水面的凸起部分，而是在空气分子更密的区域。用物理的语言来说就是，声波是纵波。作为通过空气传播的声波，空气分子在与波传播的相同方向上来回振动，这种运动与水中波纹的横波有很大的不同，水的运动是垂直于波传播的方向的（见图 6-4b）。注意在纵波和横波中能量的传播方向总是与波的传播方向一致。

ⓘ 停下来想一想！

在体育场里你们会怎样做一个纵波？

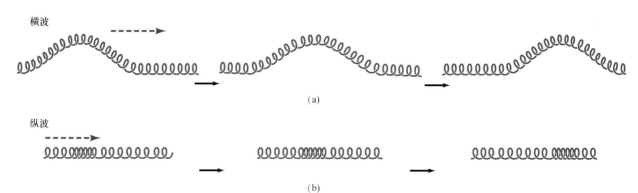

图 6-4　（a）横波和（b）纵波，区别在于相对于介质的运动，波的传播方向是不同的

数学计算　　音乐

　　各种各样的声音，在空气中的速率基本上是一个常数。因此，我们察觉声音的方法是依靠它的其他特性：波长、频率和振幅。例如，我们感知声音是依靠声音的振幅和频率。振幅越大，声音越响亮；与此同时，我们听到更高频率的声波（具有更短波长）有更高的音调，而我们察觉更低频率的声波（具有更长波长）则是更低音调的声音。

　　当你听管弦乐时，你能够体验到这个对比的效果。最高的音调是由小乐器发出来的，比如短笛和小提琴，然而最低的音调是大号和低音提琴发出来的（见图 6–5）。同样，每一个大管风琴数以千计的音管的大小确定它能产生的单个音调。一根音管围成一根空气柱，声波在其中来回运行。每秒声波完成这个流程的波的数量——频率——决定了你能听到的音调（见图 6–6）。

　　我们从所需的频率和已知的声速，就能计算出一根音管的长度。我们听到的 A 音的音调（这是多数管弦乐队能调到的音调），其频率为 440Hz，声音在空气中大约以 340m/s 的速率运行。一根音管两端打开后产生的音调，具有两倍管长的波长，因此一根音管空气柱发出 A 音的音调，它的长度是在方程式中得到的波长的一半：

$$波长(m) = \frac{速度(m/s)}{频率(Hz)}$$

$$= \frac{340m/s}{440Hz}$$

$$\approx 0.773m$$

图 6–5　不同尺寸的乐器在爵士乐队的不同音域中起着不同的作用，左侧的大提琴发出较低的音调，而萨克斯（中右）在较高的音域中起作用

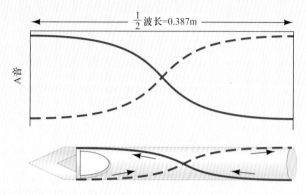

音管长度是波长的一半：

$$音管长度(m) = \frac{波长(m)}{2}$$

$$= \frac{0.773m}{2}$$

$$= 0.387m$$

注意音管的中间音域是由大约 0.4m 的管产生的。

图 6-6　一根音管产生一个单独的音调，管中空气振动产生一个声波，该声波的波长与管的长度有关

⚠ 停下来想一想！

在单簧管的哪一段你能找到发出低音的键？为什么？

例 6-2

人听力的极限

人耳能听到声音的频率为 20~20000Hz，你能听到的最长和最短的波长是多少？你可能会看到的最长和最短的音管是什么样的？

分析：每根音管有固定的长度，并能产生一个波长，我们要计算最低和最高频率所对应的波长。

解：20Hz 时最低可听到的音符，需要按下式求出波长：

$$波长(m) = \frac{速度(m/s)}{频率(Hz)}$$

$$= \frac{340m/s}{20Hz}$$

$$= 17m$$

同样，20000Hz 时最高可听到的音符：

$$波长(m) = \frac{速度(m/s)}{频率(Hz)}$$

$$= \frac{340m/s}{20000Hz}$$

$$= 0.017m$$

产生这些音符的音管需要大约波长一半的长度，或者说大约分别为 8.5m 和 0.009m，最大的管风琴音管的长度范围为 0.05~8m。下一次你有机会在参观教会或者大礼堂的时候，那里有大管风琴，不仅有很多不同的长度，而且也有很多有特色的外形，每个都会发出像是不同乐器所发出的声音。

生命科学

动物对声音的利用

　　人类用声音交流，当然，很多其他动物也这样做。但是一些动物以一些特殊的方法改进了对声音的使用。在 1793 年，意大利生理学家拉扎多·斯帕兰扎尼用蝙蝠做了一些实验，证实它们使用声音定位要捕食的动物（见图 6 -7）。他捉来居住在帕维亚大教堂钟楼里的蝙蝠，弄瞎它们，然后放飞。过了几个星期之后，发现那些蝙蝠的胃里有新鲜的昆虫，这证明了蝙蝠并不是靠眼睛来寻找食物的。类似的实验表明，使蝙蝠变聋后它们既不能飞也不能找到昆虫。

　　今天，我们了解到蝙蝠靠发出高音调的声波，然后用两只耳朵听到这些波从其他物体反射回来的波而飞行。依靠测量声波发出和反射回到每只耳朵的一个脉冲的时间，蝙蝠能确定到周围物体的距离和方向。通常一只蝙蝠能发觉距离 10m 以内的昆虫的存在。

　　在自然选择的一项有趣的应用中，发现有一些种类的蛾子具有能够听到蝙蝠发出声音的特殊感觉器官。这些蛾子使用位于胸部和腹部的耳朵，它们能听到蝙蝠发出的高音调声波，因而能知晓它们被蝙蝠"看见"了。当蛾子听到声音时，它们就会直接逃走。在某些情况下，蛾子还有更多的复杂防卫措施，当蝙蝠接近时，蛾子会发出一系列高音调滴答声以干扰蝙蝠的侦察系统。

　　在声谱中当面对与高频相反的另一端——低频率声音的时候，我们经常不能听到声波而感觉不到声音，但是我们却能感觉到它们在我们身体中的振动。比如当听到管风琴很低的音时，你可能有这样的体验。一些动物（如大象）通常用 20 ~40Hz 范围内的声音在很长的距离上相互交流。发情期母象的鸣叫，人类只能体验到振动，但是能吸引多头大象从好几英里远

图 6 -7　一只蝙蝠靠发出高音调声波并且听它们的回声来导航

的地方赶来。

鲸鱼和海豚用低频声音的回声作为在海洋中导航的工具，像蝙蝠在空气中所做的那样。然而，有些时候，它们发出的声音是在人类可听范围内的，动物声音复杂应用的著名例子是座头鲸的歌声，它

曾出现在一些商业录音中。这些歌声的作用目前还不清楚，然而，在海洋宽阔的范围（如南大西洋）中几乎所有鲸鱼唱同样的歌，除了一些个别的鲸鱼以外。歌声每年变化，在一定范围内的鲸鱼会一起改变它们的歌声。

⚠ 停下来想一想！

今天的科学家比 18 世纪的博物学家更关心动物实验时的伦理问题。在不伤害动物的情况下，你将怎样进行蝙蝠听觉的实验？

干涉

来自不同波源的波能够重叠或互相影响的现象被称为干涉。干涉描述了当来自两个不同波源的波一起到达一个单独的点时会发生什么：每列波与另外的波干涉，波被观测到的高度（振幅）直接是

两列干涉波的振幅之和。考虑一下大家所公认的一般情况，如图 6-8 所示，假设你和一位朋友像图示那样分别在两个点处，每人各把一块石头扔进池塘，从这两个点发出的每列波向前运行并且终于相遇，当两列波走到一起时会发生什么？

设想发生了什么的一个简单的方法是做如下的想象。每列波的每一部分都接受指令——"向下移动 2in"或者"向上移动 1in"。当两列波同时到达一个点时，水面与两个指令相对应，如果一列波向下移动 2in，而另外一列波向上移动 1in，结果是水面共向下移动 1in，这样一来，水面上每一点向上或向下移动不同的距离取决于两列波。

图 6-8　起源于两个不同点的两列波产生了干涉现象，亮区对应着相长干涉，而暗区对应着相消干涉

一种可能的情况如图 6 - 9a 所示，两列波均带着"上去 1in"的指令一起到达一个点。这两列波一起作用抬升水平面到它能到达的最高可能高度，这种效应被称为相长干涉或者增强干涉。另一种情况，如图 6 - 9b 所示，两列波到达一个点，一列波被指定"上去 1in"，而另一列波被指定"下去 1in"。在这种情况下，两列波互相抵消，并且水面全然不会向上或向下移动，这种情形被称为相消干涉。当然，波能在这两种极端情况之间的任意一种情况下发生干涉。

破坏性干涉的最熟悉的例子不是出现在水波上，而是出现在声波上。通过某些设计建造的一座大礼堂，偶尔会发现在某个确定的座位上几乎听不到声音。这种不幸状况出现的原因是，两列波——例如，一个声音直接来自舞台，而另外一个声音从顶棚反射回来——到达这个位置时发生了部分或全部的相消干涉。大礼堂声学设计的主要目的之一，就是要预防这类问题。声学设计是对声学干涉模式进行复杂计算机建模的一个领域。

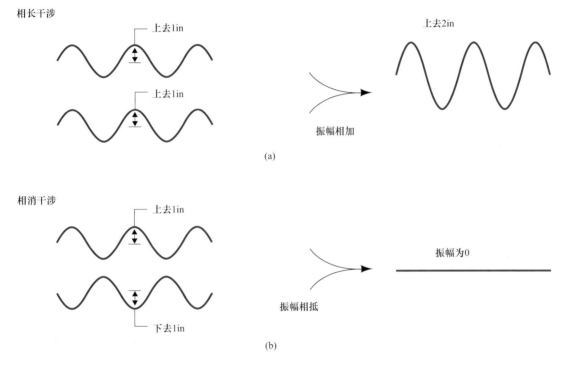

图 6 - 9　互相干涉的两列波的截面图（a）相长干涉，（b）相消干涉

 **电磁波**

还记得最近一次你的牙齿拍 X 光片，或者用微波炉烹制肉，或者听收音机吗？通过这些行为，你拥有了与电磁波接触的亲身经历。

物理学家们用波动方程来表示波的特性，波动方程描述了每种波在介质中的运动，如水波通过液体运动，声波在空气中运动，或者地震波（一种通过岩石传播的声波）引起地震。物理学家知道，当一个描述运动的方程具有波动方程所特有的形式时，那么在自然界就能看到相对应的波。

在麦克斯韦写下描述电和磁的四个方程之后不久（见第 5 章），他通过直接的数学方法导出了一个描述波的方程。麦克斯韦根据他推导出的波动方程所预言的波是相当奇怪的，稍后我们会在更多的细节上对它们进行分析。然而重点是，在这些波中能量不是通过物质传播而是通过电场或磁场传播的。例如，根据方程，无论何时一个电荷被加速，它就会发射波。麦克斯韦称这种现象为电磁波或电磁辐射，电磁波是由互相影响的电场和磁场组成的；一旦波动开始，电磁波就保持它自己的行进方法和速度，甚至在真空中也是如此。

仅依靠已知的作为库仑方程中的通用库仑常数，麦克斯韦方程组精确预言了波能以多快的速度运动。从实验可以得知库仑常数等系数，麦克斯韦把这些系数代入他的方程中，求他所预言的新波的速度，得到了一个令人惊奇的答案，所预言的神秘波的速度原来是300000km/s（186000mile/s）。

如果你刚才是处在兴奋惊奇的状态，那么你能想象麦克斯韦当时会有什么样的感觉。他所计算得到的恰好是光速的数值，这意味着用他的方程计算得到的波实际上是我们称为"光"的波。

这个结果是惊人的。几个世纪以来，科学家们在光的起源和性质上遇到了难题。牛顿和其他人发现了描述力和运动之间关系的自然定律，以及物质和能量的行为——但是光留下一个谜，来自太阳的辐射怎么传播到地球上？什么使得蜡烛产生光？

没有明显的理由说明静电吸附、冰箱磁贴或者一台发电机的工作应当以何种方法与可见光的行为有联系，然而麦克斯韦发现，光和其他种类的辐射都是当电荷被加速时产生的一种波。

 ## 科学史话　　以太

当麦克斯韦首先提出他的电磁辐射理念的时候，并没有打算去研究在真空中传播的波——不需要介质的波。早些时候研究光的科学家，包括像牛顿那样的杰出人物，假定光必须通过一种充满整个空间的被称为"以太"的物质来传播。以太，它们显然适合作为光的介质，于是麦克斯韦假定以太也是他的电磁波传播的介质。在麦克斯韦的描述中，以太是稀薄的透明物质，或许像看不见的胶状果冻，它们充满了整个空间，一个加速的电荷摇动了某一个点上的胶状果冻，之后电磁波以光速向前运动。

以太的理念可以回溯到希腊古代时，很多历史记录提到，学者们符合逻辑地假设空间的真空是由这种想象出来的物质充满的。直到 1887 年，两位美国物理学家，即在位于俄亥俄州克利夫兰凯斯西储大学工作的阿尔伯特·A. 迈克耳孙（1852—1931）和爱德华·W. 莫雷（1838—1923）进行了实验，实验表明以太不能被检测到。这个实验结果的意思是：以太不存在。

实验的原理是很简单的。迈克耳孙和莫雷推论，如果以太确实存在，那么地球围绕太阳的运动和太阳围绕我们的银河系中心的运动会在地球表面产生明显的以太"风"，几乎就像在风平浪静的日子里坐在汽车上感觉到

的风一样。他们用很灵敏的仪器测量地球上以不同方向通过以太运动的光速的微小差别。当实验没有探测到任何差别时，他们断定以太不存在。

在 1907 年，阿尔伯特·A. 迈克耳孙（见图 6-10）成为获得诺贝尔奖的第一位美国科学家，以表彰他在光学研究方面的开拓性实验。

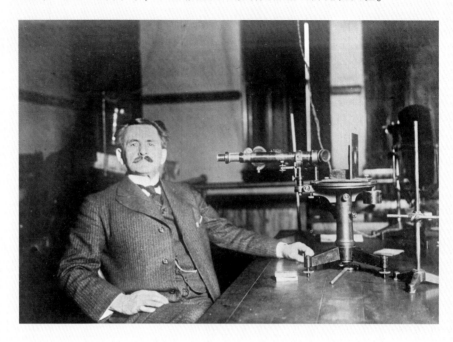

图 6-10　美国物理学家阿尔伯特·A. 迈克耳孙用精密的光学测量实验，证明了光波能够在无介质的条件下传播

对电磁波的剖析

在缺少任何传播介质的条件下，电磁波怎么运动？如图 6-11 所示，典型的电磁波由互相垂直的电场和磁场组成，并且这两个场的方向与波传播的方向垂直。为了了解波是怎样形成的，回想一下描述变化的磁（电）场怎样产生电（磁）场的麦克斯韦方程。在图 6-11 点 A 处，与波有关的电场和磁场处于最大强度，但是这些场在缓慢变化，二者强度都在减小。而在 B 点，场处于最小强度，但是它们变化迅速并且逐渐增加。所以在 A 点处，磁场和电场开始消失，而在 B 点处，则发生了相反的情况。因此电磁波通过空间时以蛙跳般前进，在它前进时，它的能量在电场和磁场之间来回跳转。

我们讨论过的所有其他种类的波（如那些在水上或在空气中的波）因为波通过介质传播而容易想象。但是，电磁波是不同的，因此显得有点神秘

（的确，很多科学家发现它们的行为很难理解）。然而一旦你了解电磁波就像打乒乓球似的在电场和磁场之间传来传去，互相转换，你就能知道它是怎样通过真空传播的。关键是电磁波的运动不同于其他在介质中运动的波，在某种意义上，电磁波是这种理念的扩展，它是一种不依靠介质传播的波，但是通过自己的内部机制，能够直接维持自身的运动方式和速度。电磁波能够传递能量——我们称之为热辐射（见第 4 章）。当电荷被加速时，就产生了电磁波，但是一旦传播后，它们就不再依赖它们的发射源。

光

麦克斯韦了解了电磁和光之间的联系后，很快就根据其方程组得出了几个重要结论。其一，因为电磁波速度完全依赖于电荷和磁铁之间互相作用的

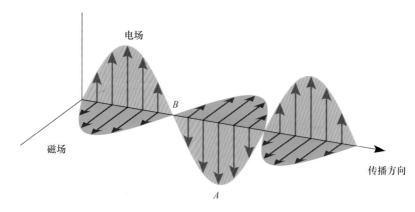

电场

磁场

B

A

传播方向

图 6-11　一幅电磁波图表明电场、磁场和波传播方向之间的关系。 A 和 B 代表场强最大和最小的点。 变化的磁场产生电场，反之亦然。 在变化中，波不断更新，继续保持下去

性质，不依赖于波本身的性质，这样一来，每个电磁波，不管它的波长或频率是多少，都必须以精确的相同的速度运动（见图 6-12）。这个速度——光速——在科学中非常重要，我们用一个专用字母 c 来表示它。电磁波在真空中的速度是自然界中基本常数之一（光通过固体、液体或气体运动时速度有所降低）。

对于在真空中传播的电磁波，速度、波长和频率之间的关系，实际上满足下列简单形式：

$$波长 \times 频率 = c = 300000 km/s（186000 mile/s）$$

换句话说，如果你知道一个电磁波的波长，你就能计算出它的频率，反之亦然。

图 6-12　光速是一个基本常数

电磁波的能量

思索一下怎样用简单的梳子就可以产生出电磁波来。任何时候一个带电物体被加速，就能产生电磁波。于是当梳子偶然得到静电时，比如你在干燥的冬日梳头发时，你每次来回移动梳子，从梳子就传出了一个以300000km/s的速率运行的电磁波。

如果你慢慢地上下挥动带电梳子，每秒一次，你就制造了电磁辐射，但是你没有把更多能量置于其中，你制造了一个低频率、低能量、波长大约为 300000km 的波。（记住，波在 1s 内向前移动 300000km，这是在相邻两个波峰之间的间隔。）

如果你能充满活力地快速振动梳子——比方说是每秒300000次——你就能制造出一个能量更高、具有 1km 波长的高频波。通过把更多能量用来加速电荷，电磁波中就会有更多的能量。

可见光是人类了解的电磁波的第一个例子，证明了这种推理。发热的灰烬呈暗红色，相应地处于能量较低的区域。比较热的、更多能量的火的颜色就不同，从蜡烛火焰的黄色到喷灯的蓝白色火焰，这些颜色恰恰是光的频率不同（因此能量也不同）的表现，较高频率的光对应紫色，较低频率的光对应红色。

红光的波长范围在 $600 \sim 700 nm$（$1 nm$ 是$10^{-9} m$）。这个波长相当于大约 600 个原子直径，红光是人眼能看到的最长的波长，也是能量最小的可见电磁

波。紫光有更短的波长范围，对应于 400～440nm（大约为 4000 个原子直径），并且是能量最大的可见电磁波。其他颜色具有的波长和能量处于红光和紫光的波长和能量之间。

例 6-3

频率的计算

黄色光的平均波长约为 580nm，或 5.8×10^{-7}m，黄色光的平均频率是多少？

分析：我们已知对所有的电磁波，有

$$波长 \times 频率 = 300000km/s$$
$$= 3 \times 10^{8}m/s$$

要确定频率，需要重新书写上述等式：

$$频率 = \frac{3 \times 10^{8}m/s}{波长}$$

解：对黄色光而言，波长为 5.8×10^{-7}m，因此

$$频率 = \frac{3 \times 10^{8}m/s}{5.8 \times 10^{-7}m}$$
$$= 0.52 \times 10^{15}Hz$$
$$= 5.2 \times 10^{14}Hz$$

（记住，1 赫兹为每秒一个周期。）为了借助带电梳子的振动产生黄色光，你必须每秒将梳子摆动 520 万亿（520000000000000）次。

多普勒效应

波产生以后，它的运动与波源无关。电磁波是由什么带电物体的加速运动而产生的并不要紧。电磁波一旦产生，所有电磁波都严格地表现为同样的方式。这种陈述有一个重要的结果，它是在 1842 年由奥地利物理学家克里斯蒂安·约翰·多普勒（1803—1853）发现的，为了向他表示敬意，这种结果被称为多普勒效应。多普勒效应表明，如果在波源和观察者之间有相对运动，波的频率就会发生变化。

声波是我们所熟悉的例子。如图 6-13a 所示，看起来声源与观察者之间是相对固定的——如你正在听无线电收音机，在这种情况下，每种声音都是"正常的"。如果声源——如一辆警报器轰鸣的疾驶而过的救护车——相对观察者是运动的，则会出现不同的情况（见图 6-13b）。声波波峰周期性地从救护车发出并且以球面波的形式在大气中传播，球面波的原点就是发出这个波峰的波源所在地。接着，救护车一边运动，一边发出另外的声波，发出的第二个声波的球面波的中心将是一个新的位置。随着声源不断运动，它发出的声波的球面波的中心会越来越靠近图中的右端，其形成的特征模式如图 6-13 所示。

救护车向前行驶时，对于一个站在救护车前面的观察者而言，这些声波挤在一起，其听到的警报器的音调要高于救护车静止时的音调。另外一方面，如果观察者站在救护车后面，与声源之间的距离在增大，听到的警报器声音的频率和音调会更低。

你可能体验过多普勒效应。想象站在公路上，此时汽车高速驶过，发动机的声音在汽车接近你时以很高的音调出现，然后在汽车驶过时音调逐渐降低，在汽车以很高的速度行驶时这种效应实际上是很引人注意的。

研究多普勒效应时，这种音调变化是出现的第一个例子。当时，科学家们雇用了一队号手坐在敞开的铁道车辆上吹奏单一的长而响亮的长音，此时列车以精确控制的速度前进。在列车接近或离开时，地面上的音乐家们判断确定他们听到的音调，然后他们拿那些音调和号手们演奏的实际的音调相比较。

对于任何的波，包括光波，波峰的集拢和伸展都可能发生。如果你正站在向你移动过来的光源的路径上，你看到的光频率会更高并且会比平常看到的更蓝（记住，蓝光比红光有更高的频率），于是我们就说光发生了蓝移（见图 6-13c）。

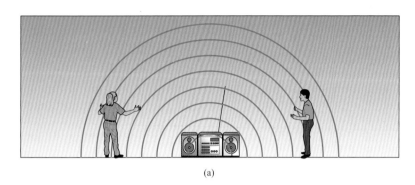

(a)

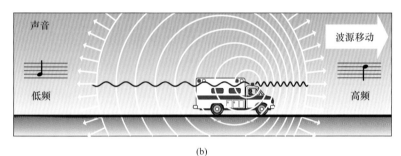

声音

低频 　　　　　　　　　　　波源移动

高频

(b)

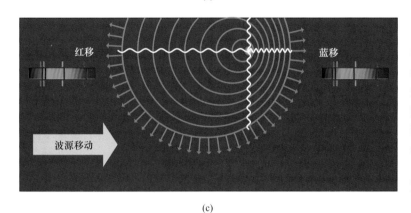

红移 　　　　　　　　　　　蓝移

波源移动

(c)

图 6-13　当一列波的波源相对于波的观察者运动时，就会产生多普勒效应。（a）当声波从固定声源向所有方向传播出来的时候，静止的观察者会听到同样的音调；（b）从移动声源中发出的声波的频率会增加或者减少，取决于声音是接近或是离开观察者；（c）光波的多普勒频移，在接近光源时引起蓝移，远离光源时引起红移

另一方面，如果你正站在移动光源的后面，波峰之间的距离会伸展，你看到的光有更低的频率，我们说它发生了红移。

多普勒效应跟实际生活有紧密的联系，具有实际用途。警用雷达装置发出的电磁波脉冲，被你汽车上的金属吸收，然后再返回。返回的波会产生多普勒频移，依靠比较发出去的波和返回来的波的频率，就能判断你是否超速了。类似的技术也被蝙蝠所使用，它们依靠多普勒频移侦察它们的食物（昆虫）的运动。此外，气象学家们使用多普勒雷达在潜在的有危险的暴风雨逼近时测量风的速率和方向。

透射、吸收和散射

我们能够了解电磁辐射的唯一方法是观察它与物质的相互作用。例如，我们的眼睛与可见光相互作用并且送出神经脉冲到我们的大脑——说明我们看见了什么样的脉冲。当一个电磁波碰上物质时，会发生下列三个过程之一：

1. 透射。波经常正面通过物质，就像光通过你的窗户，这个过程被称为透射。透明材料不影响波，只是波在其中传输的速度稍微慢一点。在透明材料使光速慢下来时，光会轻微地改变方向，比如在通过棱镜或者一玻璃杯水时——这个过程被称为折射。当构成白光带的不同颜色伸展成光谱并且美丽地呈现时，彩虹就形成了。你看到的空气中的彩虹是由光和水滴相互作用而形成的（见图 6-14）。

2. 吸收。其他物质，像夏天的沥青公路，可以吸走波和它的能量——这是吸收过程，被吸收的电磁辐射的能量可以转化成一些其他形式的能量，通常是热能。例如，黑的和暗淡的颜色吸收可见光。你可能注意到黑色公路在阳光充足的晴天是非常热的（见图 6-15）。

3. 散射。电磁波可以被吸收，也可以在散射过程中迅速地再发射（见图 6-16），两个过程必居其一。很多白色材料，比如墙壁或一张白纸，在所有方向上可以散射全部波长的可见光，白色物体比如云和雷，散射了来自太阳发射到空间的光，在控制地球气候中起到主要作用。另一方面，镜子在同样角度上散射了作为初始波的可见光，这个过程被称为反射（见图 6-17）。彩色物体，与上述相反，仅仅散射确定范围波长的光。例如，一件红毛线衫，会有代表性地散射原来处于红色波长的光，吸收处于绿色波长的光。

所有的电磁波都可以采用一些方法来探测。对于它们当中的每一种，研究者们必须找到适当地用来透射、吸收和散射波的材料。对于每个波长必须有产生波的仪器和其他设备探测它的存在。虽然人眼仅能探测波长范围很窄的电磁波，但是科学家们能设计出用来产生和测量我们看不见的超常规的电磁辐射的传输装置和探测装置。

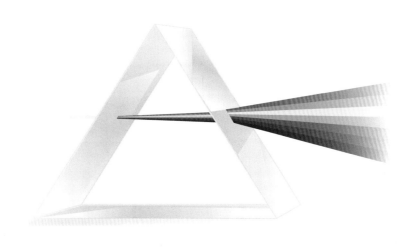

图 6-14　一支铅笔在一玻璃杯水中好像弯曲了，说明了折射现象

图 6-15　高速公路上的沥青吸收阳光，在温暖的日子里很热

图 6-16　由于太阳光的散射，云呈现白色

图 6-17　镜子通过反射过程散射光

电磁波谱

随着麦克斯韦最初发现光是一种电磁波，一个深奥的难题出现了，那就是为什么波几乎能有任意的波长。例如，海洋中的水波，其范围能从细小的波纹大到跨越全球的潮汐。然而可见光只有一个非常窄的波长范围，仅仅 380 ~ 780nm。根据麦克斯韦得出的方程组，电磁波能以任意波长（因此任意频率）存在，只要满足波长乘以频率必须等于光速。然而当麦克斯韦考察宇宙时，他发现可见光仅仅是电磁波中能够被我们肉眼看见的波。就好像是一场正在演奏的壮丽的交响乐，从深沉的低音大号伸展到尖锐刺耳的短笛，但是你能听到的只是单簧管中的音符的组合。

在这样的情况中，会很自然地想知道其余的波发生了什么事。科学家们看看麦克斯韦方程组，看看自然界，意识到肯定漏掉了一些东西。方程组预告除了光之外，应该还有很多不同种类的电磁波，在电和磁之间跳华尔兹舞的波，具有不同于可见光的波长和频率。这些还没有看见的波会具有如图 6 – 11 所示的同样的结构，但是它们可能会有比可见光更长或更短的波长，其波长取决于产生电磁波的电荷运动的加速度。这些波会以光速运动，与可见光相比，除了波长和频率不同以外，其余都相同。

在 1885—1889 年，德国物理学家海因里希·鲁道夫·赫兹（1857—1894，频率单位就是以他的名字命名的）发现了我们现在了解的像无线电波那样的波。从那时起，电磁波所有的种类都被发现了，包括从那些波长比地球直径更长的到那些波长比原子核尺寸还短的，它们包含了无线电波、微波、红外线、可见光、紫外线、X 射线和 γ 射线，这个完整的"交响乐谱"被称为电磁波谱（见图 6 – 18）。记住，这些波中的每一个，无论什么波长或频率，都是电荷加速运动的结果。

无线电波

电磁波谱中的无线电波，波长从比地球尺寸更长的长波到几米长的短波，其对应的频率从一千赫兹（kHz）到几百兆赫兹（MHz），这些都是在你收音机标度盘上熟悉的数字。无线电波还可以按照几种方法再细分。按照它的用途分成军用、商用或者应急响应网，但是有关无线电波最重要的事实是，它们能够在大气中穿越很长距离，这个特点使得无线电波在通信系统中很有用。

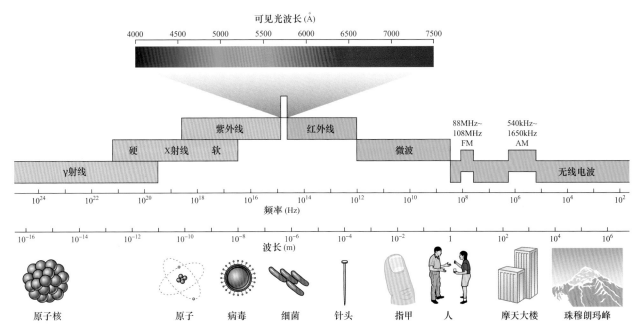

图 6-18 电磁波谱包括了所有以光速在真空中运行的波的种类，包含无线电波、微波、红外线、可见光、紫外线、X 射线和 γ 射线。注意声波、水波、地震波和其他种类的波传播时需要介质，它们以低于光速的速度传播

你曾经在夜间驾驶时收听到来自上千英里以外的电台的信号吗？如果是，你就有了关于无线电波能通过大气长距离传输的第一手体验了。在天文学中，科学家们谈到大气中的"无线电波窗口"，它允许地基望远镜观测天体发来的无线电波。

产生通信用的无线电波的一个典型例子是，在一个高高的金属天线中来回快速推动电子来产生无线电波。电子的加速能产生向外发射的无线电波，就好像把小石子扔进池塘产生向外发送的波纹一样。当这些波遇到其他金属（如你汽车上或者电视机上的天线）时，波中的电场加速金属中的电子，使其中的电子来回运动。这种电子的运动形成电流，在你的接收器中的电子设备将其转化成声音或者图像。

多数建筑材料对于无线电波来说至少是部分透明的。于是，在多数建筑物的地下室你都能听到无线电广播。然而，在长隧道或深山的山谷里，很厚的岩石和土壤对无线电波的吸收会限制无线电信号的接收。

在美国，美国联邦通信委员会（FCC）对于不同用途分配了电磁波谱中的频率。每个商业无线电台被指定一个频率（与它的呼叫信号结合起来），像每个电视台被分配一个频率一样。所有种类的通信——船对岸无线电、民用波段（CB）无线电、应急警用和火灾频道等——都需要电磁波谱中的一部分频段。事实上，频段或波段的数量有限，很多人又想尽可能多地占用频段，所以使用电磁波谱中的一部分进行通信的权利，是值得高度珍视的。

 **技术**　　　　**AM 和 FM 无线电波传输**

无线电波以两种方法携带信号：AM 和 FM。广播电台能在仅有的一个窄的频率范围内传送出它们的节目——这和音乐或讲话的情况很不同，音

乐和说话的频率范围很宽。这样一来，无线电台不能简单地把声波频率范围转变成相似的无线电波频率范围。取而代之的是，需要传送的信息必须以一些方法在你的电台无线电波的窄频率范围传送。

如果你曾经在夜间用闪光灯向湖对岸传送消息，上述问题与你的这个经历相似。你可以采用两个策略。一种方法是借助开关闪光灯，通过改变灯的光亮程度（振幅）来传送密码化的消息。另一种方法是，交替地在光束前方放置蓝或红色的滤光片，通过改变光的颜色（频率）而传递信息。

无线电台也采用这两种策略（见图 6 –19）。所有电台开始使用固定频率的载波，AM 无线电台的广播使用的典型频率为 530kHz ~ 1600kHz，而 FM 无线电台的载波频率从 76MHz ~ 110MHz。

被称为振幅调制或 AM 的过程，是根据所传送的声音信号而改变无线电载波的强度（或振幅）（见图 6 –19a）。因此，声波信号被施加到无线电载波信号上。当这种信号被你的收音机接收后，电子设备将初始的声音信号加以恢复，并通过扩音器放大。当你打开收音机时，就能听到初始的声音信号了。因为 AM 频率容易在大气层中传输，所以在很远的距离外人们都能听到声音信号。

另外一种方法是，根据你要传送的信号轻微地改变无线电波频率，这个过程被称为频率调制，如图 6 –19b 所示。一台接收这种特殊信号的收音机会使特定的频率变得清晰起来，并把它转换成电信号，再通过扩音器放大，使你能够听到初始信号。电视广播所使用的载波频率大约比 FM 无线电高上千倍。一般情况下用 AM 信号送出图像，而声音信号则以稍微不同的频率用 FM 信号送出。

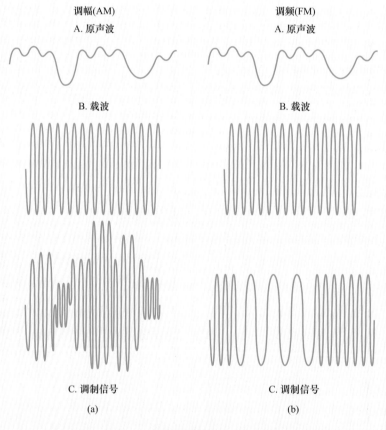

图 6 –19 （a）AM（振幅调制）和（b）FM（频率调制）传送在方法上的区别在于：原声波叠加在恒定的振幅和频率的载波上。 载波能变化或者说被调制，通过改变它的振幅或者频率来携带信息

微波

　　微波包括的电磁波的波长范围从 1mm 到 1m。波长较长的微波，就像电磁波谱中的无线电波一样，容易通过大气传播，不过大多数波段的微波容易被岩石和建筑材料吸收。因此，微波被广泛地应用于视距通信。多数卫星对地球广播信号采用的是微波频道，并且这些波通常也载有长途电话和电视广播信号。你经常看到的在住宅和企业上方的卫星天线就是专门为接收微波传送而架设的，在很多小山或高层建筑上发现的附加在微波转播塔上的大型锥形接收器也是如此。

　　微波有传送和吸收的特性，这使它们能够完美地被应用在飞机雷达上。固体物体，尤其金属制成的物体，对于射入的微波，会反射其中大部分。根据发出去的定时的微波脉冲并监听它的反射波，就能断定飞行物的方向和距离（若波传出和返回的时间确定了）和速度（从多普勒效应确定）。现代军用雷达是很灵敏的，它能侦察到 1mile 范围内的单个飞行物。为了防御这种灵敏性，飞机设计者们开发了具有"隐身"技术的飞机——使用吸收微波的材料，减少飞机表面横截面的尖角外形和防侦察的电子干扰的组合（见图 6-20）。

图 6-20　隐身歼击机能吸收微波辐射，以避免被雷达侦察到

技术

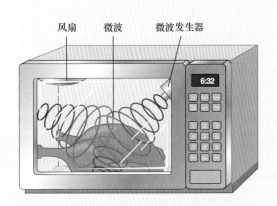

图 6-21　微波炉包含有加速电子而产生微波的装置，炉壁散射微波直到它被吸收为止，食物通常依靠水分子吸收微波，将被吸收的能量转化成热

微波炉

　　可用于电话、电视广播和雷达的波同样也能在普通的微波炉中烹饪你的午餐。在这种炉子中（见图 6-21），特殊的电子装置迅速加速电子并产生带有能量的微波辐射，这些微波被引导进入炉子的主腔，主腔壁由散射微波的材料组成，于是微波的能量持续在主腔存在直到被一些东西吸收为止。

　　微波能够很快地被水分子所吸收，这就意味着微波的能量被带给炉子里面的食物，在炉子内，食物中的水吸收能量并转换成热。微波能量的吸收导致温度很快升高，并且迅速地将食物烹熟。纸和玻璃中不含有水分子，所以不能被微波加热。不谈运用目的方面的区别，从电磁波谱的观点出发，用于烹饪的微波和用于通信的微波没有根本的区别。

　　应当注意，我们自身并没有被总是围绕着我们的微波信号煮熟，是因为我们身边的那些微波所携带的能量远远小于微波炉中微波的能量。

红外辐射

红外辐射，在电磁辐射中的波长从 $1\mu m$（$10^{-6}m$）到 1mm。我们的皮肤，能够吸收红外辐射，实际上是一个天然的检测器，当你把手伸到炽热的火上方或者一个烹饪电炉的元件上的时候，你就能感觉到红外辐射。红外辐射是作为热辐射被我们感觉到的（见第 4 章）。

所有热的物体都发出红外辐射，这个事实已经被广泛应用于民用和军用技术。红外探测器用于空空导弹导航，引导它击中敌方飞机。红外探测器还能为大型动物制作影像（见图 6 - 22）。与此相似，很多昆虫（如蚊子和蛾子）和其他在夜里活动的动物（包括鼹鼠和一些蛇）对红外辐射敏感，因而它们在黑暗中也能"看见"东西。

红外探测也可用于找出家里和建筑物里哪儿有热量泄漏。如果你在寒冷的夜间，用对红外辐射敏感的胶卷给一间房子照相，在有热量泄漏的位置上，胶卷上就会显示出亮点。这个信息能用来防止热的流失，以保存能量。以类似的方法，地球科学家经常用红外辐射监控火山。如果出现了"新热点"，就可以作为火山马上就要喷发的信号。

图6 -22　用红外胶卷摄影，可以"看到"从一头大象散发出的热。这种"不真实颜色"的影像代表着不同的温度，白色最热，接着是红色、粉红色、蓝色和黑色

⊘ 停下来想一想！

我们经常说从太阳那里获得热。在太阳和地球之间，实际上传输了些什么？

可见光

当我们观察彩虹时所看的各种颜色都包含在可见光里，可见光的波长范围是 380 ~ 780nm（见图 6 - 23）。从更大宇宙的观点出发，在我们居住的世界中，可见光仅占总的电磁波谱图中一个很小的部分（见图 6 - 18）。

眼睛能够辨别几种不同的颜色，但是除了是可见的以外，电磁波谱的这部分没有什么其他的特别意义。事实上，我们看到的明显的颜色——红色、橙色、黄色、绿色、青色、蓝色和紫色——代表了电磁波谱中波长范围不同的区域，波谱中的红色和绿色部分相当宽，跨越了多于 50nm 的带宽，因此我们察觉到红色和蓝色有很多不同的波长；与此同时，波谱中黄色部分相当窄，包含的波长仅仅为 570 ~ 590nm。

为什么我们的眼睛对于波谱的范围如此敏感呢？太阳光在这部分波谱（可见光）中是特别强的，于是一些生物学家假定，在进化过程中我们的眼睛对这些波长特别敏感，以便更好地利用太阳光。我们的眼睛能够完美地适应白昼中太阳产生的光。我们的眼睛也能看见多种化学反应产生的可见光（见第 10 章），最值得注意的是燃烧（见图 6 - 24）。相反，在夜间行动和搜索食物的动物，比如猫头鹰和猫，它们的眼睛对冷背景下的恒温生物所发出来的红外辐射很敏感。

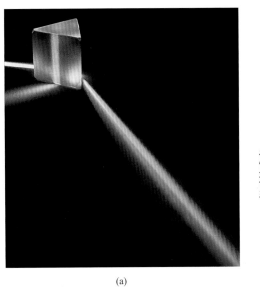

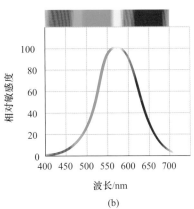

相对敏感度

波长/nm

(a)　　　　　　　　　　(b)

图 6-23 　（a）因为不同波长光折射角度不同，可以通过玻璃棱镜把光分成可见的光谱；（b）人们察觉到可见光谱就像不同颜色的排序一样，人眼对不同波长的相对敏感度也不同，我们人眼知觉的最敏感点靠近黄色光波长

(a)　　　　　　　(b)　　　　　　　(c)

图 6-24 　（a）燃烧是一种化学反应，产生光和热；（b）产生光的一种方法是转化被储存的化学能，正如这种闪光装置所做的那样；（c）萤火虫发出的光也是由化学反应产生的

 生命科学

眼睛

　　我们最熟悉的光探测器是我们自己的眼睛。眼睛是复杂的光收集器官，它能向大脑传送神经信号。人的大脑通过物理和化学过程的组合将这些信号转化成为图像（见图 6-25）。

　　光波通过明亮的晶状体进入眼睛，晶状体的厚度能借助围绕它的肌肉来改变。依靠晶状体中的折射来改变波的方向，以使它们聚焦在位于眼底的视网膜中的接收细胞上。在眼睛里光波被两种不同的细胞所吸收，这两种细胞是视杆细胞和视锥细胞（名称来自它们的形状，而不是它们的作用）。视杆细胞对光敏感，包括低亮度的光，它们给了我们夜视能力；三种视锥细胞对红色、蓝色和绿色光敏感，能够允许我们看到颜色。

射入眼睛里的光能，触发了视杆细胞和视锥细胞中分子的复杂变化，经过一系列反应最终使神经信号沿着视觉神经传到大脑（见第 5 章）。

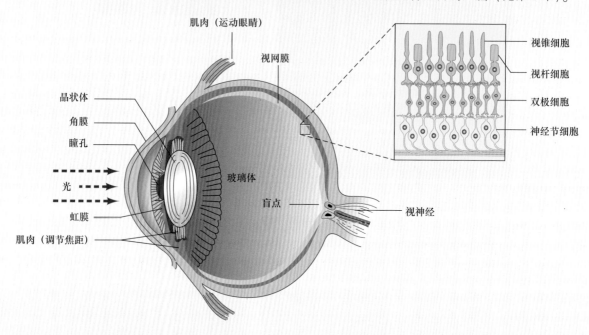

图 6-25　人的眼睛截面图，图中显示了光的路径，光进入角膜并且通过彩色虹膜。瞳孔改变光通过的孔隙尺寸，从而控制进入眼睛的光量。肌肉使眼睛运动并改变晶状体形状，晶状体把光聚焦到视网膜上，在此处，光能转化成神经脉冲，这些信号沿着视觉神经传递到大脑

紫外辐射

波长比可见光更短的是紫外辐射，其具有高频率因而具有高能量，且有潜在的危险。人们通常讨论的紫外辐射波长范围从 100nm 至 400nm，波长较长的紫外辐射含有的能量能引起皮肤色素中的化学变化，这种现象就是众所周知的晒红。紫外线能量较低的部分本身不是特别有害的。

另一方面，较短波长的紫外辐射携带更多的能量——如果被你的皮肤细胞吸收，能引起晒伤或其他的细胞损伤。如果紫外线的能量改变了你细胞的DNA，它可以增加你患皮肤癌的危险。事实上，紫外辐射损害生物细胞的这种能力，可以用在医疗消毒设备上，以杀灭有害的细菌。

太阳在较长波长和较短波长都产生强烈的紫外辐射。幸运的是，我们的大气吸收了大部分有害的短波长的紫外辐射，因而保护了生物。尽管如此，如果你在室外明亮阳光下待的时间过长，还是应当使用防晒化学品来保护裸露在外的皮肤，这种化学品相对于可见光是透明的（无色），但是在紫外线到达你的皮肤之前，有害的紫外线就能被反射或吸收了（见图 6-26）。

在长波和短波紫外线中含有的能量，可以被特殊材料中的原子吸收。这些原子可以接着将吸收能量的一部分用来发射可见光。（记住，可见光和紫外光两者都是电磁辐射，但是可见光有较长的波长，因而能量比紫外辐射小。）这种现象被称为荧光，荧光可以给舞台的公众演出提供背景光效果。我们将在第 8 章中解释有关荧光起源的更多知识。

图 6 - 26　当你较长时间待在室外明亮的阳光下时，应当用防晒霜来保护你的皮肤，防晒霜对可见光是透明的，但是能反射或吸收有害的紫外线

X 射线

　　X 射线是电磁波，其波长范围为 0.01 ~ 10nm，甚至有些比单个原子的半径更小，这些高频（高能量）波能够穿透数厘米进入大多数固体物质，并且能够不同程度地被所有种类材料吸收。这个事实能够让 X 射线广泛用于医学中，以形成身体内部骨骼和器官的真实图像。骨骼和牙齿吸收 X 射线的能力比皮肤和肌肉更强，于是就呈现了人体内部结构的细致的图像（见图 6 - 27）。X 射线也被广泛用于工业中，比如用于检查焊接和制造零件。

　　在口腔科诊所那里的 X 光机有些像带有玻璃真空管的巨型灯泡。在管的一端是一条用电流加热到很高温度的钨丝，像白炽灯泡中的一样，在另一端是磨光的金属盘。X 射线是借助非常高的电压而产生的，高电压加到钨丝的负极和金属盘的正极之间，于是电子蒸气离开钨丝并以很高的速度撞进金属盘。带负电荷的电子突然减速释放高能电磁辐射流——这就是从机器向你高速运行的 X 射线。

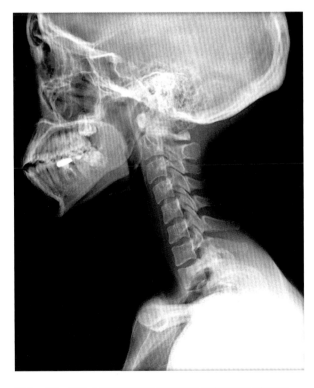

图 6 - 27　因为骨骼和不同的组织吸收 X 射线的程度不同，内部结构就能够显现出来了

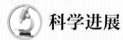

科学进展 　　强 X 射线源

　　X 射线在科学和工业的很多方面具有非常重要的应用。X 射线晶体学家用 X 射线来确定晶体中原子的间距和位置，医生们用 X 射线显示骨折和其他内部的伤处，很多工业用 X 射线扫描可以检查所制造产品中的缺陷。此外，还有很多潜在的应用，如用于很小的晶体结构研究或是非常大的制造产品的扫描，但目前还难以实现，其原因在于现在的常规 X 射线源的强度相对较低。

　　科学家现在正在努力发现新的、更强有力的 X 射线源。在芝加哥附近建造的先进光子源（APS），能够发出比常规射线源强百万倍的 X 射线束，这是依靠在现有路径上的加速电子束实现的（记住，当带电粒子被加速时，就发出了电磁辐射）。世界范围的科学家们集聚到 APS 来研究物质的特性。最终，更强有力的 X 射线束将通过 X 射线激光器来产生。

γ 射线

　　在电磁波中具有最高能量的部分被称为 γ 射线。γ 射线的波长小于一个原子的尺寸（10^{-10} m）。在地球上，γ 射线通常仅在很高能量的原子核和粒子相互作用时产生，但是在遥远的星球上，它们能够大量地产生。

　　γ 射线在医学上有很多应用。例如，有些医学诊断就是给患者服用一些能够产生 γ 射线的放射性药品。如果这种药品集中到骨骼正在愈合的位置，

那么医生就能够监控愈合进程，此时依靠的就是 γ 射线。用于核医学中的 γ 射线探测器既大（能捕捉能量波）又昂贵。医生也用 γ 射线治疗癌症。在这种治疗中，高能 γ 射线指向无法通过手术切除的肿瘤或者病灶。如果 γ 射线的能量被这些组织吸收，这些组织就会死掉，患者就有更好的生存机会了。

　　天文学家也对 γ 射线进行了广泛的研究，因为在宇宙中有很多有趣的过程，包括很高能量的爆炸，这些爆炸产生了 γ 射线。

延伸思考：电磁辐射

极低频辐射是危险的吗？

　　麦克斯韦方程组告诉我们，任何被加速的电荷都会产生电磁辐射，这些波并不都具有数百万或是数十亿赫兹的频率。在家用电器中，电子在导线中来回运动，产生交流电，发出电磁辐射。每个在其中有电流流过的物体，从电线到烤面包机，都是这种微弱的极低频（ELF）辐射源。

一个多世纪以前，居住在工业国家的人们生活环境中充满了较弱的极低频辐射，但是直到 20 世纪 80 年代末期，这种辐射是否对人类健康有影响的问题才被提了出来。然后，一系列书籍和文章制造了一些轰动。这些书籍和文章认为人类暴露在超低频辐射环境中可能会引起某些癌症，其中最值得注意的是儿童的白血病。

科学家们趋向于对这些主张不要太在意，因为由人们所感受到的周围电线引起的电场，是那些自然原因（诸如在神经和脑细胞中的电力活性）引起的电场的千分之一。他们还指出，美国在过去 50 年中，虽然暴露在极低频辐射的情况有显著增加，但是各年龄段的患癌率（除肺癌外，它主要由吸烟引起）保持稳定甚至有所下降。科学家们也对一些调查统计的真实性表示了怀疑。更多的调查结果和详细分析并没有说明极低频辐射和疾病之间的联系。在 1995 年，富有声誉的美国物理学会综述了在这个主题方向上的科学文献，并且断定没有可靠的证据证明极低频辐射能引起任何形式的癌症，接着，用于这个领域的研究基金大多数被停止了。

这种在科学和大众健康之间的关系是一种非常典型的情况。初步数据表明有可能会有健康风险，但是却没有能证明这个风险是现实存在的。解决这个问题需要依靠更进一步的详细研究，需要研究者们仔细校正数据并且反复权衡证据。与此同时，人们必须决定我们应该做什么。此外，像在极低频辐射情况中一样，排除风险的费用通常是很高的。

例如，你是掌握一些普通食物（如面包或者一种水果）可能有害的初始证据的科学家，什么责任使你必须将你的结果公之于众？如果你强调你的结果不可靠，因而没有一个人听信，那么你怎么去吸引人们的注意？

回到综合问题

什么是颜色？

- 古代哲学家们和科学家们考虑过颜色的本质。然而，直到 17 世纪艾萨克·牛顿爵士和其他人才证明颜色是人对光的感觉。牛顿的工作被很多其他科学家加以发展。

- 现代科学家通常解释说颜色是人类在电磁能量与视觉系统相互作用时对电磁波的一种感觉和视觉。任何物体的颜色并不是那个物体的性质，而是很多因素综合起来产生的，诸如环境的亮度、物体的反射性和视觉系统（也就是眼睛和大脑）接受刺激的敏锐度。换句话说，我们察觉到颜色，是眼睛对环境光与物体表面反射性质相互作用而起的一种反应。

- 电磁波谱中，人类可觉察出的波长范围为 380 ~ 780nm。由于眼睛视网膜中特殊细胞的敏感性，人眼能力区分出颜色。这些接收细胞，被称为视锥细胞，对光学三原色相对应的各种波长的光有反应。

■ 颜色仅仅是频率范围的不同，因而能量也不同的光。光的较高频率对应于蓝色，而较低频率对应于红色。红光的波长范围为 600～700nm。红光是眼睛能看到的最长波长的光，也是可见电磁波中能量最小的。另一方面，紫光的波长较短，其范围为 400～440nm，是可见电磁波中能量最大的。所有其他颜色的波长和能量介于红色和紫色之间。

■ 研究颜色与视觉和感知的科学称为色彩学。该领域研究人类对颜色的感知、颜色感知的材料性质，以及与可见光范围相关的物理（比如光物理）。

小　结

波能够让能量从一个地方传到另一个地方。这种传递通常是经过介质来进行的。每种波能用波长、速度、振幅和频率（每秒循环次数）来描述它的特征。传播方向垂直于介质振动方向的波是横波，诸如海洋中的浪涛。传播方向和介质振动方向平行的波是纵波，比如声波。

两种波能相互作用，引起相长干涉或者相消干涉。被观察的波的频率取决于波源和观察者的相对运动——这种现象被称为多普勒效应。波遇到一个表面时能被反射，也可以穿过介质表面改变运动方向，这个过程被称为折射。

每种波的运动能够用波的特征方程来描述。詹姆斯·克拉克·麦克斯韦认识到，利用他描述电和磁的方程，可以指出电磁波或电磁辐射的存在，相互交替的电场和磁场能通过真空以光速运行。这个发现揭开了科学中最古老的秘密之一——光的本质。麦克斯韦意识到可见光仅仅是电磁辐射的一种，为此，他预言了其他更长或更短波长的波的存在。其后不久，一个完整的电磁波谱，包括无线电波、微波、红外辐射、可见光、紫外辐射、X 射线和 γ 射线被发现了。

电磁辐射能以三种方法与物质相互作用：透射、吸收或散射。每天我们以无数种方法运用电磁辐射能：收音机和电视、加热和照明、微波炉、皮肤晒黑、医用 X 射线等。在过去的 100 年中，为寻找新的更好的生产、控制和监测电磁辐射的方法，人类在科学和技术方面做出了很大努力，取得了很多成效。

关键词

波	红外辐射	散射
光速 c	赫兹	X 射线
无线电波	折射	辐射
波长	可见光	反射
多普勒效应	干涉	γ 射线
微波	吸收	光
频率	紫外辐射	电磁波谱
传输	电磁波	

关键方程式

波速（m/s）=波长（m）× 频率（Hz）   波长（m）= $\dfrac{波速（m/s）}{频率（Hz）}$

1 赫兹 =1 周/秒

对于光：波长（m）× 频率（Hz）=光速 c（m/s）

常数：光速 c =300000km/s =3 × 10^8 m/s

发现实验室

在可见光中与特定光的波长相对应的频率是多少？为寻找答案，你需要长纸条、文件夹、（红、绿和紫色）铅笔、胶带、计时表和剪刀。

从纸条起始端划定20cm并记为"起始"。从"起始"端测量100cm并标记为"结束"。超过"结束"20cm切下纸条。在纸条上画出3条均匀分布的不同颜色的线，先在与顶端相距1cm处，用红笔画出红色线。在红线上每隔14cm，用红笔做重而强的记号。用绿笔在红线下面画出绿色的线，并且每隔10cm，做一记号。在绿线下方，再画一条紫色线，每隔8cm做一记号。

用胶带把纸条的"结束"端固定于一支铅笔上。用这只铅笔卷起纸条（有一个人握持住这支铅笔）。在文件夹一面的中央切割出一块长10cm、宽5cm的矩形切口。切割面应该垂直90°竖立。将文件夹未被切割的另一面放置于平坦的桌子上，并用一本书压住它。展开纸条，将其送进文件夹并通过切口，以使"起始"端在切口中央能够显示出来。继续慢慢拉动纸条通过文件夹，记录从"起始"到"结束"的时间。在拉纸条的时候，可以把"波长"记在数据表上。

重复这个过程五次。确保以恒定速度拉动纸条。使用与上面相同的步骤，收集绿色和紫色的对应数据。分别数一数与每种颜色相符合的记号数并且除以实验次数。通过取相符的平均值并且将其除以时间的平均值而得到频率。

比较这三种波的波长和频率。哪种颜色波长最长而哪种波长最短？你能确定波长和频率之间的关系吗？

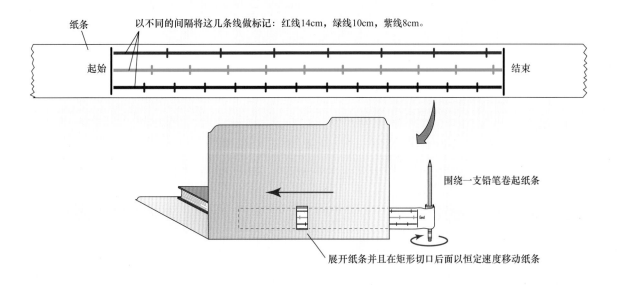

第 7 章
阿尔伯特·爱因斯坦
和相对论

? 人类能以快于光速的超高速运行吗?

物理学

当设计回旋粒子加速器时,必须利用相对论考虑粒子在加速过程中的质量和时空变化。

重要理念

所有观察者,无论他们的参考系是什么,都能看到同样的自然界定律。

当把原子钟捆在高速宇宙飞船上时,它比一只静止的钟显示出来的时间稍微慢一些。

恒星质量巨大,它们能使来自更远的物体的光弯曲,形成一个引力棱镜。

技术

天文学

●=本章中将讨论的重要理念的应用　　●=其他应用

每日生活中的科学：等待交通指示灯

　　当你在汽车里等待一个时间较长的红灯时，你做起了和朋友聚会的白日梦。这时候，你甚至没有注意到旁边车道上的公共汽车。

　　忽然，你有个奇怪的感觉——你的车向后移动了。但是你的脚在制动踏板上——这是怎么回事？不过你很快就明白了，是旁边公共汽车向前移动了，而你并没有向后移动。这是一个短暂的视觉错觉。

　　通过这短暂的视觉错觉，你意识到观察任何种类的运动总有不止一种结论。你可以说，你处在静止状态，而公共汽车相对于你处在运动状态。你也可以说，公共汽车处在静止状态，而你处在相对于它向后运动的状态。哪种结论是正确的呢？

　　大约在 100 年前，阿尔伯特·爱因斯坦做出了 20 世纪的一个最伟大的发现，一种关于上述这种情况的伟大思想。

参考系

　　参考系是一种物理环境，在参考系里，人们观察和测量周围的世界。如果你在桌子旁边或者在安乐椅上读这本书，你的房间可以作为参考系来观察世界，那么，房间和地球是一体的。如果你在火车或者飞机上阅读，你的参考系是相对于地球表面运动着的车厢或飞机。在这些参考系中，你是科学家所说的"观察者"。

　　在地球表面上生活的人类认为，地面是固定的、不可移动的，并且所有的运动都是以它为参考的，这是很自然的事情。毕竟火车和飞机乘客不会想到他们自己是静止的，而是认为他们在移动。但是，正如在开始的例子中我们看到的，确实有时候我们会怀疑到底哪个物体在运动、哪个物体是停止的，这其实很大程度上取决于我们如何确定静止和运动这两种状态。

从在太阳系中飞行的宇宙飞船中的观察者的角度来看，没有你能够站在上面的"固体"地面。地球在自转，同时绕太阳公转，而太阳又围绕着银河系中心在旋转。这样一来，固定在地球上的参考系也没有什么特殊之处。

不同参考系的描述

对同一事件，在不同参考系中，不同的观察者可能得出不同的观测结果。可以思考一个简单的实验，当你乘坐火车时，从衣袋中拿出一枚硬币并将它向上方轻弹，硬币进入空气中并且垂直落回到你的手中。这完全跟你坐在房间里的椅子上轻弹它时所发生的情况一模一样（见图 7 - 1a）。但是，现在问你自己这样一个问题：一个朋友站在靠近铁轨的地方，看到你的火车经过，他会怎么描述你弹出硬币的过程？

对你的朋友来说，硬币向上进入空气中，到它下落时，它在火车前进方向上也运行了一段距离。对地面上的人而言，硬币沿着一条弧线运动（见图 7 - 1b）。

于是，坐在火车里的你，说硬币是竖直上下运动的；而地面上的人说它沿着一条弧线运动。你和基于地面的观察者观察的硬币运动路径完全不同。但是，在你们各自的参考系中所看到的硬币运动路径，确实都是正确的。我们居住的宇宙具有这种一般的特性——不同参考系中的观察者对同样事件的描述是不同的。

这是否意味着在我们居住的世界中没有什么事情是固定不变的，每一件事情都取决于观察者们的参考系呢？不一定。虽然不同的观察者们对同样的事件给出不同的描述的可能性是存在的，但是不同参考系中的观察者对支配事件的根本定律是认同的。虽然观察者们不同意被弹出的硬币遵循同样的运动路径，但是他们认同在各自参考系中的运动都遵循牛顿运动定律和万有引力定律。

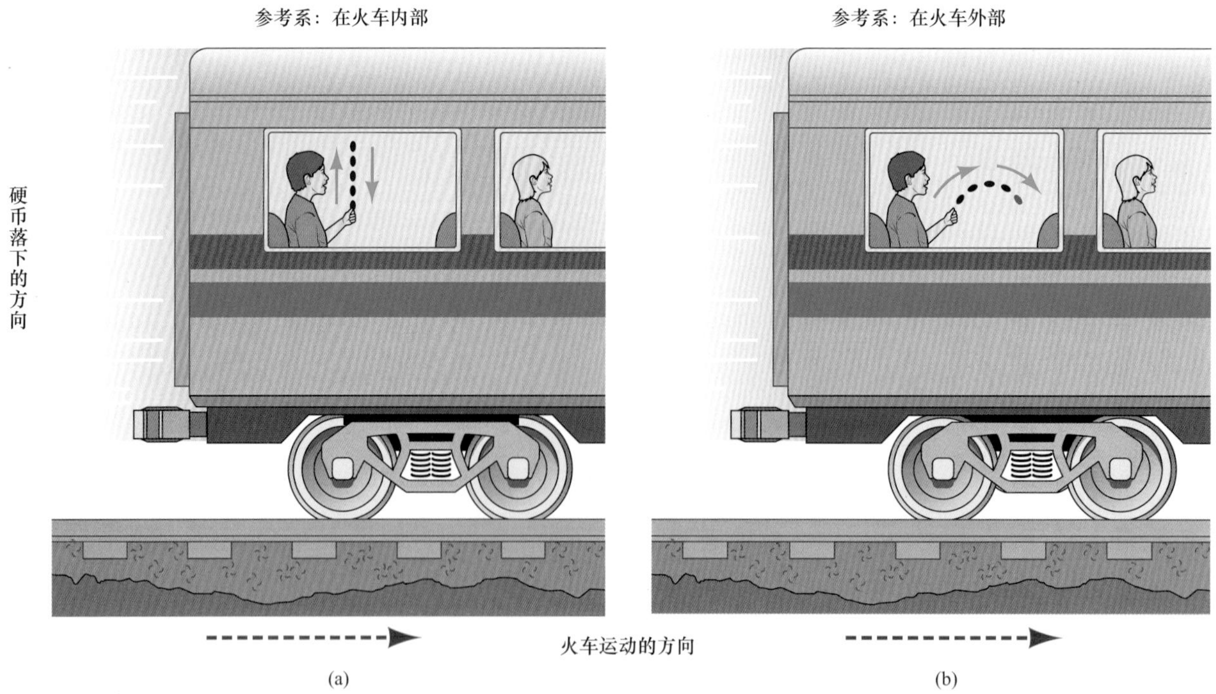

图 7 - 1　在空气中向上弹出的硬币的运动路径取决于观察者的参考系（a）火车中一位乘客看到硬币向上弹出和垂直落下；（b）在火车外面的一位观察者看到硬币是沿着一条弧形路径运动的

相对性原理

阿尔伯特·爱因斯坦（见图 7 - 2）通过思考牛顿运动定律和麦克斯韦方程组之间的一个矛盾，得到了相对论。可以通过设想一个例子来弄清这个问题。假设你在一个运动的火车车厢上并且抛出一只棒球，按照地面上的观察者的观察，棒球会以什么速度运动？

如果你在以 100km/h 的速度运行的火车上，以 40km/h 的速度向前抛球。对于一个以地面为参考系的观察者而言，球看起来是以 140km/h 的速度运动——来自球的 40km/h 加上来自火车的 100km/h。另一方面，如果你向后抛球，地面上的观察者会看到球仅以 60km/h 的速度运动——火车的 100km/h 减去球的 40km/h。在我们日常生活中，通过这两种速度相加或相减就可以得到答案，并且这个观念被反映在牛顿运动定律中。

然而，如果不是抛球，而是在火车上打开手电筒并测量它发出的光的光速，那又会怎么样呢？在第 6 章中我们看到，麦克斯韦方程组中有光速这个物理量。

如果每个观察者都遵循同样的自然定律，他们都必须看到光具有同样的速度。换句话说，地面的观察者必须看到来自手电筒的以 300000km/h 速度运动的光，而不是 300000km/h 再加上 100km/h。在这种情况下，速度没有叠加，虽然我们的直觉告诉我们速度应该叠加。

阿尔伯特·爱因斯坦经过长时间艰苦地思考，然后他认识到仅有以下三种方法能解决它：

1. 在不同的参考系中，自然界的定律是不同的（从哲学的角度来说，爱因斯坦是很不情愿接受这个观点的）；

2. 麦克斯韦方程组可能是错的，并且光速取决于发出光的光源的速度（尽管支持方程组正确性的实验是很丰富的）；

3. 我们关于速度叠加的直觉可能是错的。

爱因斯坦把注意力集中到第三种可能性上。

自然界的定律在所有参考系中都是同样的，这种理念被称为"相对性原理"，并且可以做如下陈述：

每个观察者必须遵循同样的自然定律。

这个陈述是爱因斯坦相对论的关键假设。在这个简单陈述背后，隐藏了一个既陌生又奇妙的宇宙。爱因斯坦在 20 世纪第一个十年当中耗费多时做出的这一陈述，导致了这个非凡的理论成果。

停下来想一想！

自然定律在宇宙各处是相同的这个论点看起来是显而易见的，但是我们怎么能知道这是正确的呢？你可以怎样来检验这个陈述？

牛顿在三个世纪前将运动分为匀速运动和加速运动（见第 2 章）。因此爱因斯坦把他的相对论分成两个部分——分为两种——分别涉及这两种运动中的一种。比较容易的部分，由爱因斯坦于 1905 年

图 7 - 2　阿尔伯特·爱因斯坦（1879—1955）

首先公布，被称为狭义相对论。狭义相对论涉及处在匀速运动中的参考系，这个参考系相对于另外一种参考系没有加速运动。爱因斯坦用了另外十年完成了对广义相对论的处理，这是在数学表达上更加完整的理论，它可适用于任何参考系，无论其相对另一个参考系是否是加速运动。

在匆匆的第一瞥中，相对论的基本原理看起来是显而易见的，甚至可以说太简单。当然，自然界的定律在各处都是相同的——这是科学家能解释宇宙怎样以一种有序的方式运行的唯一方法。但是如果你已经接受了相对论的关键假设，就要对一些惊奇结论做好准备。相对论促使我们接受这样的事实：自然界不是总按照我们的直觉来运行的。你可以发现自然界有时违背我们"事情应该这样进行"的直觉。如果你习惯于宇宙是什么就是什么，而不是去思考它应该是什么，那么在接受相对论时会有一些小麻烦。

我们关于宇宙运行的直觉，是建立在物体是在适中的速度下运动的基础上的，这种适中的速度可以是每小时几百，或者至多是几千英里。我们当中

没有一个人有关于物体以接近光速运动的体验，于是当我们在解释物体以光速运动的情况时，我们的直觉是用不上的。严格地说，我们不应当为我们发现的每件事而诧异。

相对论和光速

正如火车和手电筒的例子所表明的，相对论最令人困扰的一点与我们日常对速度的理解有关。根据相对性原理，任何观察者，无论他或她的参考系是什么，应当能够遵守麦克斯韦关于电和磁的理论。也就是必须遵循：

真空中的光速 c 在所有参考系中都是恒定不变的。

严格地说，这种陈述仅仅是相对性原理的很多推论之一。然而，相对论的众多令人诧异的结果只是在一些特殊情况下才符合，才需要给予特殊的注意。

狭义相对论

时间膨胀

想一想你是怎样测量时间的。时间能够借助于任何种类的周期性重复现象来测量。这种周期性重复现象包括钟摆摆动、心脏跳动或者电流的交变。不过，对于理解相对论，设想一种"光钟"是最容易的。假设我们有由一只闪光灯、一面镜子和一台光子探测器所组成的光钟（见图7-3）。在这只光钟的一次"嘀嗒"声的过程中，出现了下列现象：闪光灯闪停，光运行到镜子处，反射到探测器，然后启动下一次闪光。借助于调整光源和镜子之间的距离 d，这些光脉冲能够对应于任何所期望的时间间隔。因此这种不平常的"光钟"，像其他时钟一样起着同样的作用——事实上，你能把它调整到与有摆的大座钟或手表等

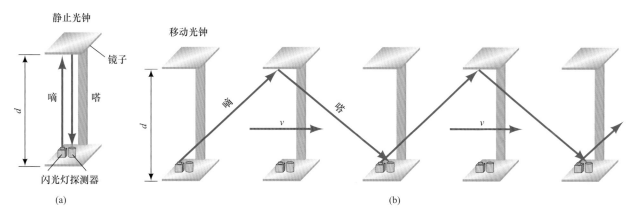

图 7-3　一只光钟带有一只闪光灯和一面镜子。一个光脉冲从镜子处反射出来并返回，以启动下一次光脉冲。两只光钟，一只静止（a）和一只移动（b），说明时间膨胀的现象。来自移动光钟的光必须向更远处运行，于是在固定的观察者看来走得更慢了

其他钟表同步运行。

　　现在设想两只完全相同的光钟：一只在地面上静止的光钟（见图 7-3a），另一只光钟在疾驶的宇宙飞船中（见图 7-3b）。当这两只光钟在一起时，把镜子调整好，并以同样的速度嘀嗒作响。那么，对于移动的光钟，情况会是怎样呢？

　　站在地面上的时候，你会看到，以地面为参考系的光钟通过光脉冲在镜子和探测器之间来回反射而发出嘀嗒声。但是，当你观察运动的光钟时，你会看到光遵循一条更长的"之"字形的路径在运动。如果光速在两个参考系中的确是同样大小的，在你看来好像在移动参考系中的光从闪光灯到探测器所走的"之"字形路径，比地面上的光钟上的光所走的直线路径要更长。因此，从站在地面上的你的观点来看，移动钟必须更慢地嘀嗒作响。这两只钟是完全相同的，但是移动钟却走得慢。这个令人诧异的现象就是我们所谓的时间膨胀，它是相对论的一个基本结论。

　　记住，每个观察者认为他或者她自己的参考系中的光钟是完全正常的，而所有其他参考系中的光钟看来似乎走得更慢。这样一来，矛盾的是，在我们观察宇宙飞船中的光钟走得慢的时候，在疾驶的宇宙飞船中的观察者却看到，地面上的光钟在快速移动，并且走慢了。

　　相对论关于时间膨胀的预言已经被检验出来了。科学家们借助两只非常准确的原子钟进行比较，一只放在地上，而另外一只放在一架喷气式飞机中。虽然喷气式飞机以千分之几的光速飞行，两只钟记录的时间上的差别还是能够被测量出来的。

　　时间膨胀也能通过高能粒子加速器被观测到，这种加速器能产生不稳定的亚原子粒子。这些粒子的半衰期都是已知的。然而，当加速到接近光速时，它们的半衰期就更长了。

　　移动的钟比固定的钟走得慢这一观念有违我们的直觉，但是仍然依靠实验被清楚地予以证明。那么，为什么我们在日常生活中没有意识到移动的钟变慢这种效果呢？在回答这个问题之前，我们必须先询问时间膨胀的效果有多么大。移动的钟的速度到底减慢了多少？

时间膨胀的程度

　　总地来说，在本书中，我们一直试图用日常用语来讲述科学话题，并且坚持尽量不用公式。但是我们现在需要一些简单的数学才能讨论基本的问题。在本节中，你将要领会爱因斯坦用公式表达他的革命性理论的过程。

　　考虑一下图 7-3 中的两只完全一样的光钟，

一只以速度 v 移动，另外一只固定在地面上，每只光钟的闪光灯到镜子之间的距离都是 d（我们使用的各种物理量的物理意义归纳在表 7-1 中）。

物理量	说明
v	移动的光钟相对于地面的速度
d	光钟中闪光灯和镜子之间的距离
t_{GG}	一次"嘀"对应的时间（地面钟，地面观察者）
t_{MG}	一次"嘀"对应的时间（移动的钟，地面观察者）
t_{GM}	一次"嘀"对应的时间（地面钟，移动的观察者）
t_{MM}	一次"嘀"对应的时间（移动的钟，移动的观察者）
c	光速，常数

表 7-1　关于时间膨胀推导所用到的物理量

光从光源到对面镜子运行的距离 d 所花费的时间的标记是这样的：固定在地面上静止的光钟的一次"嘀"是一次小的触发器，因为我们必须记住我们正在注视的光钟是在哪个参考系进行观测的。我们会使用两个下角标——第一个下角标告诉我们光钟是固定在地面上（G）还是在运动中（M），而第二个下角标指示观察者是在地面上还是在移动。于是 t_{GG} 是由一个地面上观察者观察到的地面钟一次"嘀"所对应的时间。另一方面，t_{MG} 是从地面的观察者来看的移动的钟一次"嘀"所对应的时间。根据相对论的基本原理，所有观察者在他们自己的参考系中看到的光钟都是正常的。或者，用方程式表示为：

$$t_{GG} = t_{MM}$$

作为地面观察者，我们关心 t_{GG} 和 t_{MG} 的相对值——静止光钟测得的时间和移动光钟测得的时间。在固定的地面参考系中，一次"嘀"是光运行距离 d 所需的时间：

$$时间 = \frac{距离}{速度}$$

把对应光钟的值代入这个方程式：

$$一次"嘀"对应的时间 = \frac{光到镜子的距离}{光速}$$

或

$$t_{GG} = \frac{d}{c}$$

式中，c 是光速。

我们证明了对地面上的观察者而言，移动的光钟里的光在图 7-3 所示的"之"字形路径上运行，这就使得移动的光钟显得走得更慢。在下述情况中，我们会指出怎样理解这样一个直觉结论，并把它转变成一个明确的数学方程。先来标记我们的两只光钟。

移动的光钟在它每一次"嘀"时运行了一个水平距离 $v \times t_{MG}$ 的数值。我们必须首先确定，由地面观察者看到的移动光钟中光运行了多远。正如图 7-4b 中说明的那样，我们知道一个直角三角形两条直角边的长度。一条边长度为 d，代表闪光灯和镜子之间的垂直距离（记住，距离在两个参考系中是同样的）。另一边是 $v \times t_{MG}$，它相当于由在静止的参考系中被观察到的移动光钟运行的距离。移动的光在一次"嘀"的时间内运行的距离由直角三角形的斜边表示，并由勾股定理计算。

以文字表示：一个直角三角形斜边长度的二次方等于其他两个边长度二次方之和。

以文字表示（适用于我们的光钟）：在一次"嘀"的时间内，光运行距离的二次方等于闪光灯到镜子距离的二次方和钟在一次"嘀"时间内移动的水平距离的二次方之和。

以符号表示：

$$(光运行的距离)^2 = d^2 + (v \times t_{MG})^2$$

我们对上式两端求平方根，来简化这个方程：

$$光运行的距离 = \sqrt{d^2 + (v \times t_{MG})^2}$$

记住，时间等于距离除以速度，于是，光运行这一距离的时间 t_{MG}，由距离 $\sqrt{d^2 + (vt_{MG})^2}$ 除以光速 c 求得

$$t_{MG} = \frac{\sqrt{d^2 + (vt_{MG})^2}}{c}$$

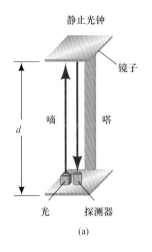

静止光钟

镜子

d

嘀　　嗒

光　探测器

(a)

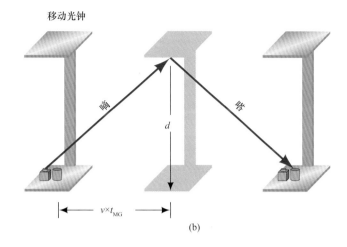

移动光钟

嘀　　嗒

d

$v \times t_{MG}$

(b)

图 7 - 4　标记好的光钟，静止的光钟（a）和移动的光钟（b），两者由光至镜子的距离为 d，在一次"嘀"的时间里，移动的光钟必须运行一段水平距离 $v \times t_{MG}$

我们现在来做一些运算。首先对这个方程两端平方：

$$t^2_{MG} = \frac{d^2}{c^2} + \frac{v^2 t^2_{MG}}{c^2}$$

我们知道，$t_{GG} = \dfrac{d}{c}$，代入后得到

$$t^2_{MG} = t^2_{GG} + \frac{v^2 t^2_{MG}}{c^2}$$

两端除以 t^2_{MG}，得

$$\frac{t^2_{MG}}{t^2_{MG}} = \frac{t^2_{GG}}{t^2_{MG}} + \frac{v^2 t^2_{MG}/c^2}{t^2_{MG}}$$

或　　　$1 = \left(\dfrac{t_{GG}}{t_{MG}} \right)^2 + (v/c)^2$

最后，整理得到

$$t_{MG} = \frac{t_{GG}}{\sqrt{1 - (v/c)^2}}$$

这个数学表达式反映了我们前面的文字说明——移动的光钟走得慢。它告诉我们，由地面上的一个观察者看到的移动钟一次"嘀"所对应的时间 t_{MG} 等于地面上的一只完全相同的静止的光钟一次"嘀"所对应的时间除以一个小于 1 的数。于是，对应于移动光钟的一次"嘀"所需的时间会永远大于静止的光钟的一次"嘀"所需要的时间。

因式 $\sqrt{1 - (v/c)^2}$ 是一个被称为洛伦兹因子的数，它经常出现在相对论的计算中。在时间膨胀的例子中，洛伦兹因子起因于勾股定理的一次运用。

值得注意的重要一点是，如果移动光钟的速度与光速相比很小，数值 $(v/c)^2$ 就可以忽略不计，因而洛伦兹因子几乎等于 1。在这种情况下，移动光钟上的时间几乎等于静止光钟上的时间，这正如我们的直觉一样。仅仅当速度很高时，相对论才显得重要起来。

距离和相对论

很多通过相对论得出的结果与我们的直觉背道而驰。不过这些结果可以借助于与我们刚刚算出的时间膨胀相似的步骤而被推导出来（当然也许会更复杂些）。实际上，正是凭借我们已经提出的那些论点，爱因斯坦指出，在运动方向上，移动的码尺必须显得比静止的码尺更短（见图 7 - 5）。

地面静止的观察者测量的静止物体的长度为 L_{GG}，运动物体的长度为

$$L_{MG} = L_{GG} \times \sqrt{1 - (v/c)^2}$$

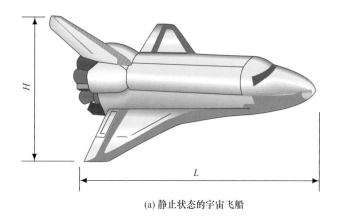

(a) 静止状态的宇宙飞船

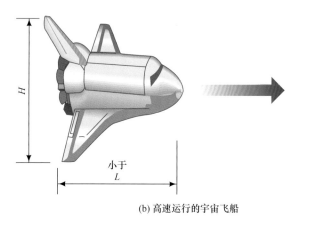

(b) 高速运行的宇宙飞船

图7-5　一艘宇宙飞船在运动时，其长度 L 看起来像是沿着运动方向缩短，然而飞船高度 H 和宽度看来像是没有改变

这个方程式最右端的项是我们研究光钟时推导出的洛伦兹因子。方程式告诉我们，运动的码尺，其长度由固定的码尺长度乘以一个小于1的数而获得，于是看起来就更短了。这个现象被称为"长度收缩"。注意，运动物体的高度和宽度没有改变——仅仅是沿着运动方向的长度改变了。那么，一个运动的篮球在其速度接近光速时就会呈现出薄煎饼样的外观。

长度收缩并不是一种光学上的错觉。相对论的长度收缩效应是真实的，不过不会影响我们的日常生活。在粒子加速器方面工作的物理学家们向他们的机器注入粒子束，在这些粒子接近光速时，粒子束被观察到按照洛伦兹因子收缩，这是一个在研究中必须考虑被补偿的效应。

停下来想一想！

图7-5中，在高速运行的宇宙飞船中的观察者看来，"静止状态的宇宙飞船"会怎么样？它看起来长度是不变的，还是更短了或是更长了？

关于火车和手电筒

现在我们了解了一些关于相对论的推论，我们可以返回到本章较早时进行的充满矛盾的议论——一位地面上的观察者和一位火车上的观察者，两者都是如何看到手电筒灯光是以同样速度移动的？

速度被定义成运行的距离除以运行时间。对于不同的观察者而言，两种情况的长度和时间看起来似乎是不同的，这应当是不令人惊奇的，因为速度（比如光速和火车速度）叠加的规则，可能会更加复杂。经验告诉我们，在日常的时间和空间内，应当将火车的速度叠加到物体的速度上，这在速度小时是有道理的，但是，对于以近似光速运动的物体而言，则是不正确的。对于那些物体，必须进行一种更复杂的速度叠加，这就是我们发现两位观察者（静止参考系和运动参考系）看到光均是以速度 c 在运行。

质量和相对论

或许爱因斯坦相对论最后的一个推论是发现质量像时间和长度一样也与它的参考系有关。到目前为止，我们已经学习了两个奇怪的结论：

1. 对于静止物体，光钟走得最快；运动的光钟变慢，当接近光速时，时间减慢至接近于零。

2. 对于静止物体，长度最大；移动的物体在运动方向上收缩，当接近光速时，长度收缩至接近于零。

爱因斯坦指出的第三个推论是根据相对性原理得出的：

3. 对于静止物体，质量最小；移动物体的质量变大，当一个物体的速度接近光速时，它的质量接近无穷大。

爱因斯坦证明，如果光速在所有参考系中都是一个常数——根据相对论的基本假设必定能够得出，一个物体的质量取决于它的速度。一个物体运行得越快，它的质量就越大。如果一位地面上静止的观察者测量一个物体固定的或者"静止"的质量 m_{GG}，那么这个物体以速度 v 移动时的表观质量 m_{MG} 是

$$m_{MG} = \frac{m_{GG}}{\sqrt{1 - (v/c)^2}}$$

洛伦兹因子再一次起作用了。当我们观察一个物体以接近光速运动时，它的质量将接近无限大。

相对论预言没有物体能够以比光速还快的速度运行。实际上，我们能够进一步断定的是，没有正在以小于光速的速度运动的物体能被加速到超过光速，并且，以光速运动的仅有物体（如光子）是静止质量为零的物体。

质量和能量

时间、距离和质量——这些能在家中或实验室中容易测量的物理量——实际上取决于我们的参考系。相对论的基本原则是：同样的自然定律必须能适用于每个参考系。光速在符合麦克斯韦方程组的所有参考系中是常数。与此相似，热力学第一定律——任何孤立系统中能量的总量是恒定的——必须成立，不管在任何参考系中。不过，在这里，爱因斯坦对宇宙的说明看来似乎还有一个问题。他主张被观察的质量取决于你所在的参考系。但是在那种情况下，动能——其定义是质量乘以速度二次方——不能遵循能量守恒定律。在爱因斯坦的处理中，较快的参考系看起来具有的能量大于较慢参考系的能量。额外的能量又是从何而来的呢？

因为我们在方程中丢掉了一个关键的能量的形式：质量本身。实际上，爱因斯坦指出，包含在任何物体中的能量等于其质量乘以一个常数。

以文字表示：所有物体包含有一种静止能量（除任何动能或势能以外），它等于物体的质量乘以光速的二次方。

以方程式表示：

静止能量 = 静止质量 × (光速)^2

以符号表示：

$$E = mc^2$$

这个熟悉的方程式已经成为一种标志，因为它定义了能量的一种新形式。这个方程说，质量能被转化为能量，反之亦然。此外，物质所包含的能量是巨大的（因为光速二次方这个常数是如此之大）。一点点核燃料能给一座城市提供动力；一块拳头大小的核爆炸物就能毁灭一座城市。

直到爱因斯坦探索狭义相对论时为止，我们对质量的性质及其产生能量的巨大潜能是一无所知的。现在美国全部电力中有一部分的能量是由核反应堆产生的，这证实了爱因斯坦的理论对我们的日常生活所起到的作用。

一种思考这个著名方程式的方法是这样的：在爱因斯坦之前，科学家们认为世界由两大类"库存"所组成——一种被标记为"质量"，而另一种被标记为"能量"。"质量"告诉我们物质不能被创造或者被消灭，例如化学方程两端的原子数必须是平衡的（见第 10 章）。"能量"告诉我们能量不能被创造或者被消灭，正如我们在第 3 章讨论热力学第一定律时所看到的那样。爱因斯坦的方程式建立起这些原本孤立的两者之间的一条通道，于是，质量到能量的转化以及能量到质量的转化得以发生。

科学史话

爱因斯坦和有轨电车

　　牛顿和他的苹果作为意外发现的范例进入了民间传说。而一件鲜为人知的小事情引导着阿尔伯特·爱因斯坦，这位瑞士伯尔尼的籍籍无名的专利员进入了相对论的殿堂。

　　有一天，当爱因斯坦乘坐市内有轨电车回家的时候，他偶然瞥了一眼教堂钟楼上的时钟（见图7-6）。在他心中，他想象市内有轨电车在加速，运行得越来越快，直到它几乎以光速运行为止。爱因斯坦认识到，如果市内有轨电车以光速运行，电车上的时钟看来会像是停摆了。乘客就像是在光波浪头上的冲浪者——例如，一个在中午12点发生的浪头——关于时钟的一种想象，一直萦绕在他的脑海中。

　　另一方面，他用的一只怀表还在运行——仍然以它通常的方法每过一秒嘀嗒一次。或许爱因斯坦想，时间是由时钟来测量的，就像运动是相对于参考系来测量的一样。

图7-6　阿尔伯特·爱因斯坦离开钟楼前行，想象不同的观察者会怎样看待时间的长短。例如，如果爱因斯坦以光速运行，时钟对他来说会显得停摆了，虽然他自己的怀表仍然在嘀嗒作响地运行

 **数学计算**

相对论如何重要？

　　为了了解为什么我们在日常生活没有任何相对论的意识，让我们来计算一辆以70km/h的速率运行的汽车中的时钟的时间膨胀程度。

　　首要问题是把常见的以千米每小时的速率转化成以米每秒表示的速率，以便我们能把它和光速来做比较。1h中有3600s，于是一辆以70km/h速率

运行的汽车，其速率可以转化成

$$70km/h = \frac{70000m}{3600s} = 19.4m/s$$

对于这一速率，洛伦兹因子是

$$\sqrt{1-(19.4/300000000)^2} = 0.9999999999999999999$$

于是对于静止的和疾驶的汽车，时间长短仅仅由第十六位小数来区别。

在这个例子中，要想知道地面钟和移动钟之间的时间差别到底有多小，我们可以想一想，如果你观察运动汽车的时间等于宇宙年龄，那么你会观测到移动钟走得比地面钟慢 10 秒。

然而，对于一个以 99% 的光速运动的物体，洛伦兹因子是

$$\sqrt{1-(v/c)^2} = \sqrt{1-(0.99)^2} = \sqrt{0.0199} = 0.1411$$

在这种情况下，你能观察到地面钟七次"嘀嗒"，相当于移动钟一次"嘀嗒"，也就是说，地面钟嘀嗒七次相对于移动钟刚刚一次"嘀嗒"。

这个计算例子说明了关于相对论的一个很重要的论点。我们的直觉和经验告诉我们，当我们从一辆汽车中观察的时候，在本地银行大楼上面的大钟是不会忽然慢下来的。因此，我们发现时间膨胀这一论断是奇怪的。但是我们的全部直觉都是来自很低速度时的体验——我们当中没有一个人有过在接近光速的速度下运动过。仅仅是当我们得以进入接近光速的范围，相对论的预言与我们的体验符合得很好。对于日常世界，我们在低速状态下的体验就不正确了。这就是为什么我们认为时间膨胀的论点很奇怪。

 **生命科学**

空间旅行和变老

虽然现在人类不能立刻体验日常生活中的时间膨胀，但是在未来某一天，也许我们会体验到。如果我们在某个时候能够以近似光速在星际空间旅行，那么时间膨胀可以破坏家庭生活（和家谱记录）。

想象一下，加速到 99% 光速的宇宙飞船进入漫长的旅程。对于飞船乘客来说，看起来是过了 15 年，但是在地球上却是过了一个多世纪。飞船乘客比他们离开时老了大约 15 年，但比他们的曾孙们在生物学上却更年轻！朋友们和家人都去世很长时间了。

如果我们进入了可以到辽阔的星际空间进行高速旅行的时代，旅行者就会用我们无法想象的方式体验着另外的人生。父母和孩子们的年龄反复地互相超越，亲戚的概念在社会中由于旅行中的时间膨胀而扭曲。

广义相对论

狭义相对论是一种使人着迷的、相对容易掌握的理论，只需要多一点开放思想和基本代数知识。涉及加速参考系的广义相对论，则更具有挑战性。虽然广义相对论的细节非常复杂，但是你能通过对引力性质的思考，就能很好地感知爱因斯坦的广义相对论。

力的性质

想象自己处在一个完全密闭的房间里。这个房间以 "g"（地球重力加速度）在加速运动。你能设计一种实验，以某种方式来区分你是在地球上，还是在太空中一个加速运动的房间内吗？

如果在地球上你扔下一本书，引力能使它落到你的脚下（见图 7 - 7a）。然而，如果你在加速的宇宙飞船中扔下书，牛顿第一定律告诉我们，它会以它被释放时所具有的速度保持运动。飞船地板仍然在加速向上运动，因而地板向上碰到书本（见图 7 -7b）。对于站在飞船里的你，看到那本书落下，和你站在地球上看到书落地是一样的。

当然，从一个外部的参考系来看，对这两种情况的说法则完全不同。在第一种情况中，书由于有引力而落下；在第二种情况中，飞船向上加速遇到了自由飘浮的书。但是在你的参考系中没有实验装置能够区分出太空的加速运动和地球引力场的力。

采取一些深奥的和复杂的方法可以证明引力和加速是等效的。牛顿用一种方法看到了这种联系，在他的运动定律中，力同质量和加速度

图 7 - 7 （a）如果在地球上你扔下一本书，引力能使它加速向下并且落到你的脚下；（b）如果在一艘加速的宇宙飞船里，你扔下同样一本书，飞船地板会加速向上，因而这本书看起来会落到你的脚下

在地球上

书向下落

引力作用朝向
地球中心

(a)

在加速的宇宙飞船中

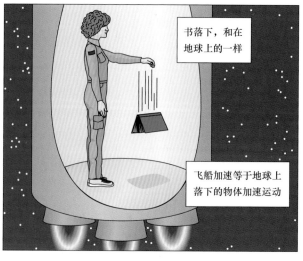

书落下，和在
地球上的一样

飞船加速等于地球上
落下的物体加速运动

(b)

的乘积是等效的。但是爱因斯坦往前更进了一步，他认为选择引力或者是加速度，取决于我们所选择的参考系。不管我们是静止在具有引力的地球上，还是在加速运动的宇宙飞船中，事件本身其实没有什么差别。

虽然这种引力和加速度之间的联系看起来有一点抽象，但是事实上你已经有这样的体验来证明上述观点是正确的。你有没有这样的经历：乘坐电梯时，当电梯启动向上时，感觉瞬间变重一些？或当电梯启动向下时感觉瞬间变轻一些？如果有，你就会发现，我们称为"重量"的感觉，的确能够由

于加速而受影响。

加速度和引力等效的观念所产生的结果和相应的研究工作是复杂的，但是一种简单的类比能帮助你想象爱因斯坦和牛顿的宇宙观之间的区别。在牛顿的宇宙中，力和运动可以用一个球在刻着整齐网格线的完全平坦的表面上滚动来描述（见图 7 - 8a）。除非有一个外力施加，否则球会一直沿着线滚动。例如，如果一个大质量物体停在表面上，滚动的球会改变它的方向和速度——它会在引力作用下加速。于是在牛顿的宇宙中，物体沿着平坦宇宙中的弯曲路径运动。

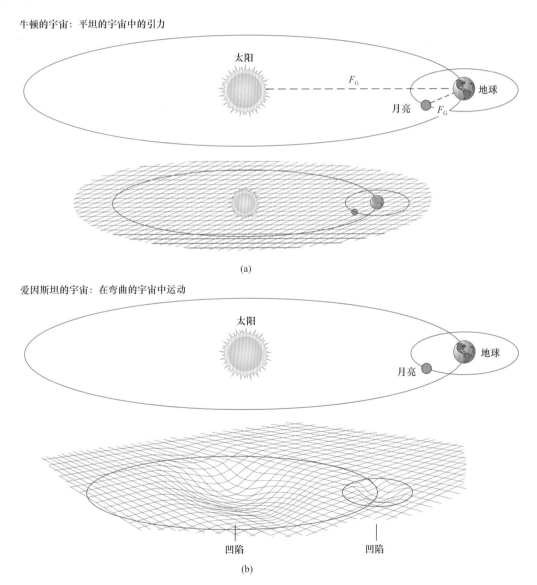

图 7 - 8　牛顿的宇宙和爱因斯坦的宇宙以不同的方法看待滚动球的运动
（a）在牛顿的宇宙中，除非施加一个力，否则球以匀速运动；运动沿着平坦宇宙中的弯曲路径发生；
（b）在爱因斯坦的宇宙中，一个球的质量扭曲了宇宙空间，它在弯曲表面的"直线"中运动

在广义相对论中，对同样事件的描述是很不同的。如图7-8b所示，在这种情况下，我们说重物扭曲了空间。空间上的凹陷影响了球的路径，在它通过表面转动时使之偏转。在爱因斯坦的宇宙中，球沿弯曲空间的直线运动。

出于这些不同的观点，牛顿和爱因斯坦对物理事件给出了很不同的描述。例如，牛顿会说，由于两者之间的引力（F_G），月亮在轨道上绕地球运行（见图7-8a）。另一方面，爱因斯坦会说，地球-月亮系统附近的空间已经扭曲，并且这种空间的扭曲支配了月亮的运动（见图7-8b）。以相对论的观点，空间围绕太阳变形，并且行星依照空间的曲率运行，就像弹球在弯曲的碗底部滚动一样。

我们现在有了两种很不同的思考宇宙的方法。在牛顿宇宙中，力引起物体加速。空间和时间是独立的维度，互不相干。这种观点与我们关于世界的日常经验相吻合。在爱因斯坦的宇宙里，物体根据空间的扭曲来运动（见图7-9），而空间和时间之间的区别取决于你的参考系。

你会注意到牛顿和爱因斯坦都把引力作为一种吸引力来对待。没有任何排斥力——一个"反力"——出现在他们的理论中。

广义相对论的预测

牛顿和爱因斯坦的数学模型并不是关于宇宙的等价的描述。在对事件进行定量预测时，它们会导致一些细微的差别。从下面三个具体实例中，可以看到广义相对论的预测被确认是更加精确的。

1. 光线的引力弯曲

爱因斯坦理论的一个结论是，光线在沿着靠近强引力中心（诸如太阳）的扭曲空间运行时，会被弯曲（见图7-10）。爱因斯坦预测了靠近太阳发生的确切的弯曲偏移量，他的预测由1919年日食时对恒星位置的精确测量所确认。今天可以通过对遥远的被称为类星体的星系进行更高精度的测量来验证爱因斯坦理论的正确性。

2. 行星绕轨道运行

在牛顿的宇宙中，太阳系的行星沿着椭圆轨道绕太阳转动，该轨道具有长轴和短轴，由于受到其他行星扰动的影响，轴有轻微的旋转（进动）。爱因斯坦的计算做出几乎相同的预测，但是他计算的轨道进动比牛顿的稍微提前了一些。例如，在爱因斯坦的理论中，最内层的水星，被预测到由于相对论的效应，其近日点进动比之前预测的每百年提前了43″（弧秒）——由于其他行星的小扰动叠加出更大的影响。爱因斯坦的预测几乎精确地与观察到的水星轨道的进动相吻合。

3. 引力红移

相对论预测光子（一种电磁场的粒子）在引力场中运动时会损失能量。光速是恒定的，于是这种能量损失表现为频率的轻微减少（波长轻微

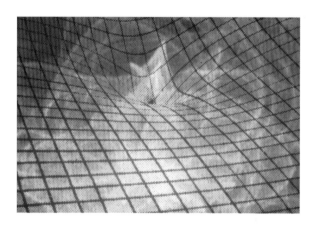

图7-9　计算机生成的时间-空间网格的图像，该网格由于质量的存在而被扭曲

图7-10　引力透镜。一个远处的大质量天体使得来自更遥远天体之外的光线变得弯曲，形成了多个影像

增加）。这样一来，地球表面上的光线会比它们在太空中被观察的光线要偏红一些。出于同样原因，从太空照耀地球的光线会轻微地移向光谱的蓝端。光线频率的仔细测量充分证实了相对论的这个预测。

这三种案例被视为广义相对论的"经典"实验。在 20 世纪的大部分时间里，它们都是科学家在广义相对论方面的实验证据。然而在过去的几十年里，我们已经进行了非常精确的测量，以至于在牛顿引力和广义相对论之间很小的差别都能够被分辨出来。例如，广义相对论预测，在光线从东到西运行和光线在同样两个点之间反向运行的时间，由于地球的旋转而有很小的差别。使用激光（见第 8 章）和原子钟，科学家们已经能够证实这个预测了。

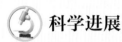

科学进展　引力探测器 B

广义相对论最有趣的现代实验之一，是被称为引力探测器 B 的一个实验。回溯到 1959 年，理论学家们预言，地球因为它的旋转，除了如前面所述的弯曲时空结构以外，还会左右拖动时空。一位作者对这种效应打了个比方：如果你扭转了蜂蜜缸中的勺子，你会看到什么。他们指出，这种"拖拽效应"能够被检测到，依靠的是它会使轨道上的陀螺方向产生很小的变化这一事实。引力探测器 B 是一种尝试，借助于在轨道上放置陀螺，来证实这些预测。

实验的核心是四只乒乓球大小的在距地球 640km 的极地轨道上运转的陀螺仪。陀螺仪可以被称为"宇宙中最圆的物体"，不用说，开发生产和监控这些装置的技术几乎耗尽了科学家们所有的精力，并且这个项目好多次看起来快要失败了。

然而，在准备和实验的十年之后，引力探测器 B 在 2004 年被推出，并且在它 17 个月的生存期中收集到了大量的数据。在 2007 年，引力探测器 B 小组证实，时空弯曲的精确度达到 1%（后来依靠更多的分析，可以达到 0.2%）。在 2008 年，美国国家航空航天局削减了用于进一步分析的资金，但是一个联合组成的私人渠道（包括沙特王室）提供了足够经费以继续完成这一工作。在 2011 年，小组宣布已经证实"拖拽"的精确度达到 19%。

也许这 40 年传奇故事中最有趣的是，虽然引力探测器 B 被开发了，但是利用其他高精度现代技术的实验对上述效应的测量达到了更高的精度。一位评论员指出，该项目一直是时间的牺牲品。

顺便说一下，引力探测器 A 在 1976 年进行了飞行实验。一只钟被推进 10000km（大约 6700mile）高空，并且最后落回地球。用落下的钟的"嘀嗒"声和地面上相同的钟进行比较，证实了相对论关于引力有减慢时间的效应。

谁能理解相对论？

爱因斯坦的相对论是非凡的，但是当它最初被提出的时候，因为依赖一些当时很多科学家不熟悉的数学表达式，要被别人理解是很困难的。虽然相对论对很多物理现象做了预测，但是绝大多数预测在当时是很难通过实验来验证的。所以在相对论发表以后不久，仅有世界上少数天才能理解它。

然而，爱因斯坦勇敢地做出了一个很特殊的预测，这个预测是可以进行检验的。他认为太阳的强引力场将导致来自遥远恒星的光线弯曲，这一假设不同于其他理论。1919 年的日全食给科学家们提供了一个检验爱因斯坦预测的机会。果然，靠近太阳的恒星的表观位置移动了一点距离，完全符合预测的数值。

在世界范围内，报纸头版头条宣布了爱因斯坦的成就。他立刻成为国际名人，他的相对论成为关于科学的民间传说。对广大听众尝试解释相对论成为需要立即做的事情。

一些科学家在 1915 年理解了相对论的主要理念，当时已经公布了全部理论，但是今天看来有些不是那么正确。每年，大学新生中的成千上万的学生会学习狭义相对论基础，而一所大学里天文和物理专业的上百个学生在学完完整的数学知识后将学习广义相对论。

如果这个话题使你感兴趣，你可以阅读更多的资料，观看关于相对论的电视专题或视频，甚至选修一些相关课程。

 技术

全球定位系统和相对论

全球定位系统（GPS）是我们现代技术社会的奇迹之一。今天，任何一个人走进电子用品商店，付出相对少量的钱，就能买到一个定位装置。这个装置能给出他或者她在这个星球表面的位置，其精确度达到几十英尺。不过很多人并没有意识到这个系统的运行依赖于相对论。

全球定位系统由 24 颗卫星组成，这些卫星在地球表面上方 20000km 绕轨飞行（见图 7－11）。这些卫星中的每一颗携带一只或多只高精度（并且高稳定）的原子钟。这些卫星轨道是这么排列成的：在任何时间，其中总有 4 颗卫星都处于你所在地的地平线以上。一位地面上的观察者提取来自 4 颗卫星的信号，通过比较发射信号和接收信号之间的时间差来确定距离。要得到接收者的位置，其实是一个简单的几何问题。

为了得到我们所需的来自 GPS 的那种精度，时间必须测量到小数点后 13 位的精确度，该精度在现代原子钟能力范围之内。问题是，在这个精度水平上，相对论效应就起作用了，因而其重要作用必须加以考虑。例如，卫星相对于地面上观察者以 4km/s 速率运动，这意味着即使是简单的时间膨胀也会在第 10 位小数位上影响我们上面导出的观测时间。如果要得到更加精确的结果，还必须考虑广义相对论效应。实际上，工程师们发现系统中相对论效应导致的误差是 10000 倍，要是忽略相对论效应，误差显然就太大了。

因此，虽然在日常生活中，相对论似乎离我们很遥远，但是实际上，每次你使用汽车上的导航系统或在飞机上飞行，其实就运用了该理论。

图 7 - 11　全球定位系统（GPS）采用由24 颗卫星组成的网，这些卫星在地球表面上方20000km 处绕轨飞行

延伸思考：相对论

牛顿错了吗?

相对论阐述了一个牛顿做梦也没有想到的宇宙。时间膨胀、运动物体的长度收缩和能转化成能量的质量在他的运动定律中根本没有见到踪影。弯曲时空对牛顿的时空观来说是全新的。这些意味着牛顿错了吗? 全然不是。

事实上，全部的爱因斯坦方程，在物体速度显著小于光速的速度下，就简化成牛顿运动定律。这个特点在本章中"数学计算"一节中针对时间膨胀而专门指出过。曾经很好地阐述过我们日常世界是如何工作的牛顿运动定律，只有在处理超高速或超大质量时才会失败。所以，牛顿运动定律可以认为是爱因斯坦理论的一种特殊情况。

科学经常以这种方式向前发展，以一种新理论涵盖之前有效的理念。例如，牛顿合并了由伽利略以地球为基础的运动的发现，将开普勒行星运动定律纳入他的万有引力理论中。或许再过一些时日，爱因斯坦相对论可能会被纳入一种更加宏伟的宇宙理论中。

❓ 回到综合问题

人类能以快于光速的超高速运行吗？

- 光速，记为符号 c，近似为 300000km/s。它是最著名的科学常数之一。
- 在 1905 年，爱因斯坦发表了他的狭义相对论。
- 这个理论断言，光速是自然界中的一个基本常数；它对于太空中任一参考系中的观察者都是相同的。
- 狭义相对论断言，质量不是恒定的。
- 任何一个物体速度增加时，它的质量也增加。
- 在物体质量增大时，增加其速度所需要的能量也增加了。
- 因此，在一个物体接近光速时，它的质量会接近无限大，加速无限大质量超越光速所需的能量也是无限大的。
- 因此，没有一个物理上的物体，例如以小于光速运动的人类或者宇宙飞船，会超过光速。

小 结

每个观察者从不同的参考系看世界。对于不同的观察者来说，对物理事件的描述是不同的。但是相对论表明，所有观察者必须根据相同的定律来看待宇宙的运行。因为光速是建立在麦克斯韦方程组的基础上的，这一原理要求所有观察者必须在他们的参考系中把光速看作是相同的。

狭义相对论涉及的观察者之间的运动不涉及互相加速，而广义相对论涉及的观察者可以处在任何参考系中。在狭义相对论中，简单的论证表明，移动钟看起来嘀嗒一次的时间比固定钟更慢——这是一种被称为时间膨胀的现象。此外，运动物体看起来在其运动方向上更短——长度收缩现象。最后，运动的物体比静止物体的质量更大，并且，在质量和能量之间存在一种等量关系，可以表达成著名的方程 $E = mc^2$。

广义相对论由观察引力与加速度的联系开始，阐明了宇宙中的质量扭曲了空间 – 时间构造，并且影响了其他天体的运动。广义相对论有三个经典实验——光线通过靠近太阳的区域时产生弯曲，水星轨道进动的改变和通过引力场时光线产生红移。

关键词

参考系	时间膨胀
广义相对论	狭义相对论
相对论	长度收缩

关键方程式

时间膨胀：　$t_{\text{MG}} = \dfrac{t_{\text{GG}}}{\sqrt{1-(v/c)^2}}$　　　　长度收缩：　$L_{\text{MG}} = L_{\text{GG}} \times \sqrt{1-(v/c)^2}$

质量效应：　$m_{\text{MG}} = \dfrac{m_{\text{GG}}}{\sqrt{1-(v/c)^2}}$　　　　静止质量：　$E = mc^2$

 发现实验室 ┄┄┄ ●

　　如果在电梯里，你抛下一个球的速度和从电梯外面（也就是从地面上）观察到的速度是相同的，你会感到惊奇吗？如果你相信在这种情况下速度是不同的，那么你是正确的。球相对于电梯里面的人可能在下降，但相对于在一楼地面上的人实际上在上升。在这个例子中，我们有两个测量运动的参考系。依靠使用跑表来测量时间和用米尺来测量距离，你能够描述在某个参考系中一个人的运动。

　　用米尺量好一个 10m 的距离。如果空间有限，你可以滚动一个球或使用一辆玩具汽车，并使用更短的距离。有个人站在起点后面，而另外一个人站在终点。第三个人可以站在边线左边而第四个人在右边。他们测量另一组人员从起点到终点线向后走（或慢跑、跑步、跳跃等）的时间和距离。

　　当运动者开始向后运动时，每位站在不同位置处的人启动各自的跑表，记录运动者到达终点线的时间。这个实验重复两次以上并记录数据。转换角色，直到每个人都完成了从起点向后走为止。还要确信记录时间者的位置轮换过了。行走过的人站到记录数据的位置，而右边的人移动到左边，反之亦然。

　　计算从每个参考点记录的平均运动时间。从不同的参考位置中，得到的平均运动时间有什么有意义的差别吗？请想想参考系对运动时间有影响吗？对此进行解释。

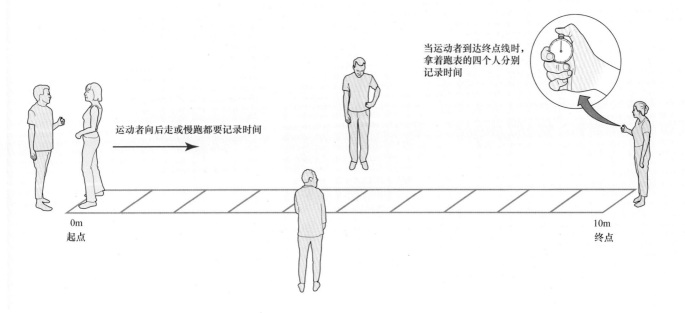

运动者向后走或慢跑都要记录时间

当运动者到达终点线时，拿着跑表的四个人分别记录时间

0m
起点

10m
终点

第8章 原 子

物理学

物理实验揭示了原子本身由更小的粒子组成。

生物学

碳，元素周期表中的第6号元素，是大多数生物分子的主要构成元素。

化学

元素周期表中的元素是根据它们的原子结构来排列的。

技术

当大量处于激发态的原子释放光子时，就产生了激光。

重要理念

我们周围的所有物质都是由原子组成的，原子是通过化学键构成我们世界的基石的。

环境

燃烧化石燃料可以释放硫元素的化合物进入大气，导致酸雨的形成。

当从阳光中看到氦的光谱时，第一次发现了氦元素。

重金属元素诸如铅和汞的原子，当它们存在于被污染的食物和水中时，会在人体中逐步积聚并使之中毒。

在地球深处，碳元素被压缩成密度最大的形态——钻石。

天文学

健康与安全

地质学

●=本章中将讨论的重要理念的应用　　●=其他应用

每日生活中的科学：深呼吸

这是美好的一天，在广阔的郊外，你在路上开着车，打开车窗，深深地呼吸着空气。摆脱了学校和工作是多么轻松惬意啊！呼吸是我们的本能，我们很少停下来想想我们为什么需要氧气。氧是一种化学元素，是构成我们周围所有物体的元素中的一种。伴随着你的每次呼吸，氧进入你的身体，通过化学反应释放能量，用于你的生长、运动和思考。没有像氧这样的非常活泼的元素，这些反应就不能发生。我们的生命依赖于氧以及其他种类的元素。

 最小的碎片

设想你从这本书中撕下一页并且把它撕成两半，然后把其中一半再撕成两半……以此类推，可能有两种结果，一方面，如果纸张是平滑的、连续的，那么这个过程会没有尽头，没有将来不能再撕开的小纸片。另一方面，你可能发现，你到达一个极限，此时将纸进一步撕割成两片后，得到的不再是小纸片。你怎么能确定纸张是否存在一片最小的、不能再分割的碎片呢？

希腊原子

大约在公元前 530 年之前，一些希腊哲学家，比如德谟克利特，已经对这个问题进行了深入的思考。德谟克利特表示（完全在哲学立场上）如果你拿世界上最锐利的刀子将物质切成块，最后你终于切出了最小的一片——一个不能再进一步切分的片（见图 8 - 1）。他把这个最小的片称为原子，原子这个单词可以粗略地翻译成"不可切割的"。他表示所有物质都是由这些原子组成的，并且原子是永恒不变的，但是原子之间的关系是经常改变的。这个论点，使得德谟克利特在哲学家，诸如柏拉图和赫拉克利特之间做了妥协，柏拉图主张真实的现实永不改变，赫拉克利特主张变化是无处不在的。

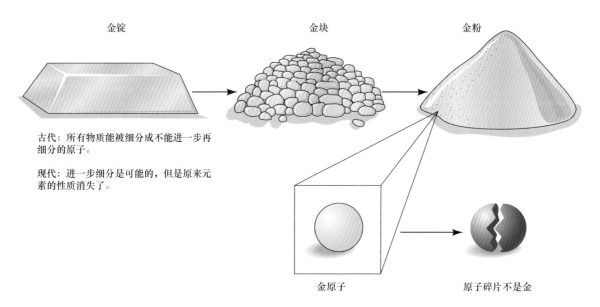

金锭　　　　　　　　金块　　　　　　　　金粉

古代：所有物质能被细分成不能进一步再细分的原子。

现代：进一步细分是可能的，但是原来元素的性质消失了。

金原子　　　　　　原子碎片不是金

图 8 -1　反复地切分一块金锭，就像反复撕纸一样，产生了小而又小的原子团，直到出现单独的金原子为止，再把原子分成两部分，所得到的碎片不再具有金的性质

⚠ 停下来想一想！

如果切分过程永远达不到最小单位，德谟克利特的论点会是什么样的？这种结果在逻辑上是可能的吗？

元素

现代原子理论通常归功于英国气象学家约翰·道尔顿（1766—1844）。在 1808 年，道尔顿出版了一本名为《化学哲学的新体系》的书。在书中，他描述了依靠化学家得到的关于物质的新知识——物质本身是由原子组成的。化学家们知道多数材料能够分解成更简单的化学物质。例如，你燃烧木柴，得到二氧化碳、水和灰烬中的物质。如果你用电流去电解水，得到两种气体——氢气和氧气。道尔顿和他同时代的人也认识到：一些被称为元素的物质是不能依靠任何化学方法分解成其他物质的。例如，木柴被加热能得到木炭（实质上是纯碳），但是，无论你如何尝试，都不能进一步分解碳。

我们称之为原子论的假说在概念上是很简单的。道尔顿建议，对于这种化学元素，把其不可分割的个体，叫作原子。他借用了来自古希腊的这个单词，但是他实际上很少用其他的古希腊单词。两种或更多种原子连接在一起形成分子——这个术语可以用到任何独立的原子集合上，不论它是包含两个原子或是上千个原子。分子组成了我们周围很多不同种类的物质。例如，水分子就是由一个氧原子和两个氢原子组成的（于是就组成了我们熟悉的 H_2O）。在道尔顿的观点里，原子确定不可分——他把它们想成是小木球（见图 8 -2）。在道尔顿的世界中，不可分的原子是所有物质的最基本的基石。

发现化学元素

描述和分离化学元素是 19 世纪化学家们的一个重要挑战。在 1800 年，不到 30 种元素被分离出来——但是还不足以发现元素化学性质的系统趋势。在 19 世纪早期，发现了将分子分解成原子的过程，被称为电解（依靠电来分离分子的过程），

图 8－2　原子可以想象成码在一起形成晶体的固体球，就像超市里的水果，原子模型经常被描绘成球形，当然，我们现在知道了原子并不是固体

这个过程利用了伏特发明的电池（见第 5 章），使得很多新元素依靠电解的手段而被分解出来。在 19 世纪上半叶发现了超过 24 种元素。

我们在日常生活中遇到的多数物质不是单元素而是两种或者更多的元素结合在一起的化合物。食盐、塑料、不锈钢、窗玻璃和肥皂都是由元素化合制成的。然而在日常生活中，我们还是有使用一些单元素物质（单质）的体验（见图 8－3）。

- 氦：一种轻质量的气体，除了用于派对的灌装气球和飞艇之外还用许多用途。在液体状态下，可以用于维持低温时的超导体（见第 11 章）。
- 碳：笔芯、木炭和金刚石都是纯碳的例子。这些材料之间的区别涉及碳原子连接在一起的方式，我们将在第 11 章中讨论。
- 铝：一种有很多用途的轻质量金属。该金属平滑的白色表面实际上是铝和氧的一种氧化物，但是如果你划破其表面，下面富有光泽的材料就是纯的铝。
- 铜：微红色的用来制造硬币和容器的金属，铜线是一种价廉高效的导电体。
- 金：一种软的、黄色的、致密的、贵重的金属。上千年来，金已经成为财富的标志。今天，它用于飞船上的关键电器和其他复杂的电子设备上的接触元件。

虽然我们了解了自然界中 90 多种不同的元素，但是很多自然物质只是由其中几种构成的。六种元素——氧、硅、镁、铁、铝和钙，几乎占了地球固体物质的 99%。你身体中的多数原子是氢、碳、氧或者氮。另外，磷和硫虽然很少，但是起着重要的作用。多数恒星几乎完全是由最轻的元素氢组成的。

停下来想一想！

看看你周围。你看到多少种不同的元素？多少种不同的化合物？化合物比元素更多，这是合理的吗？为什么是这样或者为什么不是这样？

元素周期表

迪米特里·门捷列夫在 1869 年发明了元素周期表，把所有已知的化学元素系统化了（见第 1 章），将新发现的元素进行归纳，并成为预测更多

(a)

(b)

(c)

(d)

(e)

图 8-3 应用于日常生活的元素中，包括（a）气球中的氦；（b）金刚石中的碳；（c）易拉罐中的铝；（d）导线中的铜；（e）电子设备中的金

新元素的有力工具。最初的元素周期表以元素的原子量为基础（从左上角开始的行周期中）排列了几十种元素并且用化学性质分组（在列族中）。今天，元素周期表中排列了 118 种元素，其中 92 种是自然界存在的，其余的是人造元素（见图 8-4）。每个元素被分配给一个称为原子序数的整数，用来确定表中元素的顺序。原子序数对应原子中质子的数量，或者等价于原子不带电时原子核周围的电子数。如果你按照图 8-4 来排列元素，在书中你从左到右，或者从上到下阅读，元素逐渐加重，同一族的元素有很相似的化学性质。

周期性的化学性质

元素周期表最引人注目的特性是，在任何指定的一族中元素的化学性质相似性。例如，表最左边的族是最有活性的元素（除氢以外），被称为碱金属元素（锂、钠、钾等）。这些元素中的每一种与右边倒数第二族元素（氟、氯、溴等）以 1∶1 形成化合物被称为盐。水能够溶解这些化合物，如氯化钠。

左数第二族中的元素，包括铍、镁和钙等，被称为碱土金属元素，它们也具有相似的化学性质。

例如，这些元素与氧以 1∶1 化合形成灰白色的具有很高熔点的化合物。

最右边一族的元素（氦、氖和氩等），全部是无色、无味气体，它们几乎不可能参与任何种类的化学反应。当普通气体太活泼时，这些惰性气体就能够发挥作用。因为比空气轻的氢有爆炸的危险，所以常使用氦来升降飞艇。由于氮或氧会与炽热的灯丝发生反应，所以使用氩来填充白炽灯。

在 19 世纪末，科学家们了解了元素周期表的作用——把当时已知的 63 种元素编了组并且暗示了其他元素的存在——但是不知道为什么会这样。科学家们对周期表的信心是由门捷列夫最初给出的事实所支持的，周期表中有空格——他预言的元素能填进去的位置，但是当时还没有发现这些元素。接下来对于空格中的元素的追寻，导致我们发现了现在被称为镓（1876 年）和锗（1886 年）的元素。

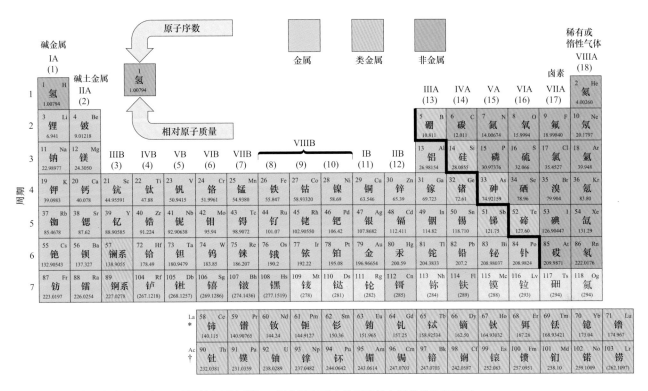

图 8-4　元素周期表。相对原子质量从左至右增加，每个垂直列中的元素具有相似的化学性质

 **科学史话**　　　原子是真实的吗？

德谟克利特和其他思考原子存在的哲学家们没有在科学中真实地做点事——他们的观察与具有科学特征的假设之间没有什么关联。无论怎样争论，关于物质性质和原子存在的哲学思考仅仅就是思考。在过去的三个世纪中，对于原子真实存在的有力证据增多了。这里举出一些例子。

1. 气体的行为：瑞士物理学家丹尼尔·伯努利（1700—1782）认识到，如果原子是真实的，它们必须有质量和速度，因此就有动能。他成功地把牛顿第二定律运用到原子上以解释在压力下气体的行为。气体粒子数加倍，或者体积减半，气体与各器壁之间碰撞数也加倍。这就使得压力也成倍地增加——此压力是作用在单位面积上的。温度增加就增加气体粒子的平均速度，也就增加了压力。

2. 化学物的合成：英国化学家约翰·道尔顿基于他对任何已知化合物的观察而率先提出了原子理论，他发现元素以特定的质量比而结合：例如水总是有 8 份质量的氧和 1 份质量的氢。此外，当两种元素以多于一种方法化合时，两种化合物的质量比会是一个小的整数，这样一来，12lb 碳能够与 16lb 氧或者是 32lb 氧化合（分别形成简单的分子 CO 或 CO_2）。道尔顿因此认识到，化合物通常不会有任意分数的元素比。这表明了元素的一些单元是根本不可分的。

3. 放射性：一些独立的原子会发出辐射，据此贝克勒尔于 1896 年发现的放射性，提供了对于原子理论的使人信服的证据（见第 12 章）。受到这种辐射时，某些磷会发出闪光。在 1903 年，在看到由独立的原子发出的辐射引起的不规则闪光时，甚至对原子理论最怀疑的人都不得不暂停了他们的怀疑。

4. 布朗运动：布朗运动是一种在悬浮于水中的花粉微粒的不规则的运动。在 1905 年，阿尔伯特·爱因斯坦通过数学方法证明了这种运动是由原子随机碰撞导致的。爱因斯坦认识到，运动的原子总是袭扰悬浮在液体中的任何小物体。在任一指定的时刻，纯属碰巧，物体的一边有更多的原子碰撞它，就会被推向有较少原子碰撞它的那一边。然而，过一会儿，更多的原子会击打另一表面，则物体会改变方向。过了一段时间后，爱因斯坦证明了原子碰撞确实会产生不规则的运动，这个运动你可以通过显微镜看到。爱因斯坦用统计数学做出了关于悬浮颗粒能运动多快和多远的一些预言——这是关于原子真实存在的令很多科学家信服的结果。

注意，尽管对于原子真实存在的证据是多种多样的，但是当时的所有关于原子存在的证据都是间接的。物质被观察到了好似它是由原子构成的才具有的行为，但是原子本身还是没有被直接观察到。

5. X 射线晶体学：X 射线晶体学（见第 6 章）于 1912 年发现了原子的尺寸和在晶体中原子是规则排列的，这些证据说服了当时仍怀疑原子存在的人。X 射线证明了原子的假说，X 射线衍射图像进一步表明原子是真实存在的。

6. 原子级显微镜：在 20 世纪 80 年代早期，德国海德堡大学获得了第一幅单原子的图像。他们使用的是被称为扫描隧道显微镜的仪器。现在全世界都能观察到独立的原子了（见图 8–5）。

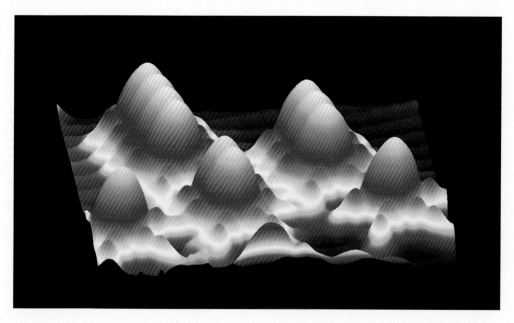

图 8–5 描绘单原子的电子图像，是由一种被称为扫描隧道显微镜的仪器测量出的，"山脉"对应晶体中的单原子

停下来想一想!

当你处在很多历史事件中的某个时刻中时，你愿意相信原子是真实的吗？当道尔顿解释元素存在时呢？当爱因斯坦解释布朗运动时呢？当向你展示像图 8-5 的图像时呢？从来没有吗？什么才能使事情"真实"？最后，原子是否真实存在，对于科学来说会有差别吗？

原子结构

道尔顿所提出的独立的原子不可分割的想法并不是终级理念。在 1897 年，英国物理学家约瑟夫·约翰·汤姆森（他是欧内斯特·卢瑟福的老师），清楚地辨认出被称为电子的粒子。汤姆森发现电子有负电荷，并且它比已知的最小原子要更小和更轻。汤姆森的发现对人们的长期猜想提供了无可辩驳的证据。原子并不是构成物质的基石，而是由更小和更基本的事物构成的。表 8-1 归纳了一些与原子有关的重要术语。

表 8-1　关于原子的重要术语	
术语	说明
元素	一种不能再进一步分解的物质
原子	化学变化中的最小粒子
分子	两种或更多原子结合在一起的聚合体，具有化学性质的物质最小单位
电子	原子中带负电荷的、质量很小的粒子
原子核	原子中小而坚实的中心部分
质子	原子核中带正电荷的粒子
中子	原子核中电中性的粒子
离子	带电荷的原子或原子团

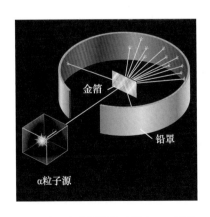

图 8-6　在卢瑟福的实验中，一束放射性粒子轰击一块金箔，被金箔中的原子核散射。一个铅罩保护研究者免遭辐射

原子核

关于原子结构的最重要的发现是由出生于新西兰的物理学家欧内斯特·卢瑟福和他的合作者于 1911 年在英国曼彻斯特完成的，实验的基本思路见图 8-6。实验用一块放射性材料，这种材料能逸出高能粒

子（见第 12 章）作为"子弹源"。该材料放射出的高能粒子被科学家命名为 α 粒子，比电子重几千倍。使用图 8 - 6 所示的装置，卢瑟福得到这些原子内的"子弹束"，朝向图中右侧运动。在粒子束的前面，他放置了一块薄金箔。

设计这个实验，是为了观测粒子和原子碰撞后会发生什么结果。当时，人们相信小的、带负电的电子散落在整个原子中，多少有点像是面包上的葡萄干。卢瑟福试着把子弹射进"面包"，看看会发生什么。

实验结果令人惊愕。几乎所有射向原子内的"子弹"，或是不受到影响向右通过金箔，或是沿着一个小角度散射。这个结果很容易解释：它意味着多数重的 α 粒子通过的是金原子之间的空隙，而那些击打到金原子的 α 粒子则会因为碰到原子内部密度相对低的物质而发生角度不太大的偏转。

然而，在 1000 个当中有不到一个 α 粒子，会以一个大角度散射，甚至反向弹回。在得到这个与众不同的结果大概两年之后，卢瑟福断定，每个原子的大部分质量处于中心的很小很紧凑的物体当中——他将它称为原子核。大约 1000 次中有 999

次的 α 粒子完全没有碰到原子核，或者只是碰到原子核外围的低密度物质。然而 1000 次中大约有一次，α 粒子击中了原子核并以大角度弹出。

你可以这样来想象卢瑟福的实验：如果原子是一个直径大于摩天楼的烟雾或蒸汽大球，而原子核是一个处在蒸汽或烟雾中心的保龄球，那么多数射向原子的子弹将径直穿过，只有那些打中保龄球的子弹会以大角度弹出。在这种类比中，保龄球扮演了原子核部分，而烟雾或蒸汽则是电子的范围。

作为卢瑟福研究的结果，一幅新的原子图像出现了，这个图像我们现在已经很熟悉了。卢瑟福原子模型表述：一个小的、致密的、带正电的原子核处在原子的中心，而轻的、带负电的电子围绕着它，就像围绕太阳在轨道上运行的行星。事实上，卢瑟福的发现已经成为现代社会的一个图标，装饰着从邮票到浴室清洁剂等众多日常用品（见图 8 - 7）。后来，物理学家们发现原子核本身主要由两种不同的粒子组成（见第 12 章），其中之一带有正电荷，称为质子；另一种，直到 1932 年才证实了它的存在，它不带电，称为中子。

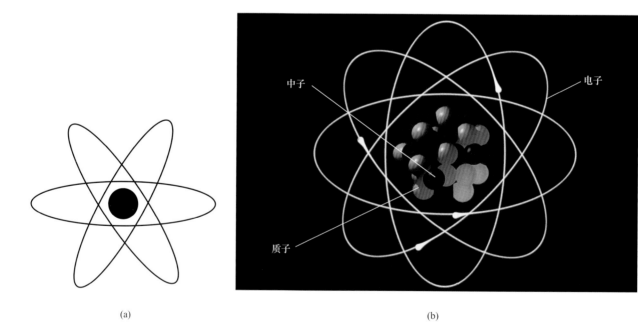

(a) (b)

图 8-7　（a）美国核管理委员会，是美国政府负责监督核电站核废料处理的机构，根据一个高度模型化的原子模型设计了它的徽标；（b）一个原子模型，中间是大质量的质子和中子构成的原子核，电子环绕在它们周围

对于原子核中每一个带正电的质子，通常有个带负电的"在轨"电子，于是电子和质子的电荷相互抵消，因此每个原子都是电中性的。在某些情况下，原子或是丢失或是得到电子，在此情况下，它们带电荷并被称为离子。

为什么卢瑟福原子不能工作

卢瑟福发现的原子模型使我们回想起了在我们的太阳系中行星的熟悉轨迹。然而，我们对自然界中行星运行的行为和规律已经非常熟悉了，因此知道卢瑟福描述的原子在自然界中是不可能存在的。为什么这样说呢？

我们在第 2 章中学习过，一个在圆形轨道上运行的物体经常处在加速状态——因为它连续地改变着方向，所以它不是处在匀速运动中。此外，我们在第 5 章中学习过，任何被加速的电荷必定释放出电磁辐射，这是麦克斯韦方程组的结论。于是，如果一个原子符合卢瑟福原子模型，在其轨道上运行的电子会不断地释放出处于电磁辐射形态的能量。根据热力学第一定律，这个能量必须来自某处（记住能量是守恒的），因此，由于电子释放它们的电磁辐射能，它们会逐渐螺旋式地接近原子核，最终落入原子核中，原子就不可能是以我们了解的这种形式存在。

实际上，如果你做些计算，卢瑟福原子的寿命期望值小于 1s。但是实际上，很多原子持续存在了上百万年，几乎从宇宙开始出现时就已经存在了。这一计算结果给原子简单的轨道模型提出了一个严重的问题。

当物质遇到光的时候

几乎从一开始，卢瑟福原子模型就遇到了困难。它存在一些问题，包括我们刚才描述的它违背基本物理定律。而在另一方面，卢瑟福原子模型根本无法解释已知的原子行为。20 世纪的第一个十年是科学中令人激动的一段时期，因为人们争先恐后，试图发现能够说明原子性质的新方法。

玻尔原子

图 8－8　尼尔斯·玻尔（1885—1962），他大部分时间都在从事原子结构方面的先导性的工作

在 1913 年，尼尔斯·玻尔（1885—1962），一位在英国工作的年轻的丹麦物理学家（见图 8－8），提出了另一个原子模型，避免了卢瑟福原子模型遇到的种种争议。玻尔原子模型是很奇异的：它不符合我们关于现实世界中对事物的认知。玻尔原子模型的唯一事实就是这个模型能够行得通。

玻尔的研究开始于对一种关于热氢原子发光的猜测。氢气在几个独立的波长上，而不是在连续的波长范围上发光且发热。年轻的玻尔深入地专注于研究光的发射和原子与光波电磁辐射的其他形式之间互相作用的方法。运用当时新发现的理论（我们将在第 9 章讨论），他发现了一种方法，可以解释他在实验室中看到的电子环绕原子核的运动，这种运动并不像行星环绕太阳。玻尔认为，只存在一些特定的轨道——"容许轨道"，其距离与原子的中心是固定的，电子能在这些轨道上长期存在而不发射电磁辐射。（当描述电子在原子中的分布时，我们更愿意使用术语电子能级或电子壳层，而不是容许轨道，因为后来的工作指出电子轨道的理念不是对原子的一种好的描述。在第 9 章中，我们会看到量子力学这门学科，也是当时刚刚发现的一门学科，给出了一个不同的原子中的电子图像，电子是一种波函数，而不是绕轨运行的粒子。）玻尔关于原子的说明如图 8 - 9 所示，这种理念是电子在距原子核一个特定的距离 r_1 存在或者是距离 r_2 或 r_3，等等。每个距离对应于不同的电子能级。只要电子保持在这些距离其中之一，它的能量就是固定的。在玻尔原子模型中，在任何时候，电子总是不能存在于这些容许距离之外的任何轨道上的。

思考玻尔原子的一种方法是，想象当你爬一段楼梯台阶时会发生什么。你能站在第一级台阶上或

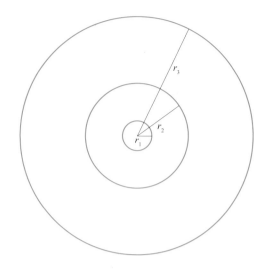

图 8 - 9　玻尔原子模型图。图中给出了最初的三个电子能级和它们与原子核对应的距离（r_1、r_2 和 r_3）

者你能站在第二级台阶上，但是不能站在两级台阶之间。用这样的类比方法，一个电子能处在第一电子能级，或者处在第二电子能级，或者处在第三电子能级，但它不能处在这些电子能级之间。能量台阶和原子中的电子可以用简单的图像来说明（见图 8 - 10）。当你改变你在台阶中的位置时，你的重力势能也会变化。相似地，每时每刻一个电子改变电子能级，它的能量也会变化。

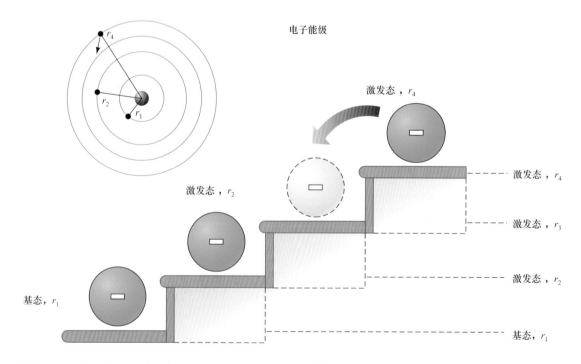

图 8 - 10　关于玻尔原子模型中的电子能级变化，楼梯是一个很好的类比，电子可以处在基态或几个激发态中的任何一个能级，但是永远不能处在能级之间

原子中的电子可以处在一些电子能级中的任何一个，每个电子能级对应于距原子核不同距离的轨道。必须施加能量以移动一个电子从一个电子能级到另外一个较高的电子能级，正像你的肌肉必须施加一个力使你得以上一阶楼梯。于是一个原子的电子能级让人想起像图中所示的一系列台阶。一个处在最低电子能级的电子可以被说成是处在基态，而所有在基态以上的电子能级则被称为激发态。

光子：光的粒子

玻尔原子模型的一个主要特点是一个处在较高电子能级的电子能够向下跃迁进入一个较低电子能级。这个过程类似于在楼梯顶端的一只球在重力影响下掉下楼梯。

假定一个电子处在激发态，如图 8 - 11 所示。电子能够跃迁到最低的电子能级，但是如果它这样做了，一些东西必然会带走多出来的能量，因为能量是不能消失的。玻尔的洞察力正在于此。当电子从较高电子能级向较低电子能级跃迁时，能量通过电磁辐射放射出去，这被称为光子。每当一个电子从较高电子能级向较低电子能级跃迁，光子就以光速辐射出去。（顺便我们可以注意到，在一种激发态中的电子可以经由几种不同途径到达基态，这个一会儿就会讨论到。）

光子概念引起一个令人困惑的问题：光——麦克斯韦的电磁辐射是波还是粒子？我们会在第 9 章中探讨这个难题，那时我们将研究原子的更多行为。

原子和电磁辐射的相互作用为玻尔原子模型提供了最有力的证据。如果电子处在激发态，并且如果它们向较低电子能级跃迁，那么光子被发射出来。如果我们注意到一组原子正在发生跃迁，我们会看见光或其他形式的电磁辐射。于是，当你注视你厨房中炉火的火焰或者一只电炉发热的线圈时，你实际上看到了电子在原子中的电子能级之间跃迁而发出的光子。

玻尔原子模型不仅仅告诉我们电磁辐射是怎样发出的这一物理图像，也提供了一个解释告知我们

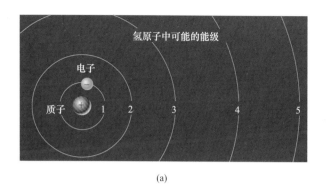

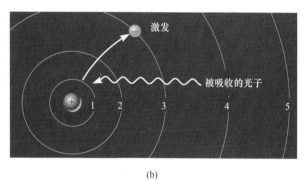

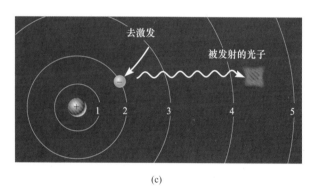

图 8-11 （a）原子中的电子会在两个电子能级之间跃迁；（b）吸收过程；（c）以光子形态发射能量

电磁辐射是怎么被吸收的。从一个处在低电子能级的电子着手，比如处于基态的电子。如果一个光子恰好具有合适的能量值，它就能引起电子到达更高的电子能级，那么，光子就能被吸收并且电子会被推向上面的激发态。光的吸收就是光发射的逆过程。

原子和电磁辐射相互作用是非常简单的，但是有两个关键理念是深入其中的。第一个理念，一个电子从一个电子能级跃迁至另一个电子能级。跃迁有一定的规则，这个规则是建立在一个电子能级定义之中的。这个意思是说，电子必定是在它的初始位置消失，并且在它的最终位置重现，永远不会经过两个位置之间的任何其他位置。这个过程被称

为量子跃迁，这似乎很难想象，但是它看起来是自然界中的基本事实——第9章中将介绍自然界中原子尺度上的一个"量子预言"的例子。

第二个关键理念是，如果一个电子处在一个激发态之中，原则上，它能以一些不同的方法返回到基态。如图8-12a所示，一个处于较上方电子能级的电子借助一次大的跃迁发射了一个具有较大能量的独立光子而回到基态。或者，也可以借助两次较小的跃迁，它也能回到基态，如图8-12b所示。

这些跃迁中，每一次较小的跃迁都发射一个能量稍微小些的光子。两次不同的跃迁发出的能量不同，但是两个能量之和还是会等于单独一次大跃迁的能量。如果有很多个这种原子，我们会发现，有一些电子进行大的跃迁，而其他的电子会进行两次较小的跃迁。因此，当我们观测这些原子时会测量到三种不同的光子能量。

电子能级的古怪行为帮助我们解释了在第6章中学习过的发光现象。重温一下，电磁辐射的能量与它的频率有关。在发光过程中，图8-12中的原子吸收了一个较高能量的紫外辐射的光子（我们的眼睛看不到）。然后原子发出两个较低能量的光子，

其中至少有一个处在可见光的范围。

玻尔原子模型的一个关键点是，让一个电子从基态到任意一个激发态需要能量，这种能量必须来自某处。我们经常提到一种可能性：原子会吸收频率合适的光子，以使得电子到达高电子能级。然而还有其他可能性。例如，如果对材料加热，原子的移动会加快，获得动能，并相互碰撞。在这些碰撞中，一个原子能吸收能量，然后用这个吸收的能量，去让电子跃迁到更高电子能级。这就解释了为什么材料被加热时常常发光。

跳跃性的直觉

玻尔首先提出的原子模型，是以对实验结果的一种直觉和关于亚原子内部世界的物质行为的理解为基础的。在某些方面，玻尔原子模型完全不像我们在宏观世界所体验过的任何事物。科学家们花了两个十年来发展被称为量子力学的理论。该理论指出，为什么电子仅存在于玻尔的容许轨道上而不是在轨道中间。物理学家们接受玻尔原子模型是因为这个模型说得通——它解释了在自然界中看到的事情，并且允许对现实的物质行为做出预言。

玻尔怎么能够想到如此陌生的模型？他确实受到了量子力学理论早期工作的指导（见第9章）。然而，仅仅是这样的解释还是不能令人满意的。因为当时有很多人在研究原子和光的相互作用，但是只有玻尔能把跳跃性的直觉引入他的原子模型。这个见识，像牛顿关于引力可以延伸到月球轨道的认识一样，是一项重大成就。

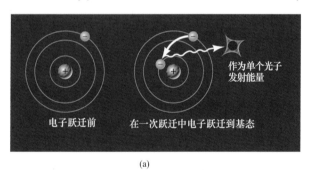

电子跃迁前　　在一次跃迁中电子跃迁到基态

作为单个光子发射能量

(a)

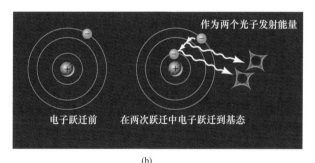

电子跃迁前　　在两次跃迁中电子跃迁到基态

作为两个光子发射能量

(b)

图8-12　电子可以用下述两种方式从较高电子能级跃迁到较低电子能级：（a）一次性跃迁，放出一个光子；（b）多次跃迁，放出多个光子

🛑 **停下来想一想！**

跳跃性直觉，比如玻尔所做出的，与我们在第1章中所说的科学方法是兼容的还是不兼容？

光谱

无论何时，能量会被加到由很多原子组成的系统上，一些原子中的电子会跃迁到激发态。随着时间推移，这些电子将通过量子跃迁回到基态并放出光子。如果那些光子处在可见光范围，光源会出现发光现象。如果它们处在红外线范围，材料会出现放热现象。

你可能没有意识到这一点，但是你的生活中一直有这样的情况。普通汞蒸气路灯是一个充进汞蒸气的灯泡。当气体被加热时，电子被激发到激发态，当电子向下跃迁时，它们发出光子，发出一种偏蓝白色的光。经常用于高速公路立交桥的其他类型的路灯，使用充进钠原子的灯泡。当钠被激发时，不断发出处在黄色范围的光，于是灯看起来是黄色的（见图 8－13）。

还有其他很多例子，你肯定看到过在荧光染料的颜色中通过量子跃迁发出的光子，这些生动活泼的颜色常用于体育服装和广告中。从这些例子中，你可以得出两个结论：①量子跃迁在你日常生活中有很多例证；②不同原子发射出不同能量的光子。

这两个结论中的第二个对科学家而言是非常重要的。如果你思考一下关于原子的结构，不同原子发射和吸收不同能量的光子这一理念不应当太令人惊讶。电子能级取决于原子核和电子之间的电吸引，正如行星轨道取决于行星和太阳之间的引力吸引一样。不同的原子核有不同数量的质子，于是环绕它们的电子处在不同的电子能级。实际上，原子内部电子能级之间的能量在各种各样的化学元素中是不同的。因

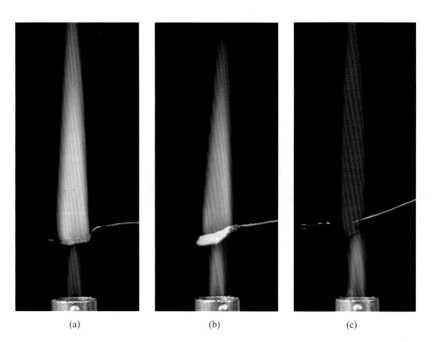

图 8－13 （a）钠；（b）钾；（c）锂
元素燃烧发出不同颜色的火焰

(a)　　　　　　　(b)　　　　　　　(c)

为由一个原子发射的光子能量和频率取决于这些电子能级之间能量的差别，每种化学元素会发射一组特点不同的光子。

你能想到由每种化学元素发射的特点不同的光子就像一种"指纹"——通过它能辨别出是哪种化学元素。基于这种特征能开发出很有趣的应用。指定原子发射出的光的波长分布被称为光谱，一种有特点的"指纹"能用来辨别化学元素，当用其他手段辨别它们很困难的时候，就可以采用光谱分析。

实际上，辨别过程是这样进行的，来自气体原子的光通过一个棱镜而发生色散（见图 8 - 14）。每种可能的量子跃迁相应于一种特定波长的光，于是每种原子产生一组线条，如图 8 - 15 所示。这种光谱就是原子的"指纹"。

玻尔原子模型提示，如果一个原子发出特定波长和能量的光，那么它也会吸收这个波长的光。发射和吸收过程是在同样两个电子能级之间进行的量子跃迁，只是方向不同。因此，如果白光照射一种含有特殊种类原子的材料，一定波长的光会被吸收。从材料的另一面上来观察透过的光，你会看到有些颜色不见了。被吸收波长的暗区被称为吸收线。这组吸收线是和原子发出的一组颜色一样的原子"指纹"。虽然在光谱中普遍使用可见光，不过对于电磁波谱中任一部分，上述吸收行为都是一样的。

光谱学成为几乎每个科学分支都可以使用的标准工具。天文学家使用发射光谱发现遥远星球上的化学元素，研究吸收线以确定星际尘埃和外部行星大气的化学元素。光谱分析也常用于制造业，用来研究制造业中生产线上的杂质。在调查取证过程中，警察部门鉴定未知材料的微小痕迹时也常使用光谱分析。

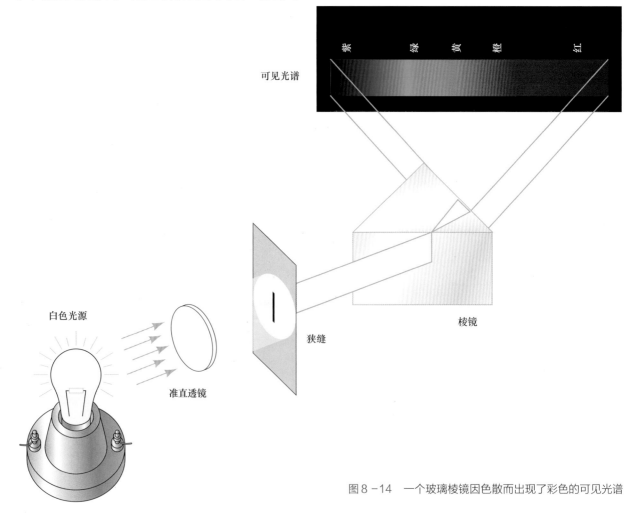

图 8 - 14　一个玻璃棱镜因色散而出现了彩色的可见光谱

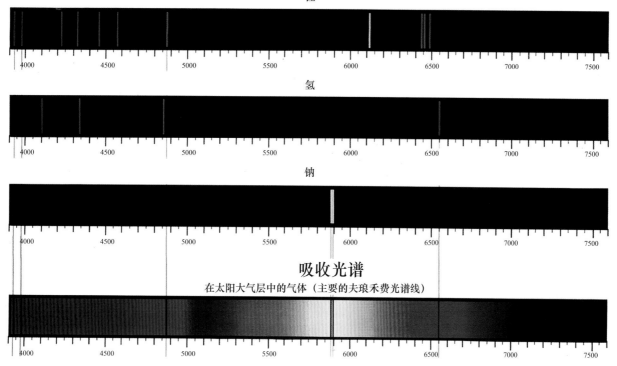

图8-15　光谱提供了鉴别不同化学元素的指纹，诸如锂、氢和钠，分别如上方三条亮线光谱所示。上方光谱表明，暗线是由太阳大气中这些或其他元素吸收光子所引起的

 生命科学

生命化学反应的范围

在20世纪40年代初完成的一组传统实验中，科学家们详细地研究了化学反应怎样取决于被称为酶的大分子催化的问题。在这些实验中，一种会有化学反应的产物的液体被允许流进一只管子，液体在管中越往下，跟踪着的反应越远。沿着管子测量不同点的光谱，科学家们按照电子在化学反应中行为的变化去跟踪。以这种方法，在了解生命化学过程中，科学家们揭开了极其复杂的问题中的一部分。

最近，科学家们发明了能够用光谱学辨别汽车尾气中的污染物的仪器。在抵御空气污染和酸雨的战斗中我们有了新的工具。

 科学史话

氦的故事

你可能接触过氦，比如给派对的气球充过氦气。氦气是令人感兴趣的气体，不仅由于它的性质（比空气轻，所以能上浮），而且还因为它的发现历史。

氦字指的是 helios，在古希腊语中的意思是太阳，因为氦是 1868 年由英国科学家约瑟夫·诺尔曼·洛克耶（1836—1920）首先从太阳光谱线中发现的。氦气在地球大气中很稀少，在洛克耶发现它之前，科学家们甚至没有意识到它的存在。在氦发现之后大概 30 年之内，天文学家们承认太阳中存在氦元素这个事实，但是在地球上却没有发现氦。

这种认定导致了一个很有趣的问题。太阳上有的化学元素在我们自己的星球上就不存在吗？如果是这样，它会妨碍我们了解宇宙的其余部分。原因很简单，如果我们不知道一个元素是什么，并且不能在实验室中分离出来，那么我们就不能真正了解它的性质。实际上，氦在地球上的存在直到 1895 年才被证实，是洛克耶在一个放射性材料的光谱中发现的。

 技术　　　　激光

玻尔原子模型为我们了解现代科学和工业中最重要装置之一——激光的工作原理提供了很好的理论基础。激光（laser）是一些单词的首字母缩写体，它的全称是 light amplification by stimulated emission of radiation（受激辐射的光放大）。每个激光器的核心是很多原子组成的激光介质——或许是一块红宝石晶体，或者是封闭在玻璃管中的气体。术语"受激辐射"指的是光和原子的相互作用。如果一个电子处在一个激发态，如图 8-16 所示，并且刚好有一个合适能量的光子经过附近，电子可以受激，并跃迁到较低能量的状态，然后释放出第二个光子。第一个光子的"刚好合适的能量"，我们的意思是指这个光子的能量等于原子中两个电子能级之间的能量差。

此外，受激原子以一种特殊方法放出光子。记住，光是能用波来描述的电磁波。在激光中，所有辐射光子的波峰与第一个光子的波峰精确地排成一列，信号通过相长干涉而不断增强。用物理学家的语言来说，就是光子是"相干"的。因此，在受激辐射中，在过程开始时你有一个光子，在结束时有两个相干光子。

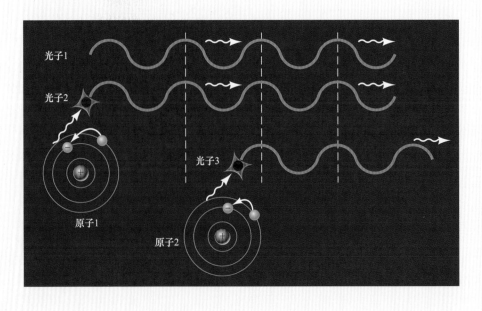

图 8-16　受激辐射原理

现在假设你有很多个原子，在那里多数电子处在激发态，如图8－17所示。如果一个合适能量的光子从左边进入这个系统并且运行到右边，它会通过第一个原子并且刺激出第二个光子的辐射。这时你会有两个向右边运动的光子。在这些光子遇见其他原子时，它们又刺激出新光子的辐射，于是你有了四个光子。因此，可以看见光在激光器内被迅速放大，不久就会有光子束通过激光介质向右方移动。从激光介质外部连续不断加入的能量使原子跃迁到它的激发态，于是越来越多的相干光子被产生出来。

在激光器中，激发介质被两端的镜子限制在中间，这样运动到右边的光子遇到镜子后就会被反射回来，并再次通过材料，它们在行进过程中会刺激出更多的光子。如果光子排列与激光器末端镜子垂直，它会继续在镜子间来回反射。然而如果光子束的方向与镜子成哪怕是一个很小的角度，它最终会偏离激光器的侧边并逸出。于是，只有那些精确排列成直线的光子会在镜子之间来回弹跳，信号不断地被放大。排成直线的光子会上百万次地来回穿越激光器，在系统中建立一个相干光子的巨大喷流。

镜子必须设计成部分反射的——比如射到右端镜子上的光子有95%被反射回激光器。剩余的5%的光子从激光器里漏出，这个光子束是由强相干光组成的。

从1960年激光器发明后，它就开始了在科学和工业上的广泛应用（见图8－18a）。低功率激光器可用于光学扫描仪，诸如在超市检查线上的那一种。光指示器可以用来讲课和幻灯放映。光线沿直线传播的事实，使得激光在长距离测量中显示出了巨大的作用。例如，现代地铁隧道使用激光进行常规测量，以在地下保证一条直线。激光也用来探测地震断层的移动以便预告地震。在这种情况下，激光直接通过断层，于是地面的轻微移动能够很容易地被探测出来。精细聚焦激光束有望彻底改革需要精细流程的工作，诸如眼外科手术（见图8－18b）。大量的大功率激光器能传递大量的能量，它们经常被用于工厂的切割工具上以及一些手术器具上。军方也采用激光技术，在目标和测距仪上、在未来能量武器设计上都有应用。

从科学观点出发，由于激光能够非常精密地测量原子结构和性质，所以它是重要的。几乎所有的关乎原子的现代研究方法都要依靠激光。

图8－18 激光有很多用途（a）天文学家用激光来排列和聚焦望远镜；（b）氩激光器中产生的光由光纤传输，用在眼外科手术上

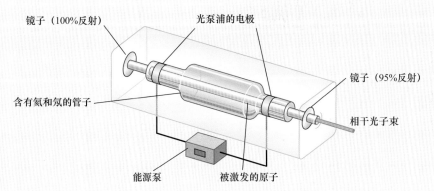

图8－17 激光器的作用。激光器内，原子中的电子连续不断地借助外部能源泵入激发态，当电子返回到基态时，光子束被释放出来

元素周期表为什么起作用：电子壳层

迪米特里·门捷列夫一直不知道他的元素周期表在揭示原子及其电子基本构造方面的巨大作用。随着玻尔原子模型及其后续理论的出现，我们最终了解了为什么元素周期表起作用。我们现在认识到元素周期表中元素的模型反映了围绕原子核的电子是如何进行排列的。

原子是一个大部分空着的空间。当两个原子挨得足够近并发生化学反应时——例如在燃烧着的煤中的碳原子和氧原子，它们最外层壳的电子首先相遇。在第10章中我们会看到这些最外层壳的电子影响着材料的化学性质。如果我们要弄懂元素周期表，必须先弄清这些电子的行为。

电子是一种服从被称为泡利不相容原理的粒子，这个原理说：没有两个电子能够同时占有同一个能量状态。一种类比是把电子和停车场中的汽车来做比较。每辆汽车占有一些空间，一旦空间被占满，就不会有其他汽车停到这里来。电子的行为也恰好是类似的。一旦一个电子冲进原子中一个特别的位置，就没有其他电子能占有同一个位置。因为停车场中的车道和汽车之间必须保持是空的，在所有实际空间由汽车占有之前，停车场的车位就被占满了。

实际上已经证明，最内层的电子壳层，只能容纳两个电子，这层电子壳层相应于最低的玻尔能级。这两个电子都有自旋且自旋方向相反。当我们开始给元素周期表中所有可能存在的化学元素编图的时候，我们知道元素一（氢）在最内层壳中有一个电子，元素二（氦）在同样壳层中有两个电子。此后，如果我们要附加上一个新的电子，因为第一层电子壳被完全填满，它必须进入第二层电子壳层。这个情况解释了为什么只有氢和氦出现在元素周期表中的第一排。

锂的第一层电子壳层里有两个电子，在第二层电子壳层中有一个电子。锂是元素周期表第一族中刚好在氢下面的元素，这是因为氢和锂两者在它们的最外壳层都只有一个独立的电子（见图8-19）。给定这个排列，我们会预料从锂原子移走一个电子比从氢原子移走一个电子要更容易，因为锂的外层电子距原子核更远。这种情况的确是一个很好的证据，证明我们以这种方法思考元素周期表是正确的。

第二层电子壳层有供八个电子用的房间，这个

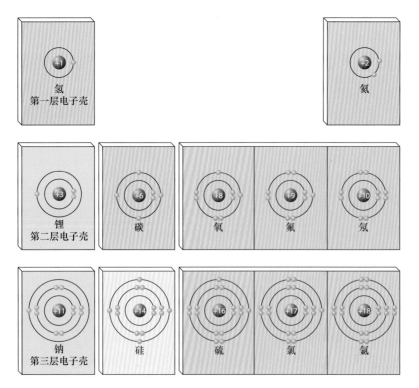

图8-19 一些普通元素中的电子排布揭示了元素周期表中元素的基本结构。第一层电子壳层能容纳一个或两个电子，相应于头两个元素氢和氦。第二和第三层电子壳层容纳八个电子。同一族中原子在最外壳层中有同样的电子排列：第一族有一个单独的电子，倒数第二族的电子比填满时的电子数少一个，最后一族（惰性气体）有电子完全填满的外壳。注意第二排和第三排只显示了部分元素

事实反映在元素周期表第二排的八个元素上，从有三个电子的锂到有十个电子的氖。氖直接出现在氦下方，并且我们能预料这两种气体有相似的化学性质，因为这两者都具有完全充满的最外电子壳层。

因此，头两排中电子壳层中电子位置和数目的简单计算就解释了为什么元素周期表中第一排有两个元素，而第二排有八个。根据相似（但是某些地方更复杂）的论证，可以证明泡利不相容原理需要元素周期表中下一排有八个元素，接着是十八个，等等。于是，随着对原子的电子壳层结构的了解，门捷列夫在化学元素中发现的神秘规律性成为自然法则起作用的一个很好的例子。

延伸思考：原子

原子看起来像什么？

贯穿本书，你能勾勒出原子的图画。在本章中，我们把原子画成有电子围绕着中心原子核的圆形壳。在第10章中，原子作为分子图像中的小球出现，像 H_2O（水）；或者作为晶体出现，像 NaCl（食盐）。在其他章节中，原子则被描绘成模糊的云，或是波，甚至是像粒子一样的大量小球的聚集。那么，人们禁不住要发问，原子到底是什么样子的？

严格地说，我们之所以能够看见一些东西，是因为当电磁波的可见光部分进入我们眼睛时出现的。然而，我们习惯于讨论"看见"的其他方法。你不能看见被你牙齿吸收的 X 射线，除非一些中介系统——胶片或电子——把 X 射线转变成电磁波谱中的可见光范围。类似地，天文学家经常把无线电波转变成可见的光波。远方物体的红外辐射和其他波长的数据可以转换成彩色图像。材料表面特殊的点电荷数量被转变成你在图中看到的山峰高度。

你牙齿的一张 X 射线图像比原子的显微镜图像更真实吗？为什么是或者为什么不是？

回到综合问题

为什么世界上有如此多的不同材料？

- 正像我们在我们的世界中所看到的无数的材料。它们中的一些是自然生成的，像海滩上的沙子或者我们呼吸的空气，而另外一些则是人造的，像我们的计算机键盘上的塑料。
- 由于物质的明显差异，是否存在普通的基本成分或者最基础的构造"砖块"，这一问题使哲学家和科学家困惑了上千年之久。
- 德谟克利特表示所有物质都是由永恒不变的粒子构成的，这些粒子被称为原子。从理论的观点来看，他的想法离目标不太远。不过现代化学的原子与德谟克利特的原子几乎没有相似之处。
- 现代化学奠基人约翰·道尔顿（1766—1844）表示，由化学家们论证提出的证据证明，虽然多数材料能够分割成更简单的化学品，但是有一些材料难以被进一步分割。

- 例如，你燃烧木头，得到一氧化碳和二氧化碳气体，以及许多能在剩余灰烬中找到的其他物质。如果你使用电流将水进行电解的话，你会得到两种气体：氢气和氧气。尽管如此，道尔顿和他的同行们意识到有几种物质（称之为元素），是不能通过任何化学方法再细分成其他物质的。

■ 今天我们知道围绕我们的无数的物质是由更小的、更基本的、被称为原子的粒子构成的，这是我们宇宙的化学基石。这些化学基石在一起结合成我们宇宙中的所有物质，从像氢那种简单的元素到令人难以置信的像蛋白质那样的完整的有机分子。

在第 11 章中，你会看到原子的排列不仅创造了物质的多样性，而且也使物质显现出无数的性质。

小 结

所有的以固体、液体和气体形式围绕着我们周围的物质，大约是由 100 种不同元素构成的。原子是我们化学世界的基石，两个或多个原子结合成分子。上千年来，原子完全是作为一种假设被讨论的。但是 20 世纪早期对布朗运动的研究和近年来在新型显微镜下发现的原子影像证明了这些微观粒子的存在。

每个原子包含一个大的原子核，这个核是由带正电的质子和电中性的中子组成的。围绕原子核的是电子，电子是带负电的粒子，它的质量比质子和中子小得多。这种原子的早期模型被论述成像行星绕太阳一样绕轨运行。然而这种模型是有缺陷的，因为电子在做加速运动，必须不断放出电磁辐射。尼尔斯·玻尔提出了另外一种模型，其中的电子存在不同的电子能级，和楼梯上的多级台阶几乎一样。

借助于吸收热能或光能，玻尔原子模型中的电子能跃迁到较高电子能级。电子也能跃迁回较低电子能级，并且在这个过程中释放热或光子，光是一种独特的电磁波。这些在电子能级中的变化被称为量子跃迁。光谱学是对由原子放出或吸收的光的研究——原子光谱揭示了每种原子的电子能级的性质。

每种原子的电子被排列在同心壳层中。当两个原子相互作用时，最外壳层中的电子首先进行互相接触。壳状电子结构被反映到元素周期表的系统中，横排中所有元素对应于每层壳层上电子数量的逐渐增加，在同一族中对应的元素具有相似的最外层电子数，并且化学性质也相似。

关键词

元素	原子核	光谱学
电子	光谱	元素周期表
量子跃迁	分子	光子
原子	玻尔原子模型	

发现实验室 ⋯⋯⋯⋯⋯⋯⋯⋯⋯⋯⋯⋯⋯⋯⋯⋯⋯⋯⋯⋯⋯⋯⋯⋯⋯⋯⋯⋯⋯⋯ ●

　　每种元素有它自己独特的光谱，可以用分光镜分析元素光谱。当给电子能量时，元素原子中的电子跳到一种激发态。如果能量被去除，它们会回到基态，在这过程中放出光子或能量。为了制作你自己的分光镜，你需要一张旧的光盘（CD）、一个卫生纸卷筒、两张索引卡片、一卷录音带、一支记号笔和一把剪刀。

　　把两张索引卡片并排放置，在它们之间留一条小缝。把卷筒粘贴到索引卡片上。索引卡片应该比卷筒底座稍微大一些，剪去索引卡片的多余部分。围绕卷筒和索引卡片的边放一条录音带以防止任何光线进入卷筒。在 CD 上切一圆环，其直径大约是卫生纸卷筒的直径。从 CD 上剥离银色薄膜并且把 CD 粘在卫生纸卷筒缝隙对面的一端。现在你就有了自己的分光镜筒了。把缝隙指向光源并通过 CD 观看。光源可以是一只荧光灯泡，一只白炽灯，一支蜡烛或是发光棒（注意！不能看太阳）。画出每种光源产生的光谱并且比较它们。原子光谱是怎么支持玻尔原子模型的？

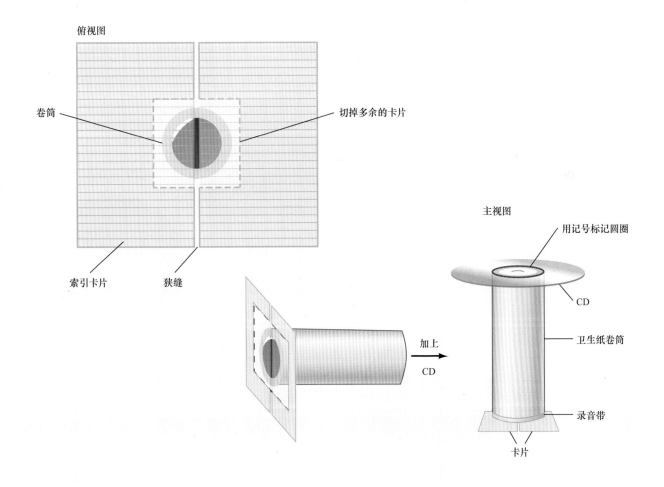

第9章
量子力学

物理学

量子力学需要一种全新的方程，以描述处在原子水平的系统状态。

化学

波粒二象性解释了容许轨道的形状以及由此而来的原子化学反应。

生物学

一些科学家认为量子力学是被紧密地包含在认知现象中的。

重要理念

在亚原子尺度上，一切都被量子化。在这个尺度上的任何测量都会显著地改变被测量的对象。

地质学

原子结合而形成矿物的方法服从量子力学的定律。

技术

敏感的电子探测器能探测到来自被激发原子辐射出的单个光子。

天文学

赋予太阳能量的核反应服从量子力学定律。

健康与安全

在计算机X射线断层成像中，光电装置使X射线光子转化成电流，可以用于拍摄患者内部器官的图像。

=本章中将讨论的重要理念的应用　　　=其他应用

每日生活中的科学：数码照片

现在是上午 9:30，此时你进入海边停车场。你之前准备了很长时间，现在渴望马上来到海滩边。你看到朋友们在入口附近等你。在你问好和招手的时候，一位同学用他的新手机快拍下你的照片，每个人都围拢过来看手机屏幕上的清晰图像。

但是一个小盒子怎么能几乎在瞬间捕捉并且显示照片呢？在每个数码照相机的核心里有一个光敏感材料制成的被称为光电装置的芯片——这种芯片能把光信号转换成电信号并用亮度计测量其亮度。这些日常使用的物体归功于量子世界的发现——科学中最奇异的发现之一。

 ## 世界是很小的

在第 8 章中我们提到，当一个电子在电子能级之间跃迁并且发射光子时，它被说成是量子跃迁。"量子力学"是描述这种跃迁事件以及其他各种原子尺度上事件的理论。量子一词来自拉丁语"有多少"以及力学，而力学正像我们在第 2 章中看到过的，是研究物体的运动的。那么，量子力学是专门研究微观的物质运动的科学分支。我们知道看到原子内的物质是由原子核以及围绕它运动的核外电子构成的。用物理学家的语言来说，就是原子中的物质是量子化的。

电荷也被量子化了——电子携带了一个基本单位的负电荷，并且质子有一个正电荷。我们已经看到，由于一个原子仅当具有特定数值的能量才能发射光子，于是原子中的能级和被发射的能量都是量子化的。实际上，在原子内部，在微观的世界里，每样东西都是量子化的。

我们日常的世界完全不是这样的，虽然我们从童年起就被告知我们的世界是由原子组成的，但是我们体验到的物质似乎都是均匀的、连续的和无限可分的。的确，就像我们每人所看到的那样，几乎所有物理世界的现象，都以连续形式存在。

量子世界对我们来说是陌生的。我们建立在关于世界的所有直觉——我们所有的关于宇宙实质的感觉——来自这种体验：大尺寸物质明显是由连续的物质构成的。而量子世界与我们的直觉是矛盾的（事实正是如此），我们没有特殊的基于观察或体验的理由去相信量子世界应该表现得怎么样。

在你学习量子世界是多么奇怪时，上述警告不会让你感觉更好，但是它可以帮助你理智地掌握我们物理宇宙中最迷人的部分。

在量子领域中的测量和观察

物理领域中每次观察实验都有三种必要的组成成分：

1. 样品——用于研究的物质。

2. 能量——光、波、热或者与样品互相作用的动能。

3. 用于观察和测量相互作用的探测器。

当你考察一种物质诸如这本书的时候，你看到光从这本书反射到达你的眼睛，人眼是一个很复杂的探测器（见第6章）。当你检查食品杂货店里的一个水果的时候，施加动能压一压它，以看看它是否熟透了。

很多职业使用复杂装置进行测量：航空运输管理者利用飞机反射的微波来确定它们的位置（见图9-1）；海洋学家依靠深海沉淀物反射回的声波去绘制海底地形图；口腔医生通过X光片检查你的牙齿和牙龈。在我们日常生活里，我们假定物质和能量的相互作用是不会以任何我们能够感觉得到的方式去改变被测量物体的。微波不能改变一架飞机的飞行路径，声波也不能扰乱深海地形。虽然长时间的X射线照射是有害的，但口腔医生短时间的X射线照射对牙齿不会造成明显直接的影响。经验告诉我们，一种通常在一个宏观物体上能进行的测量没有改变物体本身，这里所说的宏观物体指的是足够大的不用显微镜就能够看到的一些物体。

在量子领域中情况相当不同。如果你想"看"一个电子，你必须使它发射出能量，以便信息能够传递到探测器。但是，在你的手头没有任何一样东西能够与电子相互作用而同时不对它产生影响。你能让电子发射一个光子，但是在这个过程中电子能量会改变。你能让电子发射其他粒子，但是电子会像台球一样反冲。无论你怎么试，检查的能量都太

接近于被探测的物质的能量。电子总会由于相互作用而发生改变。

可以用很多日常的例子来类比说明量子领域中的测量过程。比如，要检查某个保龄球，用另外一个保龄球击打它，并反弹离开，被检查的保龄球发生了变化。在量子领域中的测量行动是很让人左右为难的，就像想要探测隧道中是否有汽车，就要派另一辆汽车进入隧道，去听汽车碰撞的声音来测量一样。用这个方法，你确实能够发现是否有汽车在隧道里。你甚至能大概判断它在哪个位置，这依靠的是测量它与检查汽车发生碰撞时的响声传递过来所需要的时间。但是，你不能还认为汽车在发生碰撞之后还是与测量前同样完好。类似地，在量子领域，在涉及测量的相互作用之后，没有什么物质还是和测量前一模一样的。

大体上说，这个观点可以运用到任何相互作用中，无论它包括电子或者光子还是保龄球。然而，正如本章"数学计算"一节中我们将要举例说明的那样，对于大尺度的物体相互作用所引发的后果是如此之小以至于完全可以被忽视。在量子和宏观领域之间的基本区别导致了量子力学与牛顿经典力学的完全不同。记住：每一个实验，不论它在行星或者水果或者量子物体上，都包括至少一种相互作用。小尺度物质相互作用的后果使得量子领域与宏观

图9-1 一个雷达天线发出微波，其与飞行中的飞机相互作用，然后被反射回来，在返回时被检测到，这使得航空运输管理者能够记载飞机在空中航行的航迹

观领域不同，这种不同不是因为测量本身而导致的。

海森堡不确定性原理

在 1927 年，一位年轻的德国物理学家沃纳·海森堡（1901—1976）用精确的数学公式表达了量子尺度测量的极限。他的工作是量子力学这一崭新科学的首批成果之一，为向他表示敬意，人们将他提出的这个理论称为海森堡不确定性原理。不确定性原理的思想是非常简单的：

　　在量子尺度上，任何测量会严重地改变被测量物体。

例如想知道一个原子中的一个电子的位置以及它的速度。而不确定性原理告诉我们，以无限精确性同时测量位置和速度，是不可能的。

形成这个状态的原因是：每次测量改变了被测量的物体。正如上面例子中在隧道中的汽车在对它进行测量之后与原先状态不同，量子物体被测量后也会改变。其结果是在你越来越精确地测量某一种特性诸如位置时，它的另一种特性如速度会变得越来越不精确。

不确定性原理并不是说我们不能知道一个粒子的精确位置。至少根据这个原理是可以的，可以测量到位置的不确定度是零，其含义就是我们能够知道一个量子粒子的精确位置。然而，在这种情况下，速度的不确定度必须是无限大的。于是，当我们准确测量出量子粒子在哪里，就无法知道它到底是以多大的速度在该处运动。同理，如果我们准确测量出量子粒子运动的速度，那么我们就不能准确地知道它在哪里。

实际上，每次量子测量都不得不做一些妥协。我们认可粒子位置中的一些不确定度和速度的一些不确定度，并在两者之间做出平衡，从而使我们面对任何问题都能够得到最好的解决。我们不能在同一时刻对两者都有非常明确的认知，但是只要愿意，我们能在任意时刻准确知道两者之一。

让我们再仔细看一看我们的直觉世界和量子世界之间的区别。在以前，我们假定测量不影响被测量物体。于是我们能够同时知道一辆汽车或一个棒球的位置和速度两者的准确值。但是在量子领域中，正如海森堡告诉我们的，我们不能做到这一点。

海森堡把他的发现用简单的数学关系式进行表达。这是不确定性原理的完整和准确的陈述。

以文字表示：一个物体位置测量中的误差或不确定性，乘以该物体速度测量值的误差或不确定性，必须大于一个常数（普朗克常量）除以物体的质量。

以方程式表示：

$$（位置中的不确定性）×（速度中的不确定性）> \frac{h}{质量}$$

式中，h 是普朗克常量。

以符号表示：

$$\Delta x \Delta v > \frac{h}{m}$$

这个方程是精炼的，简单地说，你永远也不可能同时知道一个物体完全准确的位置和速度。日常领域和原子内部领域之间的区别，就在于海森堡方程的右侧数值 h/m 这个问题上。在国际单位制中 h 的数值约为 6.63×10^{-34} J·s。

海森堡方程式的重点不是 h/m 的精确值，而是该数大于零这一事实。我们以下述这种方式考察这个数值：如果你对粒子的位置进行越来越精确的测量，你就能越来越精确地确定它的位置，也就是说位置的不确定性 Δx 就越来越小。在这种情况下，随之而来的是速度的不确定性 Δv 必须越来越大。事实上，我们能用不确定关系，在已知位置不确定性时，精确地计算速度的不确定性。反之亦然。

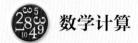 **数学计算**

牛顿领域中的不确定性

为什么我们不必担心日常生活中的不确定关系？想知道为什么，最好的方法是计算两种情况下测量中的不确定度。

1. 宏观物体的不确定度较小。一辆质量为 1000kg 运行中的汽车位于一个 5m 宽的交叉路口。你怎么能明确知道汽车运行得有多快？

注意到如果汽车大约处在一个 5m 宽的交叉路口，那么汽车位置的不确定度约等于 5m。这样一来，我们已知汽车质量和位置不确定度，就能计算出速度的不确定度：

$$位置不确定度 \times 速度不确定度 > \frac{h}{质量}$$

首先我们必须整理这个方程，以求出速度不确定度：

$$速度不确定度 > \frac{h/质量}{位置不确定度}$$

$$> \frac{(6.63 \times 10^{-34} J \cdot s)/1000kg}{5m}$$

$$> \frac{(6.63 \times 10^{-37} J \cdot s)/kg}{5m}$$

$$> 1.33 \times 10^{-37} m/s$$

因而汽车速度的不确定度大于 1.33×10^{-37}m/s。这个不确定度是非常小的。理论上说，我们能知道汽车速度到 37 位小数精度，然而实际上我们没有办法用任何现代技术或是可预见的未来技术在这个精度上对速度进行测量。对于所有的目标，不确定度几乎就是零。因而，对于大质量的物体，诸如汽车，不确定关系的影响完全可以忽略不计。方程证实了我们的日常经验：牛顿力学在处理日常问题时是完善的。

2. 微观物体的不确定度较大。用一个原子中电子的速度不确定度与前面的例子作对比，这个电子被限制在一个大约边长为10^{-10}m 立方体的范围内。我们能精确测量电子速度到什么程度呢？电子质量是9.11×10^{-31}kg。如果我们取位置的不确定度是10^{-10}m，那么根据不确定关系，有：

$$速度不确定度 > \frac{h/质量}{位置不确定度}$$

$$> \frac{(6.63 \times 10^{-34} J \cdot s)/(9.11 \times 10^{-31} kg)}{10^{-10} m}$$

$$> 7.3 \times 10^{6} m/s$$

这个不确定度的确是很大的。我们知道电子在原子中某处的事实，意味着我们知道它的速度的误差达到数百万米每秒范围。

对于普通尺寸的物体，诸如汽车和保龄球，他们的质量以千克计，不确定方程式右边的数值小到我们完全可以把它当作零来处理。仅仅当质量很小时，像诸如电子等粒子，方程式右边的数字足够大，因此会与大质量物体的情况形成明显差异。

停下来想一想！

不确定关系要能够起作用，你料想的物体必须是多大的？像灰尘一样大吗？像台球？像汽车？

概率

不确定关系产生的影响远远超出了关于测量的陈述。在量子领域中，我们必须从根本上改变我们描述事件的方式。考虑一个日常例子，如，夜间棒球比赛时，击球手击打一个棒球。

设想你自己在一个大球场观看灯光下的大联盟球赛。为满足球迷需要，流动小贩销售他们的食物和饮料，投手和击球手在球场上使出了他们的浑身解数。投手投掷出了一个快球，但是击球手早有准备，猛击飞来的球。球飞离球棒，突然所有的灯都熄灭了。

球会在哪儿存在 5s 呢？如果你是一个外场手，这会是比哲学问题还大的一个问题。你需要知道去哪儿才能找到这个棒球，甚至要到某个暗处去寻找。在牛顿的领域里，你在做这件事时没有任何问题。如果你知道在灯熄灭时球的位置和速度的话，通过一些简单计算，就能告诉你在未来任何时刻球的准确位置。

另一方面，如果你是在原子尺度球场的量子世界的外场手，你会遇到一个非常困难的时刻。你无法知道当灯光熄灭时量子棒球的位置和速度。在最好的情况下，你只能知道它们在一定范围内。例如，你可以说出像"它在 3ft 圆圈里面某处，并且以 30~70ft/s 之间的速度运行"。这意味着当要求你推测在 5s 后它会跑到哪里时，你无法准确地做到。如果考虑到牛顿的术语，你必须说球处在距本垒 147ft 处（如果它以 30ft/s 的速度运行并处在 3ft 圆圈后面），距离本垒 353ft 处（如果它以 70ft/s 速度运行并处在圆圈前面），或者在上述两者之间的任何地方。在量子世界中你顶多只能得出球可能的位置或者概率，这个可能性和概率是描述球在外场所处的位置的，你能提供的这些概率如图 9 - 2 所示。

这个例子表明不确定关系需要以"概率"来描述量子尺度的事件。正如我们在夜间棒球比赛例子中的棒球一样。当我们开始观察时，对于每一个量子物体的位置和速度的不确

图 9 - 2 （量子棒球）位置不能精确地测定。换句话说，你只能预测球距本垒各种距离的概率，正如文中讨论的那样，最有可能的位置处在曲线最高点，但是球也可能处在其他任何地方

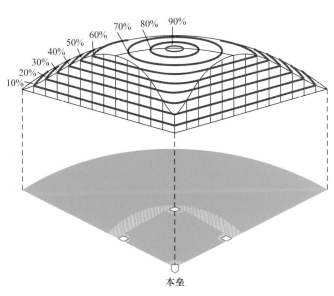

本垒

定度是必须存在的，因此在终点，不确定度还依然存在，可以通过概率来确定不确定度。

这个结果非常重要。它告诉我们，不能用我们考虑日常领域常规世界的方法来考虑量子。特别是，我们必须重新思考在量子级别上的规律性、可预见性和因果关系这些概念的含义。

波粒二象性

有时，量子力学被称为波动力学，因为微观粒子某些时候像粒子而某些时候又像波。这种二分法是作为波粒二象性而为人们所知的，它是量子领域的重要特点。为了理解它，先思考一下在我们的宏观领域中粒子和波具有怎样的行为。

双缝实验

在我们日常世界中，能量是通过波或者粒子所携带的（见第 6 章）。粒子通过碰撞传递能量，而波通过介质或者电磁场的运动传递能量。在日常世界中，人们能够区分粒子或者波，并且很多实验能用来确定物体是粒子还是波。其中最著名的是双缝实验（见图 9 - 3）。如果粒子像棒球从左边投出，一些会通过狭缝，但多数会被反射。如果你正站在栅栏的另一边，你会以为看到棒球或多或少地积累在两个狭缝后方的位置。在两个狭缝之间的位置很少有棒球。

如果水波从左边来，你会看到波干涉产生的结果（见第 6 章）。在栅栏后面，会看到十几处高的波浪，中间间隔着平静的水面。

现在，让我们用同样的实验来看看光的行为究竟是粒子还是波。在第 8 章中我们研究过，原子发出的光的波长是不连续的，被称为光子。从光子只能限于在空间的局部这一意义上来说，它的行为像粒子。你能设置这样一个实验，在实验中，光子在一个点上被发射，在一段时间之后，在其他一些地方收到这个光子。正如一个棒球由投手"发射"并且过一会儿由接球手接到一样（见图 9 - 3a）。另一方面，如果你把光——光子流——射到双缝仪上，会在右边得到一个干涉图案（见图 9 - 3b）。在这个实验中，光的行为像波。重大的问题是：光子的行为怎么会有些时候像波而有些时候像粒子呢？

假设栅栏在某一个时刻仅仅只能有一个光子通过狭缝，这时会发现每个光子到达胶片上一个特殊的点——你所期望的一个粒子的行为。然而如果你让光子长时间积累，它们会排列成显示波的特性的干涉图案。

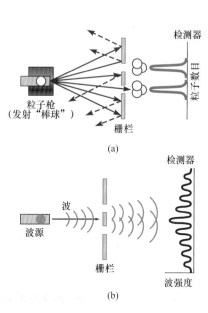

图 9 - 3 双缝实验可用来测定一些东西是波还是粒子。（a）光子流像棒球击打栅栏，会直接堆积在狭缝后面两块区域；（b）然而，当波集中到两条狭缝时，相长干涉和相消干涉的结果会形成一系列峰值

你能用任何量子态物质——例如电子、光子甚至原子做一系列相似的实验（见图 9 - 4）。它们都会展示出粒子和波两种性质，具体是波还是粒子，取决于所做实验的种类。如果你进行一个实验，检验这些事物的粒子性质，它们看起来就像粒子。如果你进行一个实验，检验它们的波性质，它们看起来像波。你看量子物体是否作为粒子或是作为波，似乎取决于你所做的实验。

在利用现代实验设备判断诸如电子等微观粒子的真实身份是粒子还是波的时候，在粒子进入仪器之后，一些实验结果甚至试图"欺骗"我们。做这种实验的科学家发现微观粒子似乎"知道"是进行的什么实验，因为其在粒子实验经常出现粒子性质，而波实验经常出现波的性质。

实际上，因为我们从来没有在日常体验中遇见过类似的波粒二象性，所以不能真正完整地理解它们是怎么样的。如果在思考它们的过程中坚持认为它们像棒球或是拍打海滩的浪花，你会很快让自己沉陷在糊涂当中。

这有一点像在某个人的完整生命中，她只见过红色和绿色。如果她坚定地认为世界中的每个事物必须或是红色的或是绿色的，那么看到了蓝色她就会完全糊涂了。她必须认识到在自然界中存在这样的问题，虽然在她的世界中每个事物必须或是红的或是绿的。

以同样的方法，波粒二象性的问题，起因于我们假设每个物体必须是波或是粒子。如果我们考虑这样一种可能性：量子态物体是我们此前从来没有遇见过的物质，因此它们具有我们从来没有见到过的性质，那么矛盾就消失了。

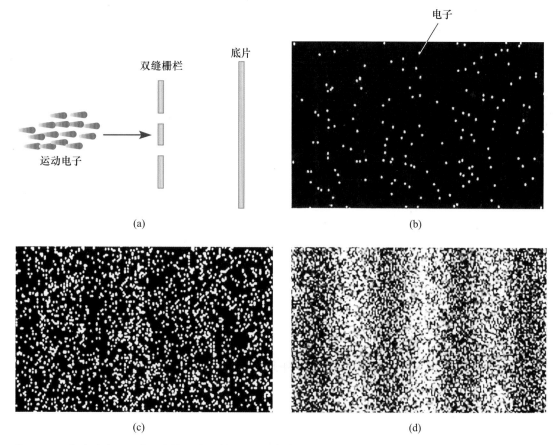

图 9 - 4　（a）当电子一次一个地通过双缝栅栏时；（b）它们在照相机底片上形成 100 个单独的点；（c）当电子数量增加到 3000 个；（d）然后增加到 7000 个，一种类似于波干涉的图案出现了，亮区是相长干涉所处的位置，而暗区是相消干涉的位置

技术　　　光电效应

　　当有足够能量的光子轰击一些靶材时，它们的能量被电子吸收，这些电子是所属原子中的外层电子。如果材料是非常薄的一层薄层，那么当光子轰击薄层靶材一侧的时候，就能观测到电子从另一侧出来。这种现象被称为光电效应，光电效应在很多日常设备中都有应用。

　　光电效应在量子力学历史中起了主要作用。在光到达靶材和电子逸出之间的时间间隔是非常短暂的。阿尔伯特·爱因斯坦指出，之所以时间如此短暂，是因为光子有类似粒子的性质。他表明，光和电子的相互作用类似于两个球之间的碰撞，碰撞后一个球瞬间向外飞出。他在这方面的工作给我们引入了光子的现代概念。这项工作使得爱因斯坦在 1922 年被授予了诺贝尔奖。

　　光能转化成电流，这个现象被应用于很多我们所熟悉的设备上。例如，在数字照相机中，一种光电装置可以测量光的数量，以用来确定镜头打开的宽度和快门应有的速度，然后一只光电二极管阵列收集照相影像。在电话系统中使用光纤传递载有信息的光信号——其作用像可见光管道一样的玻璃纤维——光信号在接收端射在复杂的半导体上并在外层电子逸出。这些电子形成电流，这种电流最终驱动电话机中的振动膜并且产生能听到的声音。在计算机 X 射线断层扫描成像时，X 射线光子被转化成电流，这种电流的强度能用来形成患者内部器官的图像。正如这些例子表明的，对量子领域中物体相互作用的研究具有巨大的实际应用价值。

 # 波粒二象性和玻尔原子

　　把电子当作波来看待，有助于解释为什么只允许特定的电子轨道存在（见第 8 章）。每种微观粒子的速度（当我们设想它是粒子时）和波长（当我们设想它是波时）之间具有简单的关系。对于电子、光子和其他微观粒子，更快的速度总是对应着波长更短而能量更高的波（或更高的频率）。

　　如果电子是粒子，那么其围绕原子核的运动可以用牛顿力学的方法看成是地球在围绕太阳的轨道中运动。这就是说，对于距原子核一定的距离上，电子必须有精确的速度保持在一个稳定的轨道上。正像

地球保持在围绕太阳的稳定轨道上一样。任何更快
的电子有离原子核更远的轨道；任何更慢的电子会
在更接近原子核处运动。

　　然而，如果我们把电子作为波来思考，可以用
一套不同的标准来确定怎样把电子放进它的轨道。
在直弦（比如在吉他上的直弦）上的波以确定频
率振动，频率取决于弦的长度（见图 9 - 5）。这些
频率对应于图中弦上的 1/2、1 和 3/2 个波长。现
在设想把吉他弦弯成圆形的轨道。此时你仅能在弦
的轨道上得到某个驻波，如图 9 - 6 所示。

　　你现在能提出一个简单问题：有没有如此的轨
道，使其波和粒子的描述是一致的？换句话说，有

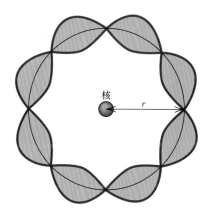

图 9 - 6　一个在轨道上绕原子核转动的电子，采用的是类似
于振动弦上的驻波的模式，图中显示的驻波在圆周上有四个
波长的长度

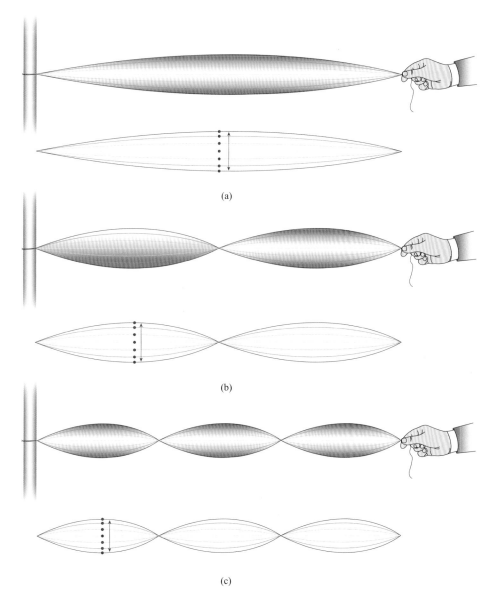

(a)

(b)

(c)

图 9 - 5　一条振动的弦上规则的驻波图案，这些图形说明具有（a）1/2 波长；(b)1 个波长；（c）3/2 个波长

与电子速度（当我们认为它作为粒子时）相适应的轨道吗？同时，给出波长和速度之间的关系，有与电子波（当我们认为它是波时）适应的轨道吗？

当进行数学运算时，你发现满足这种条件的轨道就是玻尔轨道。也就是说，无论我们将电子作为粒子还是波来处理所得到的轨道都没有区别。那么，在这种意义上，波粒二象性就不是存在于我们的心中，而是存在于自然界——自然界安排好的事情，我们怎么想都无所谓。

怪异的量子

微观粒子的行为有别于我们日常体验，这一事实引起了很多人的担心，自然界在亚原子层为什么如此怪异。描述粒子时需要使用波的术语，这已经挑战了我们已有的常识了。光子或者电子似乎在测量之前就已经知道仪器的测量结果，看起来是古怪的和反常的。

很多人，包括科学家们和非科学家们，同样发现量子力学的结论相当与众不同。美国物理学家理查德·费恩曼着重强调了这个观点，他说："我能谨慎地说没有人明白量子力学……不要对你自己说'它怎么会是这样的呢'，因为没有人知道怎么可以是这样的。"

尽管这是一个相当令人不安的情况，但是，量子力学的成功提供了充分的证据，证明它是描述原子尺度系统的一种正确方法。如果你忽略这个事实就会陷入很多麻烦。牛顿运动定律的概念，像位置和速度，完全不适合于量子领域，量子领域必须从一开始就要用波和概率的术语来描述。量子力学于是成为预测微观物质演化的一种方法。如果你知道一个电子现在的状态，你能用量子力学预测该电子未来的状态。这个过程是与宏观领域中牛顿运动定律的运用完全相同的。仅有的区别是在量子领域中系统要使用概率。

在很多科学家的观点中，量子力学是一种奇异的工具，它允许我们做各种实验并且构建各式各样的设备中的重要部件。虽然我们不能用我们熟悉的方法去看待量子世界，但是量子力学给我们带来很大的收益。

 技术

量子计算

计算机成为日常生活中的普通工具——你可能在学校工作中经常使用一台计算机。在第 11 章中，我们会看到一台计算机的基本的工作部件是晶体管，它能处在两种可能状态之一——开启或关闭。这意味着计算机是一种接收数字信息的装置，处理信息并且以同样方式传出信息。这种装置中的信息的基本单位被称为"比特"，用一个比特告诉我们一个给定的晶体管是开启还是关闭。计算机通过某个时刻改变比特的方式来工作（比如，打开或关闭晶体管）。在任何时刻，我们可以列出每个独立的晶体管的状态，以确定整个计算机的总状态。

科学家们几十年前就知道了量子力学的出现可能导致一种新型计算机的出现。因为量子状态是由波函数或概率来描述的，你能设想一台计算机，不再是简单地开启或关闭，而是用这两种状态的可能组合来描述其状态。例如，一种粒子如电子，能够围绕它的轴线顺时针或逆时针方向旋转。电子的波函数告诉我们如果进行测量的话，测量到的是每个方向上自旋的电子的概率。但是直到测量进行之前，电子同时处于两种状态（另一种量子怪异的比特）。说明这种状态的信息单位被称为"量子比特"。理论上讲，一台处理量子比特的机器被认为是在同一时刻处在很多不同的状态中，而不是像传统计算机那样只有一种状态。理论上意味着量子计算机能够比传统计算机更快地解决某些问题。

虽然量子计算机的很多研究目前还主要是理论上的，但是，科学家们已经构建了实验室中的系统，能够操纵多达 16 个量子比特。在构建量子计算机中主要的量子问题起源于这种事实：如果量子状态携带的量子比特与它的环境相互作用，系统可能被迫进入一种特殊状态——例如，电子可能被迫进入仅在一个方向上旋转的状态。自然，这就破坏了量子状态脆弱的平衡。科学家们称这种问题为"退相干"，它是量子计算道路上的障碍。很多科学家同意，量子计算机在遥远的未来会实现的。⊖

 # 量子纠缠

量子领域的奇怪特征之一是所谓的量子纠缠。在我们日常体验中，量子纠缠没有真正可以类比的例子。假设你有一套骰子，并且每个骰子都是完全标准的——如果单独转动它，一个骰子一次会显示一到六当中的一个面。现在假设你拿一个骰子到纽约，拿另外一个到洛杉矶，并且在同一时间转动它们。想象一下这样一个场景：在纽约的骰子无论显示什么，在洛杉矶的骰子也会显示同样的图案。例如，如果纽约骰子出了一个三，洛杉矶骰子也同样出现了三。这就是纠缠的一个例子——正如我们说过的，在我们宏观的世界里，它永远不会发生，但是在量子领域里它却会发生。

纠缠的概念可以回溯到 1935 年，回到由阿尔伯特·爱因斯坦和他的两个同事鲍里斯·波多尔斯基和内森·罗森写的论文。这篇论文实际上是爱因斯坦在量子力学方面最成功的进展，它以描述量子系统的正确方法为目的，用波函数来代表所有可能状态的组合。他们的论据是简单的：假设一个原子在同一时间内发射两个光子，然后这个双光子系统用波函数来描述。现在让这两个光子在相反的方向上运行，运行到相距非常远的地方。根据量子力学，测量一个光子就能确定另外光子的状态，即使未被测量的光子不知道它的伙伴是否被测量了。

过了很长时间，这个工作被称为 EPR 佯谬而为世人广泛知晓——

⊖ 2017 年，世界首台超越早期经典计算机的光量子计算机在中国诞生。——编辑注

然后，在 1964 年，爱尔兰的理论物理学家约翰·贝尔指出，如果你实际做这个实验的话，用波函数来描述或者用更确定的一些事物来描述光子，那么你会得到不同的结果。在 1970 年，实验做完的时候，量子力学的解释被证实了。在本质上，我们终于明白了在量子领域中两个光子的波函数永远不会真正分开。它们仍然相互纠缠，以至如果你测量一个光子，你就能准确地知道另外一个光子处在什么状态。当两个光子没有办法相互联系的时候，不要试图想象测量一个光子怎么会改变另一个光子，根本办不到。这正是爱因斯坦所说的另一个例子。

量子隐形传态

量子纠缠很是奇怪，但是它却有实用价值，即通过"量子隐形传态"的过程来达到实际应用。

这里介绍量子隐形传态是怎么工作的：假设鲍勃制作了一对纠缠的光子（见图 9 - 7）。他留着一个，并把另一个送给爱丽丝。然后鲍勃拿着他的纠缠的光子，并且让它与另一个光子——这第三个光子被称为"信号光子"——相互作用。然后他给

爱丽丝打电话告诉她相互作用的结果。根据这个信息和她的纠缠光子，爱丽丝就能重新构建信号光子。像在《星际迷航》科幻小说系列中虚构的传送机那样，量子隐形传态能够在一个地方将信号光子毁灭掉，而在另一个地方让它再生。

量子隐形传态的一个重要方面是，它允许在鲍勃和爱丽丝之间建立绝对安全的通信。如果一个偷听者伊芙想窃听电话通话，她会因为没有纠缠光子而听不到。另一方面，如果她获取了爱丽丝的纠缠光子，不确定关系会使得光子发生改变，这意味着鲍勃和爱丽丝知道伊芙在偷听。

光子的量子隐形传态现在是一项相当常规的实验室研究内容。下一步——原子隐形传态仍然处在远景地位，而人类的隐形传态还只能暂时保留在科幻小说里。

⚠ 停下来想一想！

在量子隐形传态中，被毁灭的光子能够被再制造出来吗？如果再生光子和原先的光子具有同样的性质，你怎么区分出它们？

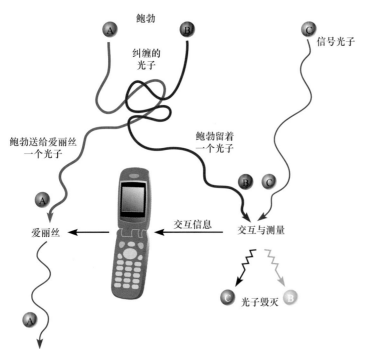

图 9 - 7　这是一幅量子通信的示意图。鲍勃制作了一对纠缠光子（深蓝色）并且送了一个给爱丽丝，鲍勃用信号光子（红色）与他的纠缠电子相互作用并把结果传递给爱丽丝，然后爱丽丝在她自己实验室中能再造出信号光子

科学史话

著名的交换

　　亚原子级别的性质必须用概率来描述，这让很多人感到困惑。在 20 世纪早期量子力学被发现时，很多科学家也一样感觉到很崩溃。甚至量子力学奠基人之一的阿尔伯特·爱因斯坦也不能接受量子力学所告诉我们的世界。他花去了自己后半生中的很多时间试图去反驳量子力学。在这期间，他最著名的一句话是："我们不能相信上帝掷骰子。"

　　爱因斯坦的朋友和同事尼尔斯·玻尔很多次听到这个警句，他认为应该这样回答："阿尔伯特，不要告诉上帝该怎么做。"

图 9-8　沃尔道夫的维纳斯，一尊 11cm（4in）高的史前生育女神雕像，它在奥地利一处村庄被发现，这是通过量子隐形传态所传递的第一张图像

科学史话

量子隐形传态的图像

　　在 1997 年，在维也纳，一个由物理学家安东·塞林格为首的小组发送出第一张使用量子隐形传态的图像。塞林格对他的团队解释，从此世界有了一个历史性事件，所以他们必须小心选择所用的图像。实际上，他告诉他们，选择有两个标准：第一，图像寓意必须是美好的；第二，它必须是奥地利的。他们选择的是沃尔道夫的维纳斯，一尊在奥地利一处村庄发现的史前生育女神雕像（见图 9-8）。

延伸思考：量子力学

不确定性和人类

　　牛顿的宇宙观相当于是神圣的计算器（见第 2 章）。根据这个神话般的存在，如果给定宇宙中每个粒子的位置和速度，就能够预知那些粒子未来的状态。当然，这个概念的困难在于如果宇宙未来按照钟表精度来确定，它不允许有人类行动的空间。没有一个人能做出关于他或她会做什么的选择，因为在做什么之前，这个选择已经确定并且存在。

　　量子力学给了我们摆脱这个特定约束的一种方法。海森堡告诉我们，虽然只要我们准确地知道每个粒子的位置和速度，便能够预知未来，但是，实际上我们永远不能同时得到这两个数值的精确值。量子领域中的神圣计算器注定是在永远等待初始数据，以用来开始计算。

不确定性原理在关于心脑之间关系的古老哲学争论中开始起稍微出乎意料的作用。大脑是一个物理实体，一个难以置信的复合器官，它能以神经脉冲形式处理信息（更详尽的大脑工作的说明，见第 11 章）。问题是：大脑的物理存在——原子和组成它的结构——和我们所有体验的意识之间的联系是什么？

很多科学家和哲学家争论大脑仅仅是物理结构。然而这些思考家不得不面对一个问题，因为如果大脑纯粹是物理物体，它未来的状态就应该是可预知的。最近，科学家们（最著名的就是牛津大学的罗杰·彭罗斯）表示量子力学提出了一种不可预见性，这种不可预见性更加符合我们内心的感受。

大脑是怎样工作的，在量子水平上可能是不可预见的。为什么不确定性使得明确预见大脑的未来状态成为一件困难的事（甚至不可能预见到）？

 回到综合问题

电子的行为为什么能既像粒子又像波?

- 量子力学也被称为波动力学，因为量子物体（例如电子和光子）某些时候像粒子那样运动，某些时候又像波那样运动。这种二分法是为人们所知晓的波粒二象性，也是量子领域的特征。

- 波粒二象性问题至少可以回溯到 17 世纪，在当时克里斯蒂安·惠更斯和艾萨克·牛顿分别提出了光波动说和光微粒说。

- 在 20 世纪，量子力学提供了一个统一的理论架构，使人们得以了解所有物质可以展现出粒子和波的行为特点。

- 在第 8 章中我们学习了这样的实验：当粒子被局限在空间中，光子或电子的行为像粒子。另外一方面，使用双缝仪，会观察到干涉图案，这表明光子和电子的行为像波。

- 在量子水平上，我们正在研究的亚原子物体在传统意义上讲既不是粒子也不是波，然而，波和粒子比喻的使用，让我们看到这些粒子的不连续的一面。

- 把电子作为波对待，有助于解释为什么电子仅能够在可允许的轨道上出现（见第 8 章）。记住每个量子物体的速度（当我们以为它是粒子时）和它的波长（当我们以为它是波时）之间的简单关系。

- 当你认为电子是粒子时，你能和牛顿看待地球在围绕太阳的轨道上运动的方法一样，来看待电子围绕原子核的运动。也就是说，在任何指定的相对原子核的距离上，电子必须有一个明确的速度，维持在稳定的轨道上运转。相反地，我们认为电子是波的话，则需要有一套不同的标准用来确定怎样把电子放到它的轨道上。

■ 电子的波粒二象性最有说服力的证据是由这一事实提供的：玻尔轨道是仅有的电子轨道，在其上的波和粒子的描述是兼容一致的。换句话说，当电子被认为是粒子时，玻尔轨道满足速度和轨道之间的关系；当电子被认为是波时，玻尔轨道满足速度和波长之间的关系。

小　结

原子尺度上的物质和能量以不连续的方式出现，可以简称为量子。量子力学的规则允许我们描述和预见量子领域事件的定律，这与牛顿运动定律有着令人不安的区别。

在量子尺度上，不像我们日常的经验所知道的那样，任何量子位置或速度的测量会引起粒子以不可预见的方式变化。单纯的测量行为可以改变测量的东西。沃纳·海森堡的不确定性原理将这种情况量化了，他给出的陈述是：粒子位置的不确定性乘以它的速度的不确定性必须大于一个很微小的数。不像牛顿领域，你永远不能同时知道量子粒子的确切位置和速度。

这些不确定性阻碍我们以传统方法描述原子尺度的粒子。量子描述依据的是一个物体处在一种状态或处在另一种状态的概率。此外，量子物体不能根据在宏观领域我们熟悉的二分法被看成简单的粒子或波。它们代表了完全不同于我们已有经验的一些事物，同时包括粒子和波两者的性质。

关键词

量子力学	不确定性原理	概率

关键方程式

位置不确定性 × 速度不确定性 > h/质量

发现实验室

有时候光的行为像粒子，这些粒子是能量束或光子束，但是它也能有像波的行为。光有任何波都具有的特性。你为光的双重性质感到吃惊吗？为证明这点，你需要一只红色的激光教鞭、铝薄片、针、投影屏幕（墙）、一些夹子和一个剃刀。

首先，切 1in² （平方英寸）铝薄片并且用针扎薄片做出针眼。针眼应至少相隔 2mm 并且应当尽可能小。现在做两条长 4～5mm 的缝并且相隔 1mm。在黑暗的房间里距墙壁 10～12m 处放置激光器。在激光器前方大约 15cm 处放置薄片。用夹子夹住薄片。调整激光器使之穿过小孔。针孔的像的直径是多少？狭缝的像的长度是多少？当来自一条狭缝的波遇到来自另外一条狭缝的波的时候发生了什么？这种实验怎样说明了波的双重性？

　　你可以试试不同的东西来代替缝隙和针孔。你也能用不同颜色的滤光片，并比较它们的区别。

准备

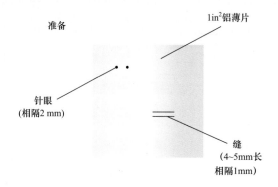

针眼
(相隔2 mm)

1in²铝薄片

缝
(4~5mm长
相隔1mm)

实验

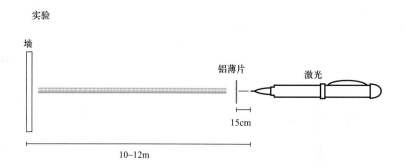

墙

铝薄片

激光

15cm

10~12m

第 10 章
原子结合：化学键

？ 血液是怎样凝固的？

物理学
原子依靠电磁场力的作用相互结合。

化学
惰性元素，包括氦和氖，有填充完整的电子层，从而很少参与化学反应。

生物学
活细胞打破具有丰富能量的分子，如葡萄糖中的化学键，形成水、二氧化碳和能量。

重要理念
在化学反应中原子依靠电子的重新排列而结合在一起。

环境
全美国范围的废物回收利用，涉及了上百种不同的过程，每一种都是针对不同材料中的化学键而进行设计的。

技术
很多现代高强度胶黏剂，包括环氧树脂和超级胶水，是通过聚合作用而形成的固体或液体。

天文学
在太阳和其他恒星中的物质处于等离子体状态。

健康与安全
多种灭火器是利用化学品扑灭火焰的，并能够阻止激烈的燃烧反应。

地质学
一般矿物质的离子键使得岩石坚硬而易碎。

● =本章中将讨论的重要理念的应用　　● =其他应用

每日生活中的科学：扔东西

你在沙滩上挑选一处你认为完美的场地，和你的朋友们分享带来的食物和饮料。你们的背包太满了，于是你们决定扔掉一些空的软饮料瓶、塑料包装纸和旧报纸以腾出更多空间。你们步行到海边的房子，在那里有专门的垃圾桶用来存放玻璃、塑料、纸和其他垃圾。将垃圾分类似乎是一项额外的工作。它真的值得费心吗？但是，你仍然忠实地遵循着分类指导，迅速将不同的垃圾做了分类。

 # 我们的物质世界

想一想你上个月扔掉的东西。每天你会扔掉铝的易拉罐、塑料包装纸、玻璃瓶、食品废渣和一些纸。时而你还会丢弃用过的电池、一次性剃须刀、脏了的发动机油、破旧鞋子和衣服，甚至旧领带或破家具。所有的东西在成了垃圾以后又会发生什么呢？

很多社区试图回收利用垃圾。例如，塑料、玻璃、铝和报纸能够被重新处理成为新的产品或包装，旧机油能够被提炼。但是很多垃圾还是埋进了填埋场，我们希望它最终能够被分解成土壤。

你用过然后扔掉的每件东西都是由分子或原子组成的，而分子是由原子连接在一起的。当它们放在商店以及在使用中时，我们希望这些产品及其包装能够持久耐用且看上去崭新完好，但是一旦把它们扔掉，我们就希望这些材料能够分解和消失。能够实现这个目标的一条途径是使用可降解生物工程材料。

但是，是什么使得材料聚在一起的？为什么某些原子互相接近时，会形成一个亲和性好的材料？在我们的生活中起重要作用的一些分子是怎样保持它们的特性的？我们在设计材料时，怎样能够使材料用完后能够分解？答案就在化学键的性质当中。

电子层和化学键

第 8 章把注意力放在单独原子的结构上，但是我们日常生活中依赖的材料是由很多原子组成的化合物制成的。两个或多个原子组合的过程称为化学键合，两个原子之间的键称为化学键。

想一想两个原子是怎样相互作用的吧。你知道原子中的大部分空间是空着的，在中心有一个小的致密的原子核，其外围由带负电的电子围绕着。如果两个原子相互接近，它们的外层电子首先相遇。任何由两个及以上原子组成的化合物，都会涉及外层电子的问题。事实上，在确定原子怎样结合的过程中起重要作用的是外层电子，给它们一个专门的名称叫作价电子。化学键经常包含价电子的交换或者共享，原子最外层电子数被称为价电子数。化学家们经常说价态代表了原子的化合能力，以此来表明最外层电子数的重要性。

元素周期表的前三行是理解各种化学键的关键（见图 10 - 1）。不同电子层具有不同的电子数，这就带来元素周期表独特的结构（见图 8 - 4）。事实证明，迄今为止最稳定的电子排列（能量最低的电子排列）是将电子壳层完全填满。看一眼元素周期表可知，具有 2 个、10 个、18 个或者 36 个电子（所有这类原子出现在表的最右列中）的元素有充满的电子层。具有这种总电子数的原子是惰性气体（也称为稀有气体），它们与其他原子不容易结合。的确，氦、氖和氩的原子序数分别为 2、10、18，有完全填满的外电子层，因此通常不与其他元素发生反应。

自然界中的每个物体都试图处于最低能量的状态，原子也不例外。电子数不是 2、10、18 或 36 的原子更有可能与其他原子发生反应而产生一种能量较低的状态。很多其他自然系统都有这种能量降低的过程。例如，如果你把一个球放在山顶上，它会倾向于滚下山脚，构成一个较低势能的系统。与此相似，指南针会自发地使其本身与地球磁场成一直线，从而降低其磁力势能。以完全相同的方式，当两个或更多个原子结合到一起时，电子倾向于重新排列，以使整个系统化学势能最小化。这种情况可能需要它们交换或共享电子。通常，这种交换或共享过程需要重新排列电子，使电子总数为 2、10、18 或 36。

化学键源于电子的某种再分配，这种再分配导致了两个或更多原子更稳定的电子排列，即外电子层被填满。

1 H 1.00794							2 He 4.00260
3 Li 6.941	4 Be 9.01218	5 B 10.811	6 C 12.011	7 N 14.00674	8 O 15.9994	9 F 18.99840	10 Ne 20.1797
11 Na 22.98977	12 Mg 24.3050	13 Al 26.98154	14 Si 28.0855	15 P 30.97376	16 S 32.066	17 Cl 35.4527	18 Ar 39.948

图 10 - 1　元素周期表的前三行，分别包含序号为 1 和 2、3 ~10、11 ~18 的元素，是了解化学键的关键

大多数原子采用三种简单方式中的一种来使得外电子层被填满：丢失电子、获得电子或者共享电子。

如果键的形成是自发的，没有任何外界干涉，能量会全部在反应中被释放掉。木头或纸的燃烧（一旦它们的温度升高到足够高）是这种过程的一个例证，当你把手朝向火焰时感受的热是从化学势能转化而来的，即是在电子和原子重新排列时被释放出来的。还有一种可能是通过外加能量使得原子重新配置，很多化学工业，从铁的熔炼到塑料的合成，都是利用了这种原理。

化学键的类型

原子主要通过三种化学键（离子键、金属键和共价键）连接在一起。所有这些化学键都涉及原子间电子的重新分配。此外，极化、氢键和范德瓦耳斯力由其原子或原子团内部电子的移动而引起。每种类型的键对应不同方式的电子重组，在其形成的材料中每一种化学键都具有独特的性质。

离子键

我们已经看到，具有2、10、18或36个电子的原子是特别稳定的。同样，那些外电子层上的电子个数仅与稳定电子数相差1的原子具有极大的活性。实际上，它们"渴望"填满或清空外电子层。这类原子倾向于形成离子键，这是一种在两个具有相反电荷的离子间的电力使原子保持在一起的化学键。

离子键常常由一个原子给出一个电子而另一个原子吸收这个电子而得以形成。例如，钠（一种软的，银白色金属），在一个钠中性原子中有11个电子——2个电子在最内层轨道中，8个电子在中间一层，剩余1个单独的电子在最外层。因此，钠的最佳结合方式是丢弃外层的那个电子。另外，17号元素氯（气态单质是一种黄绿色的有毒气体）则需要一个电子填满外层。高腐蚀性氯气几乎能够与所有能给它1个电子的化学元素起反应（见图10-2）。当把钠和氯放在一起时，结果是显而易见的：在加热条件下，每个钠原子把自己的1个电子给予氯原子。

在这种猛烈的电子交换过程中，钠和氯原子成为带电荷的离子。中性钠在原子核中有11个带正电荷的质子，被在轨道中的11个带负电荷的电子所平衡。由于丢失了1个电子，钠成为一个具有11个质子而仅有 10 个电子的离子。所产生的钠离子（Na⁺）有 1 个单位正电荷，如图 10-2 所示。与此相似，中性氯原子有 17 个质子和 17 个电子，所产生的氯离子（Cl⁻）有 1 个单位负电荷，如图 10-2 所示。带正电的钠离子和带负电的氯离子相互吸引形成了钠和氯之间的离子键。所产生的化合物氯化钠有着与钠或氯两者完全不同的性质。

在正常情况下，钠离子和氯离子将会结合成晶体，原子有规则的排列如图 10-3 所示，换句话说，钠和氯离子形成一种优雅的重复的结构，在这种结构中每个钠离子由 6 个氯离子所围绕，反之亦然。

离子键可以包括多于一个电子转移的情况。例如，12 号元素镁，提供 2 个电子给氧，氧有 8 个电子。在它们所形成的化合物氧化镁中，两种原子都有由 10 个电子填满的内层。离子 Mg^{2+}、O^{2-} 形成了强有力的离子键。离子键包括负离子和正离子。正离子，诸如 Al^{3+}、Mg^{2+}、Si^{4+}、Fe^{2+} 或 Fe^{3+}，在很多日常物体中都可以被发现，包括在很多岩石和矿物中，在瓷器和玻璃中以及骨头和蛋壳中。

带有离子键的化合物通常在沿着键的方向是很结实的，如果键被扭转或弯曲，它们很容易被打破。因此，诸如岩石、玻璃或者蛋壳通常是相当脆的。但是一旦它们粉碎了或是离子键破裂了，就不能重新结合在一起了。

例 10-1

三个原子的离子键

在某些电池中起重要作用的氯化镁是一种由一份镁和两份氯所组成的离子键化合物，在这种化合物中电子是怎样排列的？

分析：从元素周期表中可知，镁和氯是 12 号和 17 号元素，因此镁在内层有 10 个电子，在外层有一个电子。氯在其内层有 10 个电子，在外层有 7 个电子，这就是说它差一个电子就能填满外层。如图 10-4 所示。

解答：镁有 2 个电子可供给出，而氯需要 1 个电子，就能使外电子层稳定填满。于是镁给两个氯原子各一个电子，使镁离子吸引两个氯离子而形成氯化镁。

金属键

离子键中的原子直接转移电子——电子从一个原子"永远借给"另一个原子。金属中的原子也给出电子，但是它们使用很不同的方式。在金属键中，电子再分配，从而使这些电子能够为很多原子所共享。

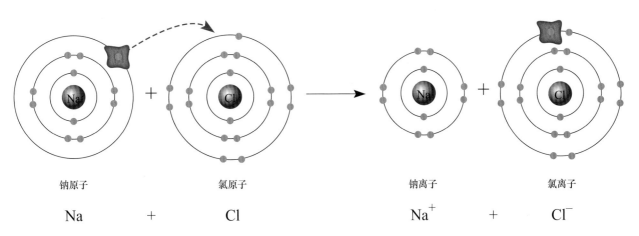

钠原子　　　　　氯原子　　　　　　　钠离子　　　　　氯离子

Na　　　　+　　　Cl　　　　　　Na⁺　　　+　　　Cl⁻

图 10-2　钠，一种高活性元素，很容易把它的外层电子转移给氯，氯仅差 1 个电子就能达到电子数为 18，其结果是形成了离子化合物氯化钠。 在本图中，电子由围绕原子核的各层中的点来代表

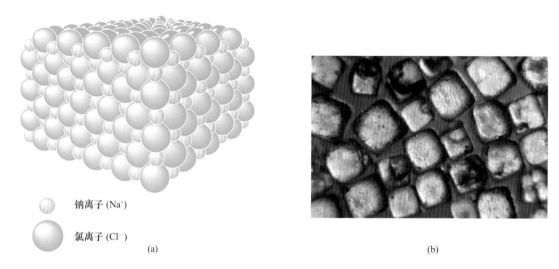

图 10 - 3 　（a）氯化钠晶体的原子结构是一幅钠离子和氯离子相互交替排列的规则图案；（b）食盐的微小立方体形晶体（放大了 25 倍）

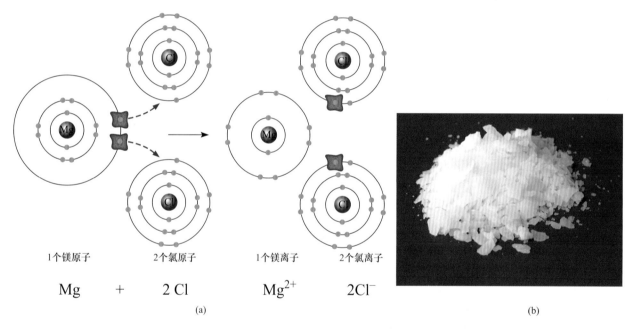

图 10 - 4 　（a）镁和氯原子的电子结构图（左图），以及电子从镁转移到氯原子之后的电子结构图（右图）；（b）氯化镁是一种白色粉末，用于化学工业

　　例如，金属钠完全由独立的钠原子所组成。所有这些原子起初都具有 11 个电子，但是它们释放了一个电子后达到更稳定的 10 个电子的配置。多余电子从钠原子向外移动，在金属内浮动，形成一种负电荷海。在这种负电荷海中，正的钠离子具有规则的晶体结构，如图 10 - 5 所示。

　　你能把金属键看成每个原子都与系统中其他原子共享它的外层电子。可以把自由电子想象成一种松散的胶，在这种胶中放置着金属原子。

　　金属，表现出来的特性是闪亮的光泽和导电能力。这是大量原子共享电子，以达到更稳定的电子排列而形成的。一些金属，诸如铝、铁、铜和金，是我们日常生活中所熟悉的金属。但是当条件适合时，很多元素都能呈现出金属态，包括我们平时认为的气态，如氢气和氧气，在高压力下可以变成金属。此外，两种或更多种元素能够组合成金属合金，诸如黄铜（一种铜和锌的混合物）或者青铜。现代特种钢通常含有多于 6 种的不同元素，以便能够精准地控制它的性质。

金属键可以解释很多我们在研究金属时遇到的特殊性质。如果你试图借助挤压使金属变形，那么原子会逐渐地重新排列——金属是有弹性的。用挤压或扭转的手段使金属键破裂是很困难的，因为原子本身能够重新排列。因此，当你锤击一块金属时，常会留下印痕而不能使其破碎（见图 10 - 6），这和用锤子敲击陶瓷的情况完全不同。

在第 11 章中，我们将更严密地解释由金属键连接在一起的材料的电学性质。我们会看到由金属键形成的材料，它能允许电子流过而形成电流。

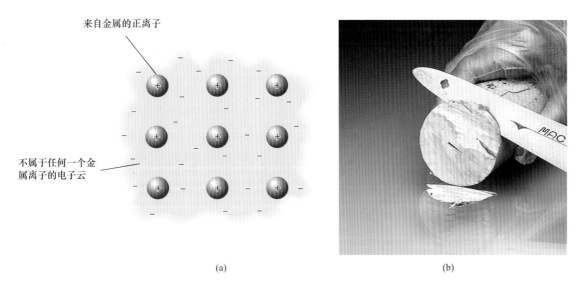

(a) (b)

图 10 -5　（a）几个金属原子共享电子，就形成了金属键，例如，钠原子有 11 个电子，但是 10 个电子是稳定的，金属钠中的每个钠原子给出一个电子；（b）金属钠非常柔软以至于用刀就能切割它，它同时又非常活泼，以至于必须戴上防护手套以避免灼伤

(a) (b)

图 10 -6　金属能被铸造或锻造成不同形状：（a）一位建筑工人锤击金属片使之进入某个火槽；（b）一位技工将金属片锻造成金属碗

共价键

在离子键中，一个原子永久地把电子转移给另外一个原子。另一方面，在金属键中，整个材料的所有原子共享电子。介于这两种键之间的是共价键，由共价键连接的原子簇，被称为分子。分子可以由两个原子直至数百万个原子组成。

最简单的共价键分子是同种元素的 2 个原子之间的键合，如双原子气体氢气、氯气和氧气。例如，在氢当中，每个原子有一个相对不稳定的单独电子。然而，2 个氢原子能够将它们的电子汇合起来，从而产生一种更稳定的双电子的排列。这 2 个氢原子必须保持互相靠近以共享 2 个电子，于是一种化学键就形成了，如图 10 - 7 所示。相似地，每个氧原子有 8 个电子，2 个氧原子共享 2 对电子形成氧分子。

氢气、氯气、氮气和其他共价键分子有比孤立的原子更低的化学势能，这是因为它们的电子是共享的。与孤立原子相比，这些分子更不可能发生化学反应。

所有共价键元素中最引人注目的是碳，它形成了所有生命的基本分子中的骨干。碳，在内层有 2 个电子，在外层有 4 个电子，呈现出半填满层的典型情况。因此，当碳原子互相接近时，一个现实问题出现了，它们应该接收还是给出 4 个电子以达到更稳定的排列呢？例如，你想象这样一种情况，一些碳原子把 4 个电子给了它们的邻居，而另外的碳原子接收了 4 个电子，分别产生了 +4 价碳和 - 4 价碳并使原子之间形成了强有力的离子键的连接。或者，碳可以成为金属，其中的原子释放 4 个电子，使之进入非常稠密的电子海。但上述这两种情况并没有发生。

降低碳-碳系统能量的最多的方式是使碳原子共享它们的外层电子。碳原子之间的连接形成以后，碳原子互相贴近以继续共享电子。于是，产生的键恰好像氢气中的键那样。然而，碳的情况要复杂得多，因为一个单独的碳原子能与 4 个其他原子靠近以共享 4 个价电子之一而形成共价键。当两个相邻的碳原子共享一对电子时，会形成碳碳单键（表示为 C - C）。共享两对电子时，会形成双键（表示为 C = C）。借助几个相邻的碳原子当中形成的键，可以构成碳环长链、分支结构、平面图和三维框架结构图等几乎任何你可以想象出来的形状。

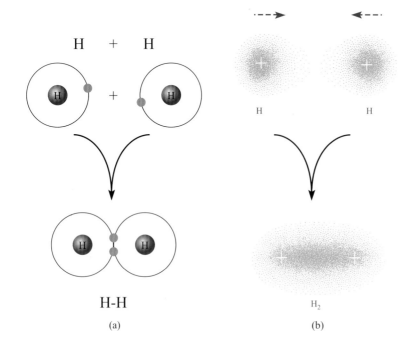

图 10 - 7　2 个氢原子形成一个氢分子，依靠的是在一个共价键中共享它们的每一个原子中的电子，（a）这种连接可以用点图来表示，或者（b）用 2 个原子的电子云的合并来表示

建立复杂的碳-碳结构分子（见图 10 - 8）。研究碳基分子非常重要，因此化学家们给它一个特殊的名字：有机化学。实际上，你身体中和其他生物中的分子至少在部分上是通过碳链中的共价键连接在一起的。共价键也推动了你身体中细胞的大量的化学作用，并且在使携带你基因的密码的 DNA 分子结合起来的过程中起到了重要作用，丝毫不夸张地说共价键是生命键。在你计算机中的硅基集成电路中，共键价也起着决定性的作用。像碳一样，硅元素在它的外层也有 4 个电子。

!停下来想一想！

　　地球上的生命是以碳元素性质为基础的。观察图 10 - 1 中元素周期表中的前三排，有任何其他元素可以构成其他地方的生命的基础吗？

极化和氢键

　　离子键、金属键和共价键在单独的原子间形成强有力的连接，但是分子之间也有保持彼此在一起的力。在很多分子中，静电力就是这样的力，虽然分子本身是电中性的，分子中的某一部分比其他部分有更多正的或负的电荷。例如，在水中，电子更倾向于花费更多的时间围绕着氧原子，而围绕氢原子的时间则相对较少。这种不均匀的电子分布使得水分子中氧的一侧带更多的负电荷，而氢原子一侧则带更多的正电荷（见图 10 - 9）。这种类型的原子簇，带有正电中心和负电中心，被称为极性分子。

　　一个带负电的原子或分子接近极性分子，会倾向于被推离负电一侧而推向正电一侧。所以，一个极性分子的负电一侧的原子会稍微呈负电性。这种微妙的电子推移，被称为极化。反过来会使极性分

（此处为化学结构式 (a)）

(a)

(b)

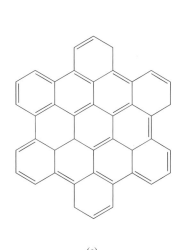
(c)

(d)

图 10 - 8　碳基分子几乎可以构成任意形状，这些分子可以组成图（a）的碳原子的长直链，以形成纤维材料，如图（b）的尼龙，或者它们可以形成环状分子，如图（c）的六苯并蔻，它是烟尘，如图（d）的一种成分

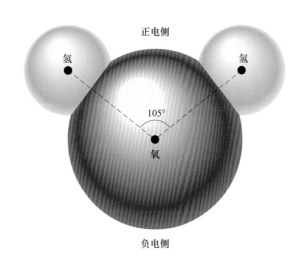

正电侧

氢　　　　　氢

105°

氧

负电侧

图 10 -9　每个水分子由 2 个氢原子和 1 个氧原子组成，排列成 105°角，电子倾向于在极性分子的氧的一侧，此处带更多的负电荷，而氢的一侧则带更多的正电荷

子负电中心和其他分子的正电中心之间产生电力的互相吸引。即使在这种构想中，原子和分子整体上都是电中性的，电子的偏移会产生原子和分子间的吸引。极化最重要的后果之一是使水具有能够溶解很多材料的本领。如水可使氯化钠这种离子键晶体溶解为钠离子和氯离子。

另一个与极化有关的是氢键，这是一种弱键。在一个氢原子依靠共价键连接到某些其他元素（例如氧或氯）的原子之后。这个氢原子可以被极化，而稍微带有正电，能够把其他带负电的原子吸引到它周围。这种情况下，你可以把这个氢原子想象成一座桥梁，能引起电子的再分布，进而促使更大的原子或分子聚集在一起。独立的氢键是较弱的，但是在很多分子中它们都存在着，因此在决定分子的形状和机能中起着重要作用。注意，尽管所有氢键需要氢原子，但不是所有氢原子都会形成氢键。

氢键通常存在于生物物质中，从日常材料诸如木头和丝绸，到你身体中每个细胞的结构。在每种生物中的氢键把 DNA 双螺旋结构的双键结合在一起。普通蛋清是由具有氢键的分子组成的，当你加热它时，氢键被打乱并且分子本身重新排列，于是你就得到了一种白色的凝胶状固体代替原先的液体。

范德瓦耳斯力

氢键的存在是因为原子或分子中的电子偏移，并因此在局部产生了电荷，这些电荷几乎能够永久地被锁定到一个固定的或静止不变的状态中，从而产生极化。另一种分子之间的力，被称为范德瓦耳斯力。（这种力以德国物理学家约翰尼斯·迪德里克·范·德·瓦耳斯而命名，他是 1910 年诺贝尔物理学奖的得主。）

当两个原子或分子相互接近时，一个原子或分子的每个部分受到由其他原子或分子的每一部分施加给它的力。例如，在一个原子中的一个电子会被相邻原子的电子排斥，但是被原子核吸引。施加到电子上的这个力的最终结果可以使这个电子产生瞬时移动。同样的事情发生在任何相互靠近的原子或分子中的每个电子上。当扭曲的原子之间的引力和斥力试图达到平衡时，最终结果是引力出现了。在这些化合物中，即便所有分子是中性且没有极性，但最终引力的总和会胜过斥力，因而形成了一个比较弱的化学键。

如果你取一块黏土并用手指尖擦它，你的手指上就粘上了这种材料的涂层，但黏土很容易擦掉。出现这种现象的原因是：黏土是由一层层原子构成的。在每一层内部，原子由强离子和共价键连接在一起，而你感觉到的黏土沫掉下来实际上是黏土颗粒范德瓦耳斯键的破裂。这种情况与一叠复印纸在干燥的日子会粘在一起这种情况没有什么不同。每页纸本身的键是强有力的，但是一叠纸粘在一起，纸和纸张之间靠的是更弱的静电力。

在日常生活中经常能看到很多其他的关于范德瓦耳斯力的例子。如果你把滑石粉擦到身上，其情形与刚讨论过的黏土没有什么不同。相似地，当用铅笔写字时，你撕破了石墨（碳的一种类型，见图 10 - 10）之间通过范德瓦耳斯力连接的一层，并在纸上留下了黑色石墨字迹。在很多日常液体和软固体中，连接分子的力也是范德瓦耳斯力，从蜡烛到凡士林和其他石油产品都是如此。

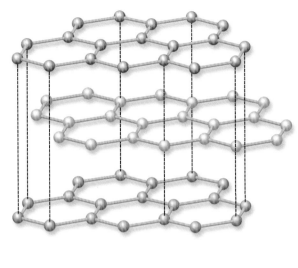

(a)　　　　　　　　　　　　　　　　　(b)

图 10 -10　在你所使用的铅笔的"铅"中的石墨，是碳的一种类型，有很多层，层内的碳原子是由共价键结实地互相连在一起的，而层间则是由更弱的范德瓦耳斯力互相维持在一起

 ## 物质的状态

到目前为止，我们已经注意到元素周期表中有限的元素能够依靠不同类型的化学键或力而连接在一起。然而，我们日常使用的材料通常含有上亿个原子。大量原子之间的各种联系方式共同产生了我们世界中的多种多样性能各异的材料。这取决于这些原子是如何被组织成分子的，组织方式可以采取很多不同的形式。这些不同形式的组织，被称为物质的状态。包括气体、等离子体、液体和固体（见图 10 -11）。

气体

气体是原子或分子的集合，它能在任何体积的容器中膨胀并且充满整个容器（见图 10 -11a）。多数普通气体，包括那些形成大气的气体，是不可见的，但是一阵风的力量证明了大气中含有物质。组成气体的粒子可以是孤立的原子，如氦或氖，或者是小分子，如氮或者二氧化碳。如果我们将某种普通气体放大 10 亿倍，就会看到这些粒子在随机地飞行，互相之间蹦蹦跳跳并与别的粒子接触碰撞。充进篮球或轮胎的气体之所以有压力，就是这些碰撞的结果。

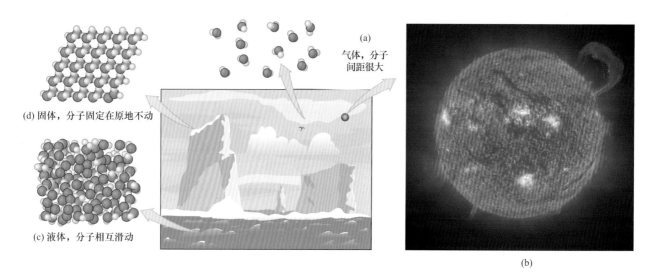

图 10-11　物质的不同状态可由它们的原子排列而区分（顺时针方向）。（a）在气体中，原子或分子不是互相连接的，于是它们可以膨胀，以充满任何可能的体积；（b）等离子体与气体很像，但处在很高的温度下，因此电子从原子中被剥离出来；（c）在液体中，分子互相连接，但是它们相对彼此能够自由移动；（d）在固体中，原子被锁定到一个刚性模式中，以保持它的形状和体积

等离子体

在类似太阳温度的极端温度下（见图 10-11b），原子间的高能碰撞使得电子被剥离，产生等离子体，其中带正电的核在电子海中游动。这样一种聚集在一起的带电体像是气体，但是它表现出的不平常性质在物质的其他状态中看不到。例如，等离子体是电的有效导体，并且由于它像气体，能够在强力磁场中被约束住。

等离子体是我们最不熟悉的物质状态，但是宇宙中多于 99.9% 的可见质量都以这种形式存在，不仅多数恒星由稠密氢和富氦混合物组成，而且几个行星，包括地球，在它们的外大气层中也有薄的等离子区。还有一些物质存在于气体和等离子的渐变状态之间，例如氖光中部分离子化的气体或者在荧光灯泡中，有一小部分电子处在自由状态。虽然它们是不完全的等离子体，这些离子化气体也能导电。

液体

没有固定形状但是很难压缩的原子或分子的集合称为液体（见图 10-11c）。地球表面上迄今为止最丰富的液体是水，水的溶解性对所有生命来说都是必要的。

在分子水平上，液体表现得像一个充满沙粒的容器，液体倒入任何容器后都会自由地流动，而不会保持固定形状。独立原子或分子之间的引力使液体维持在一起。在液体表面，这些引力起到作用，以防止原子或分子逸出。实际上，它们在表面产生表面张力，这种张力能使少量的液体能够形成液珠或液滴。

固体

固体包括具有固定形状和体积的所有材料（见图 10-11d）。在所有固体材料中，化学键既强有力又有方向性。固体具有几种典型的结构类型。

在晶体中，原子大量规则地重复排列起来，同样的原子以可预测的方式周期性地出现（见图 10-12a）。一个晶体结构由首先确定的重复出现的最小单元（晶胞）的尺寸和形状来展现，每个单元中的原子有确切的类型和位置。例如，在普通的盐中（见图 10-3），晶胞是一个细小立方体，每个边小于十亿分之一米。每个晶胞中在立方体的角上和面中心包含有氯原子，而钠原子处在立方体中心和立方体每边的中点上。晶体中规则的原子结构常常导致了其具有美丽平面的巨大单晶（见图 10-12b）。

普通晶体包括沙粒和盐粒、计算机芯片和宝石。然而多数结晶固体由无数微小晶体颗粒组成。我们日常生活中有两种重要的晶体材料，即金属和陶瓷。陶瓷是一类坚硬的、坚固耐用的固体，包括砖、混凝土、陶器、瓷器、无数的合成磨料，以及牙齿、骨头、多数岩石和矿石。

⚠ 停下来想一想！

具有原子规则排列的晶体，通常比它们不那么有序的液体状态的密度更大，但是冰却浮在水面上（一种罕见的液体比晶体密度大的实例）。为什么是这样？如果冰沉到水中，对地球上的生命有怎样的影响？（提示：在寒冷的冬天里如果冰比液体水的密度更大，浅湖中会发生什么？）

玻璃，相对于晶体，是一种大多数原子在局部范围内有序排列规则的固体，但它没有长程有序的结构（见图 10-12c）。例如，在多数普通窗用和瓶用玻璃中，硅和氧原子形成一种强有力的三维框架结构。大量硅原子被 4 个氧原子环绕，而大量氧原子被连结到 2 个硅原子上。如果在玻璃中放置一个原子，你就有机会预知隔壁的原子。虽然如此，玻璃仍是不规则结构。从任何点起到超过两个或三个原子距离之外，你就没有办法预知出现的原子种

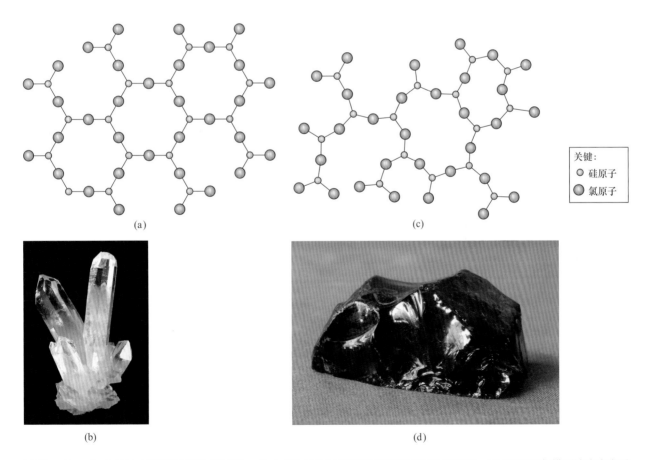

关键：
○ 硅原子
● 氧原子

(a)　　(c)

(b)　　(d)

图 10-12　（a）晶体中原子的排列是规则的，并且成千上万个原子之间的距离是可以预测的，原子规则重复排列这个事实反映在晶体具有规则的表面，例如，在（b）中石英矿石 SiO_2 的晶体；（c）玻璃中原子的排列在局部范围内是规则的；（d）天然玻璃的弯曲断裂面是这种原子排列不规则的后果

类。因此，玻璃破裂时的表面是锋利的，不规则的（见图 10 - 12d）。

聚合物，是一种由很多小分子像链一样连接在一起而形成的长链分子。这些材料的分子结构往往是一维的，沿着聚合链形成重复排列的周期性结构（见图 10 - 13）。常见聚合物包括很多生物材料，诸如动物毛发、植物纤维、棉花和蜘蛛网，等等。

人造聚合物包括各种塑料，它们是由石油裂解产物形成的合成材料。它们由交织的聚合物链组成。当加热时，这些链互相滑动而变形。当遇冷时，塑料纤维凝固成可能的任何形状。在约一个世纪前，人们还对塑料一无所知，现在，塑料已成为我们日常生活中必不可少的材料，每种塑料有自己的使用范围，包括质量轻的包装薄膜，用于坚固耐用的机械零件中，用于服装的超薄强力纤维（见图 10 - 13a），用于玩具的彩色零件以及其他多种用途。（你可能注意带有三角回收标志的塑料容器一侧有一个数字。这个数字用来在再加工之前区分普通类型的塑料。表 10 - 1 列出了塑料的类型和它们的用途。）塑料可以作为涂料、油墨、胶、密封剂、泡沫制品和保温材料。新的坚韧、有弹性的塑料使得很多体育用品产生了革命性的变化，诸如高质量的保龄球和高尔夫球以及耐用的足球和冰球头盔等。

表 10 -1 可回收再生的塑料		
序号	名称	主要用途
1	聚酯	最普通的可回收塑料，用于食品和饮料容器
2	高密度聚乙烯	用于洗涤剂和牛奶的刚性细颈容器；食品杂货包
3	聚氯乙烯	塑料管，室外家具，坚固容器
4	低密度聚乙烯	垃圾和生产包装，食品储存器
5	聚丙烯	气雾剂瓶盖，饮料吸管
6	聚苯乙烯	包装附件，杯和塑料餐具

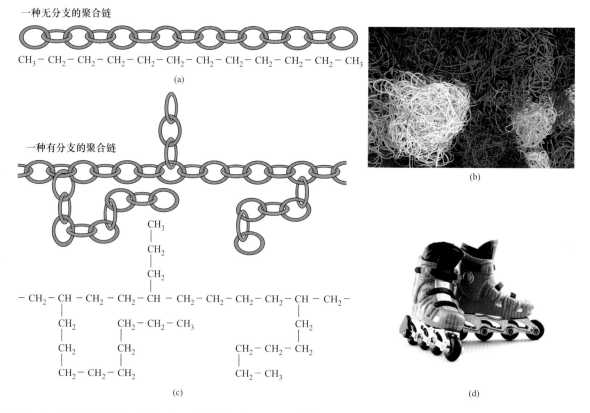

图 10 -13　聚合物有许多形式（a）无分支的长纤维，如尼龙（b）；相比之下，（c）有分支的聚合物能形成坚固的固体塑料，像旱冰鞋上的滚轮（d）

 **科学史话**

尼龙的发现

　　大自然在形成强力的、灵活的纤维方面的成功，启发科学家们试图做同样的事情。美国化学家华莱士·卡罗瑟斯（1896—1937 年）在 1920 年当研究生时就开始思考聚合物的构成。当时，没有人知道自然的纤维是怎样形成的，或者什么种类的化学键会参与其中。卡罗瑟斯想寻求答案。

　　杜邦化学公司依靠以卡罗瑟斯命名并以他为领导的新的"基础研究"组在 1928 年赌了一把。虽然没有为产生商业结果而给他施加任何压力，但是在很短的几年中他的团队发现了合成氯丁橡胶。在 1930 年代中期，他们发明了一类非凡的聚合物，包括尼龙，第一种人造纤维（见图 10 – 14）。卡罗瑟斯也令人确信地证明了尼龙中聚合物是小分子共价链，每个小分子具有六个碳原子。

　　杜邦从尼龙和相关的合成纤维中大赚了一把。尼龙在工业生产中并不昂贵，并且有很多超过天然纤维的优势。它能被熔化并且能挤压成型，形成几乎满足所有要求尺寸的绳股，例如线、绳索、外科缝线、网球拍线和油漆刷鬃毛。这些纤维能够被制成光滑、平直的产品，像钓鱼线，或者粗糙、褶皱的产品，如毛线等。尼龙纤维也能由于加热而纠缠，会形成衣服上持久的折痕。被熔化的聚合物甚至能被注射到模具中以形成耐用的部件，诸如管状材料和拉链等。

　　遗憾的是，华莱士·卡罗瑟斯并没能看到他的非凡发现所带来的影响。姐姐的去世加重了他的抑郁症，并且他坚信自己是一个失败的科学家。因此，他在 1937 年自杀，这正好是尼龙诞生的前一年。

图 10 –14　人造纤维尼龙能够从液体中拉出

技术

液晶和你的手持式计算器

　　地球上所有材料可以很容易地区分为固体、液体和气体，但是科学家们合成了液晶，这是一种奇异的中间态物质。这些材料很快被发现可以用在多种电子设备中，包括常见的手持式计算器的数字显示屏（见图 10 –15a）。液体和晶体之间的区别之一是原子的排列，原子或分子在液体中是混乱排布的，而在晶体中是有序的。但是在链状或平面分子的液体会发生什么呢？这就像一盒未煮过的意大利面条或一盘饼，其中单独的一块可以移动并且有良好的取向，在液态下这些分子可以实现有序排列。

图 10 - 15　（a）在很多电子装置中都采用了液晶显示；（b）在一般情况下，液晶显示中的细长极性分子是随机导向的，并且液晶看起来是透明的；（c）在一个电场中，分子以一种有序模式排列，而液晶看起来是暗的

如果分子是极性的，它们的行为与指南针类似。在一般情况下这些分子会以随机取向形式存在（见图 10 - 15b）。在一个外加电场的影响下，分子会以有序结构排列（见图 10 - 15c）。结构变化甚至可以改变其物理性质——例如它们的颜色或者反光能力。这种现象广泛地应用于移动电话和计算器中的液晶显示屏上，其中电场力使屏幕中选定区域的分子重新排列，以提供一个快速变化的可视显示。

液晶是在自然界被发现的吗？每一个细胞的细胞膜是由两层细长的分子组成的（被称为脂质）。很多科学家现在怀疑这些起源于原始海洋中的"脂质"分子与今天的液晶很相似。

随机模式

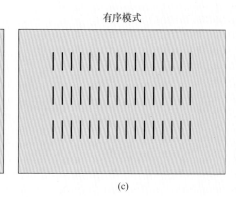
有序模式

(a)　　　　　　　　(b)　　　　　　　　(c)

物态的变化

把一托盘的水放在冰箱中，水会转化成固态冰。在炉子上加热一壶水，水会烧开而逸出气体。这些日常现象都是物态变化，物态变化就是固体、液体和气体状态的相互转化。凝固和熔化涉及液体和固体间的变化（见图 10 - 16a）。而沸腾和凝结是液体和气体间的变化（见图 10 - 16b）。此外，一些固体可以直接通过升华而转变成气体。

改变温度，就改变了分子振动速度，于是促成了这些物态变化。例如，冰的温度增加到 0℃

（32℉）以上，温度增加导致分子振动，单独分子松动并且晶体结构开始破裂，随后液体就形成了。然后，在 100℃（212℉）以上，水分子快速运动并挣脱液体表面而形成气体。这些变化需要大量的能量，因为其中化学键必须被破坏，从而导致从固体到液体的变化，或者从液体到气体的变化。一壶水可以相当快地达到沸点，但是要让所有分子克服水分子间引力并形成气体则需要很长的时间。出于同样的原因，一杯冰水会长时间维持在 0℃，而且在最后一块冰融化以后水温才开始上升。

(a)　　　　　　　　　　　　　　　　　　(b)

图 10 -16　水显示出物态的变化（a）融化的冰从格陵兰岛靠近伊卢利萨特的雅各布冰川流下；（b）来自大气的水凝结成凉爽池塘上方的雾

 # 化学反应和化学键的构成

我们的世界充满了数不清的物质——形形色色的固体、液体和气体。所有这些不同的物质来自哪里？新的化学键是怎么形成的？

原子以及更小的分子能够形成更大的分子，而大分子又会分解，这些过程我们称之为化学反应。当我们吃一点食物，点一根火柴，握手或者开车，我们体内就开始了化学反应。每个瞬间，我们身体细胞中的每个化学反应都在维持着我们的生命。

化学反应包含元素和化合物中原子的重新排列，以及用来形成化学键的电子的重新排列。化学反应可以用一个简单方程来表示：

$$反应 \longrightarrow 产物$$

方程两边原子的种类和数量是相同的。例如，氧和氢气通过化学反应能形成液体水：

$$2H_2 + O_2 \longrightarrow 2H_2O$$

这个反应是平衡的，因为每边有 4 个氢原子和 2 个氧原子。在这个反应过程中，我们能观察到化学变化（新物质生成）和物理变化（放出热量）。氢和氧形成水的反应是猛烈的、爆炸性的。充氢气的飞艇"兴登堡号"的爆炸就是这种剧烈的化学反应的一个例子（见图 10 - 17）。

图 10 - 17　1937 年 5 月 6 日，充满氢气的德国飞艇"兴登堡号"爆发出一阵火焰，氢和氧的快速反应产生水和热量

例 10 -2

平衡化学方程

汽车电池包含铅（Pb）板和二氧化铅（PbO_2）板，它们浸泡在硫酸（H_2SO_4）溶液中。电池放电以后，二氧化铅和硫酸转化成硫酸铅（$PbSO_4$）和水（H_2O）。写出一个模拟这个过程的平衡反应式。

分析和解答：过程中的化学反应物是 Pb、PbO_2 和硫酸，而产物是 $PbSO_4$ 和 H_2O。首先用每一种反应物和产物的分子，以最简形式写出方程：

$$Pb + PbO_2 + H_2SO_4 \longrightarrow PbSO_4 + H_2O$$

然而，这个方程是不平衡的。例如，在左边出现两个铅原子，而在右边仅有一个铅原子。如下式这样写才能保证在结束时和开始时有一样多的原子：

$$Pb + PbO_2 + 2H_2SO_4 \longrightarrow 2PbSO_4 + 2H_2O$$

正如你所看到的，方程每一边现在有 2 个 Pb 原子、2 个 SO_2 原子团、4 个氢原子和 2 个氧原子。这种平衡方程代表着当你的电池放电时发生的原子转换。它告诉我们 2 个硫酸分子会作用于每个铅原子，并且最终产生 2 个水分子和 2 个硫酸铅分子。

无论多么复杂的化学反应，化学方程都必须平衡，化学反应开始时和结束时的原子数量必须相同。这是第 7 章中见过的物质既不能创生也不能消灭这一原理的一个例子。

化学反应和能量

在仔细考虑原子相互结合形成分子之前，稍停片刻来思考一下这些反应都为什么会发生。其根本的原因，就像经常发生的自然现象一样，必须从能量的角度去考虑，正如热力学定律（见第 3 章和第 4 章）所描述的那样。

例如，考虑一下图 10 - 2 所示的中性钠原子中的一个电子。这个电子围绕原子核运动，它有动能。此外，电子还具有势能，因为它与带正电的原子核之间有确定的距离。因此电子是有能力做功的（这是在第 3 章中见过的区分势能的方法）。除了核外势能之外，它和原子中其他所有电子间有电排斥力，这又会贡献额外的势能，类似于来自其他行星对地球重力势能的小小贡献。三种能量的总和——与绕轨运动相关的动能、与原子核相关的势能、与其他电子相关的势能——是原子中某个电子的总能量。

原子的核外总能量是所有电子能量的总和。对于图 10 - 2 中一个钠原子，总能量是 11 个电子能量的总和；对于氯原子，它是 17 个电子能量的总和。一个钠原子和氯原子的总能量是 2 个原子的能量的总和。

考虑离子键形成以后，钠和氯原子的能量会怎么变化呢？钠原子最外层的一个电子会转移到氯原子的最外层，这样得到的钠离子和氯离子都会形成稳定的电子排布。钠离子和氯离子之间又会进一步通过库仑相互作用结合在一起，经过这个过程，整个体系的能量是大幅度降低的。

无论何时，两个或者更多原子聚集形成化学键，系统的总能量在键形成前后总会有所差别。有两种可能性存在：或者是两个原子的最终能量小于初始能量，或者是最终能量大于初始能量。从钠和氯产生氯化钠的反应就属于第一种情况，即反应后系统的总能量低于反应前的能

量（见图 10 - 18a）。根据热力学第一定律，总能量必须守恒，能量的差值会以热或光的形式释放出来。以热的形式释放能量的化学反应被称为放热反应。

放热反应在日常生活中有很多例子。你的汽车开动的能量是由汽油中化合物与氧气在汽车发动机中反应所产生的。手机电池中的化学反应也产生能量，人体中的细胞正在分解葡萄糖中的糖分子，以提供生命所需的能量。

如果化学反应的最终能量大于初始能量，那么就必须提供能量以使化学反应发生。这种反应被称为吸热反应。烹饪时（例如煎鸡蛋或烘烤蛋糕）进行的化学反应就是这种类型（见图 10 - 18b）。你把蛋糕的成分放在一起，打开炉火提供热能。获得能量后，电子能够重新排列成新的化学键。其结果是蛋糕制成了，而此前它仅仅是面粉、糖和其他材料的混合物。

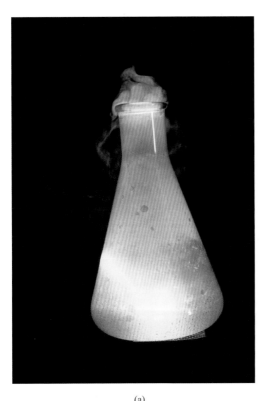

(a)　　　　　　　　　　　　(b)

图 10 - 18　一些化学反应，诸如（a）金属钠和氯气形成食盐，释放出热能——它们是放热反应；另外一些化学反应，诸如（b）煎鸡蛋——它们是吸热反应

可以把化学反应想象成类似于地面上放置的球。如果球放在山顶上，它会由于滚下山而降低它的势能，以摩擦热的形式释放多余的能量。如果球处在山脚下，就必须对它做功，使它到达山顶。放热反应相当于"滚下山"的过程，最终达到一种能量较低的状态并且以某种形式释放多余的能量。另一方面，吸热反应是相当于"推上山"的过程，要从周围吸收热量。

普通化学反应

数以百万计的化学反应发生在我们周围的世界中。一些是自然发生的，而一些是由于人类设计或干涉的结果而发生的。然而，在日常生活领域中，你可能看到一些化学反应经常发生。让我们来解释一下这些化学反应的细节。

氧化和还原

我们星球上最有特色的化学特征是在大气层中有丰富的氧气的存在。这个特征导致了氧化反应是在我们生活中反复出现的化学反应。即一个原子（诸如氧或其他任何能接受电子的原子）在反应中接受电子，并与其他原子相结合。能够让出电子的原子称为被氧化。生锈是缓慢的氧化反应，在这种反应中，铁金属与氧结合生成淡红色的氧化铁，下面是化学方程式所给出的：

$$4Fe + 3O_2 \longrightarrow 2Fe_2O_3$$

燃烧是一种更快速的氧化，在燃烧中氧与富含碳的材料反应生成二氧化碳和其他造成污染的副产物。碳氢化合物提供用于燃烧的燃料，作为产物仅仅有二氧化碳和水。

以文字表示：碳氢化合物与氧气的化学反应，生成二氧化碳加水，同时放出能量。

以化学符号表示：

$$C_nH_{2n+2} + \frac{3n+1}{2}O_2 \longrightarrow nCO_2 + (n+1)H_2O + 能量$$

注意：在这个平衡反应式中，下角标 n 表明碳氢分子链中的碳原子数量。例如，如果你用天然气，主要成分是甲烷，其中 $n = 1$（见图 10 - 19b），其反应式可以写成：

$$CH_4 + 2O_2 \longrightarrow CO_2 + 2H_2O$$

(a)

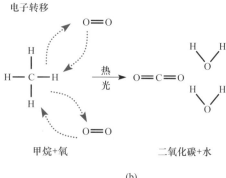

(b)

图 10 - 19 （a）森林火灾是氧化反应；（b）以图案的形式表示，氧化反应涉及电子转移到氧原子；当天然气（CH_4）燃烧时，它与两个氧分子结合，形成一个二氧化碳（CO_2）分子和两个水分子

氧化的另一面是还原，在这个化学过程中，电子从一个原子中转移给另一个原子。接受电子的原子称为被还原。几千年之前，原始的铜匠已经学会怎样通过冶炼来还原金属矿石（见图 10 - 20）。在冶炼铁的过程中（250 年前在北美就有数百个熔炉从事这种典型的行业），炼铁工人在非常热的炭火炉中加热铁矿石（氧化铁）和石灰（氧化钙，可以降低整个混合物的熔化温度）的混合物，然后发生反应直到生成铁金属和二氧化碳。

被氧化的物质失去的电子给了氧或一些其他原子。同时另一方面，被还原的物质获得电子。你可能会发现记住 "OIL RIG"（oxidation is less, reduction is gain 的首字母缩写，其原意是氧化是减少，还原是获得）这个单词，有助于记住这两种情况。

氧化和还原两种反应在自然界中是必不可少的，动物摄取食物中的碳基分子，将它在它们的细胞中氧化并获取能量。二氧化碳作为副产物被释放出来。植物摄取二氧化碳并且用阳光中的能量还原它，作为副产物释放出氧气。

沉淀——溶解反应

水和很多其他液体有溶解固体的能力。当你把盐或糖放进水中时，你能观察到这种溶解反应。如果让海水蒸发，你也能看到相反的过程——沉淀反应——发生。海水富含各种物质，由于水蒸发它们会沉淀下来（见图 10 - 21），这些复杂的沉积物包含了碳酸钙（$CaCO_3$）、硫酸钙（$CaSO_4$）、氯化钠（$NaCl$）和很多其他更奇异的化合物。在世界上很多地方，包括加利福尼亚的死亡谷和犹他山的大盐湖周边区域，这些化学物质的沉积物可以开采用来制取钠、钾、硼、氯和其他元素。你可以从海中舀取少量盐水，并且使水蒸发，就会看到留下来的细微的盐结晶沉积物。

酸-碱反应

酸是人们使用了上千年的常见的物质。这个字甚至已经进入了我们日常词汇。酸可以腐蚀金属并

图 10 - 20　（a）铁矿石冶炼铁是还原反应；（b）以图案的形式表示，铁矿石（一种氧化铁，Fe_2O_3）与碳（纯碳）结合，生成铁金属和二氧化碳（CO_2）

图 10 -21　盐水蒸发导致大型盐滩上产生沉淀，诸如加利福尼亚的死亡谷中这些沉积物

发出酸酸的味道。我们这里给酸做出一个如下的定义：酸是这样一种物质，当把它放入水中时，溶液中产生带正电的氢离子（亦即质子）。柠檬汁、橙汁和醋都是常见的弱酸，而硫酸（用于汽车电池）和盐酸（用于工业清洗）则是强酸。

碱是另一类腐蚀性物质。它们味苦涩，若放在你手指间，通常会有滑溜的感觉。我们这里给碱做出一个定义：当我们把它放入水中，会产生带负电的氢氧离子，这种离子由一个氧原子结合一个氢原子组成，它有一个多余的电子，被称为氢氧根离子。很多抗酸剂（例如镁乳）是弱碱。含有氨的清洗液也是我们最常遇到的碱，地漏清洗剂是经常用到的强碱。

虽然酸和碱的普通定义涉及味道和感觉，不过你不应该去试图品尝。很多酸和碱是非常危险的，具有强腐蚀性的——例如硫酸（H_2SO_4）和火碱（NaOH）。

当酸和碱一起被带进同一溶液中时，H^+ 和 OH^- 反应形成水，于是我们就说酸碱中和。举例来说，如果我们把盐酸（HCl）和碱液（NaOH）放在一起，会找到一个能用下式表述它的化学反应式：

$$HCl + NaOH \longrightarrow H_2O + NaCl$$

这个平衡反应式表明：HCl 和 NaOH 的分子重新结合成一个水分子和氯化钠分子。从这个方程式可以看出，水的形成使得溶液中的带正电的氢离子和带负电的氢氧根离子减少了，同时初始分子中的另外部分聚集形成新的物质。

酸和碱的定义产生了一种测量溶液酸碱性的方法，这种方法被称为 pH 法。纯蒸馏水总会含有一些质子和一些氢氧根离子，是因为其中少量水分子总会被分解，并且同时液体中的其他部分质子和氢氧根离子会聚集形成新的水分子。实际上，在每升纯水中有大约 10^{-7} 摩尔的质子和等量的氢氧根离子。摩尔是一个标准化学度量，约含 6×10^{23} 个原子或分子。酸中含有的质子比氢氧根离子多，而碱则相反。

纯水 pH（酸碱度）为 7，酸溶液的质子数量大于氢氧根离子时，会有较低的 pH（在此例中 pH 为 6），例如每升溶液中有 10^{-6} 摩尔的 H^+。碱中质子数量比氢氧根离子少，会有较高的 pH（在此例中 pH 为 10），例如每升溶液中有 10^{-10} 摩尔的 H^+。下表中列出了常见液体的 pH 值：

物质	pH 值
胃酸	1.0 ~ 3.0
阿迪朗达克湖水的平均值，1975 年	4.8
标准雨水	5.6
阿迪朗达克湖水的平均值，1930 年	6.5
纯水	7.0
人体血液	7.3 ~ 7.5
家用氨水	11.0

特别注意在 1930 年和 1975 年间纽约阿迪达朗克湖水的 pH 平均值剧烈变化。产生变化的原因是酸雨。

生命科学　　　**抗酸剂**

在食物被咀嚼和吞咽之后，消化的第一步是：胃中的酸开始分解吃进去的食物分子。偶尔胃的酸度太高，我们需要服用抗酸剂才会感觉好一些。

当你服用一种抗酸剂时，在你身体中进行了中和反应。普通的非处方抗酸剂含有碱，如氢氧化铝 $[Al(OH)_3]$ 或碳酸氢钠（$NaHCO_3$），它们与胃中的一些胃酸起反应。这些产品不能中和所有的胃酸，仅仅能减轻症状。

聚合反应和解聚反应

普通生物结构分子的构建模块是很小的，顶多由几十个原子组成。但是生物分子是巨大的，往往高达上百万个原子。小的构建模块怎么能产生具有生物特征的大结构呢？答案在于聚合反应的过程中。

聚合物是一个大分子，它的形成是依靠更小、更简单的单体分子连接在一起建立一种复杂的结构（见图 10-22）。聚合这个词来自希腊语 poly（很多）和 meros（部分）。在蜘蛛结网、凝血和上千个其他过程中，生命系统具有将小分子连接起来形成长链的能力。

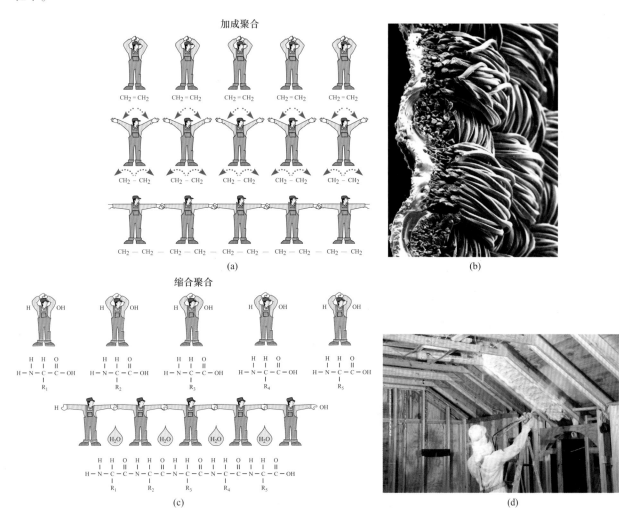

图 10-22　单体以两种方法形成聚合体。（a）加成聚合出现在单体终端对终端的简单连接时；（b）此处所示为合成纤维放大图；（c）在缩合聚合中，一个小分子从每一个加入的单体中释放；（d）聚氨酯泡沫隔热层中的细小气泡依靠聚合反应中释放的二氧化碳分子而形成

聚合反应是形成大分子的化学反应。例如，聚乙烯开始为气体，其分子恰好含有 6 个原子（2 个碳原子和 4 个氢原子），而构成普通尼龙的分子，由 6 个碳原子、11 个氢原子、1 个氮原子和 1 个氧原子组成——化学家们将这个组合写成$C_6H_{11}NO$。当这些分子的端点连接起来的时候，这些聚合物在液体中就形成了。聚乙烯的形成是依靠加成聚合，其单体模块，通过端对端的方式简单连接（见图 10 -22a 和 b）。另一方面，聚氨酯和其他普通材料则依靠缩合方式而聚合形成，其中每个单体的连结通过释放小分子诸如水或二氧化碳而发生（见图 10 -22c 和 d）。

在我们的生活中，聚合物起着巨大的作用。这类材料的性质与分子形状和它们形成材料的方法有关（见图 10 -23）。例如，在聚乙烯中，长链分子形成像一盘毛茸茸的面条的结构。水分子很难穿透这种材料，于是它被广泛应用于包装。超市中水果和肉类包装中的"塑料"可以由聚乙烯制成。一种紧密相关的聚合物是聚氯乙烯（PVC），它的单体氯乙烯是一个乙烯分子，其中四个氢原子中的一个被一个氯原子所替代。因为氯原子比氢原子大一些，聚合物的分子成块状并且不能太紧密地包在一起。商用 PVC 广泛用于上水和下水管材中，制成高弹性的材料。信用卡也是由这种材料制成的。其他普通聚合物包括聚丙烯（人造皮革）、聚苯乙烯（"泡沫"杯和包装）以及特氟龙（不粘锅）。

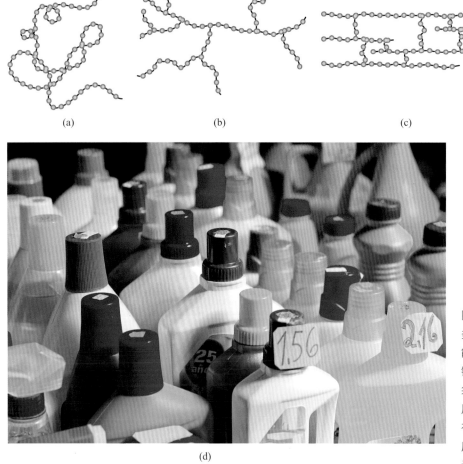

图 10 -23　聚合物可以有许多形式：（a）双绞线链，它能形成隔热纤维；（b）支化链，它能形成薄而坚固的塑料袋；（c）交联在一起的链，它用于固体塑料构件；（d）具有盘绕的链和支链的聚合物常用于各种散装塑料中，诸如图示容器中的塑料

很多聚合物是非常稳定的——在一个垃圾填埋场中长时间存在，并使聚合物不断增多，这一问题已经长久困扰人类了。当然部分聚合物不是长久稳定的。给定足够时间，它们会分解成更小的分子。这种聚合物裂解成短段的过程称为解聚反应。

在厨房里就有很多人们熟悉的解聚反应。聚合物导致生肉具有黏性，我们重新烹调，其实就是部分地分解了这些聚合物。诸如松肉粉和腌泡汁也能对解聚做贡献，并能提高食物的质感。

并非所有的解聚反应都是有利的。博物馆馆长痛苦地意识到，裂解过程会影响皮革、纸张、纺织品以及其他有机材料制成的富有历史意义的文物。在低温、低湿和惰性气体氛围（最好无氧）的环境中储存物品，可以减慢解聚反应过程，但是还没有任何已知的方法能够使陈旧的脆性物体重新聚合。

构建分子：碳氢化合物

烷烃是易燃材料（或者是气体，或者是液体），它们能快速燃烧并且通常被用来作为燃料。例如，汽车中汽油的多数成分是这一族的成员。烷烃是碳氢化合物的一个种类，分子完全由氢和碳原子组成。

你能想象甲烷是由一个碳原子和三个氢原子（化学家们称之为甲基基团）再加上一个氢原子组成的。我们首先注意到，我们能够增加一个甲基基团替代甲烷中的氢来形成有两个碳原子的分子。这种较大的分子是乙烷，它是一种挥发物和易燃气体（见图 10 - 24）。

图 10 -24　碳氢化合物通常用作燃料，包括（a）甲烷或天然气；（b）丙烷，容易储存在便携式金属容器中；（c）丁烷，储存在一次性打火机中；（d）这些不同的烷烃可以依靠把甲基基团加到甲烷上面构建。组群的前三位是甲烷（有一个碳原子）、乙烷（有两个碳原子）和丙烷（有三个碳原子），接下来的两个分别是丁烷和异构物（正丁烷和异丁烷，每一种有四个碳原子）

你可以继续下去。加上第三个甲基基团形成丙烷，一种具有三碳链的分子。丙烷广泛地用来作为便携式炉灶的燃料，可以用在你的露营之旅中。下一步是拿另外的甲基基团替代氢以形成一个四碳链，称为丁烷。此时，我们可以把新的基团加到链端致使所有四个碳原子形成一条直线。这个过程形成丁烷的分子称为正丁烷。然而，我们也可以同样把甲基基团加到内部碳原子上，此时，分子被称为异丁烷。异丁烷和正丁烷恰好有同样的碳和氢原子数，但是其实是相当不同的材料（举例来说，前者沸点为 $-11.6℃$，而后者沸点为 $-0.5℃$）。

随着我们构建过程的继续，可以构建成有 5 个碳（戊烷）、6 个碳（己烷）、7 个碳（庚烷）、8 个碳（辛烷）的分子，等等。组装原子的方式很多。例如，辛烷有 18 种不同的异构体，一些有长链，另外一些是支链的。

碳链长度影响到烷烃形成固体或液体。碳链越长，这种材料就可以在更高的温度下保持固体。常温下如果碳链是直的，那么具有 6 个左右碳原子的烷烃是液体，而那些具有多于 10 个碳原子的烷烃是软固体。例如优质石蜡蜡烛，主要由具有 20～30 个碳原子的链组成，它仅在靠近灯芯热焰处熔化。当有支链存在时，使分子有机地结合在一起更为困难。支链会使其熔点比那些直链烷烃总是要低一些。

 技术

石油精炼

地下深处有厚厚的黑色液体形成的巨大湖泊，即石油是由多种古老生命形式转化的分子组成，是一种非常复杂的有机化学的混合物，其 98% 是由氢和碳组成的分子（大多为碳氢化合物的形式），还有 2% 的其他元素。工程师们必须把这种混合物通过蒸馏分成不同的成分。

具有不同数量和排列的碳原子的碳氢化合物有不同的沸点。蒸馏的关键是按照沸点依次地收集不同种类的分子。大量的挥发性高的碳氢化合物最先分离出来——具有最低沸点的甲烷（CH_4）或者是天然气，最后留下的是长链碳氢化合物，包括硬蜡、沥青和焦油。

石化工厂中竖立着蒸馏石油的高大的圆柱形塔。工程技术人员把原油泵入塔中，然后被加热，塔中自下而上有一个温度梯度（见图 10-25）。在塔的各个不同层中，各种有用的石油产品，诸如汽油或者取暖油被收集并且被送到工厂其他部门供进一步处理。

辛烷的一种特殊的异构物——每排中有 5 个碳原子并且在一侧有 3 个甲基基团，使其有很好的抗爆性能。这种异构物称为异辛烷，辛烷值为 100 意味着混合燃料像异辛烷一样好。与此相反，正庚烷是一种异构物，它在一个无分支链上具有 7 个碳原子，每时每刻都引起振动。零辛烷值意味着燃料混合物像纯正庚烷那样不好。简言之燃料辛烷值是它作为异辛烷和正庚烷混合物的一种表现。例如，燃料辛烷值为 95，它的表现如同 95% 的异辛烷和 5% 的正庚烷的混合物一样。

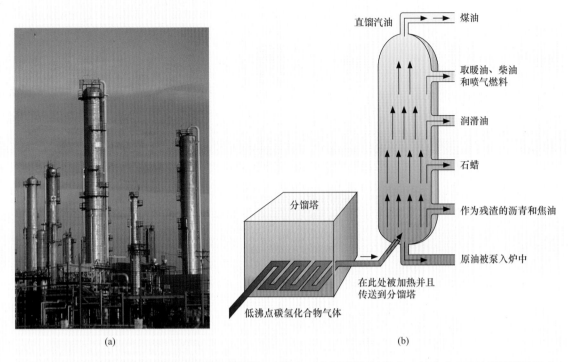

(a)　　　　　　　　　　　　　　　　(b)

图 10 -25　（a）现代化工厂竖立着高大的蒸馏塔，在塔中石油产品被提炼出来；（b）化工厂中蒸馏塔的示意图表明温度梯度（底部较顶部冷）怎样用来把碳氢化合物区分成有用的馏分，如气体、汽油、煤油、取暖油、润滑油和石蜡、沥青和焦油

 生命科学

血液的凝结

　　无论什么时候你不小心因划伤而出血，你的血液就开始了一个异常复杂的称为凝结的化学反应过程。正常血液，一种与细胞和化合物混合在一起的血液，为你整个身体输送营养和能量，通过循环系统自由流动。然而，当该系统有了裂口并且血液流出，被损坏的细胞会释放出一种叫作凝血酶原的分子。

　　凝血酶原本身是处于非活跃状态的，但是血液的其他化学物质将其转换成活跃的化学凝血酶。凝血酶做出反应，分解其他经常存在于血液中的通常稳定的化学物质，于是产生能够立即开始聚合的小分子。这种新的称为纤维蛋白的聚合物很快凝结并形成强硬的纤维网，立刻圈住血细胞和封住裂口（见图 10 -26）。凝结反应随损伤性质和伤口中存在外界物质的不同而有所不同，生物学家在这个过程中发现了十几种独立的化学反应。如果这种复杂化学系统的一些部分不正常，那么就会发生一些疾病和痛苦。血友病患者缺乏一种关键的凝血化学物质，于是就会从一个小切口中持续出血。另一方面，某些致命的蛇毒却又能够在封闭的血液循环系统中诱导出危险的凝血作用。

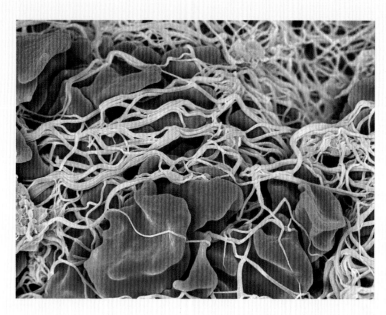

图10-26　血液凝结的显微图揭示了凝血酶长丝的聚合，它圈住血细胞（红色）并且阻止出血，每个红细胞直径约为万分之三英寸

延伸思考：原子的结合

生命周期成本

　　每个月世界上的化学家会发现上千种新材料并把它们推向市场。这些材料中的某些品种能够比它们将要替代的那些材料更好地完成某项工作。某些品种完成了以前从未做过的工作，某些品种更便宜地完成了工作。然而它们都具有一个属性——当它们达到使用寿命终点的时候，必须想一种方法将它弃置而不会对环境产生危害。直到最近，工程技术人员和规划人员才对这个问题花点心思了。

　　例如，想想你汽车上的电池。购买价格涵盖了它的极板中铅的采矿和加工成本、构成电池塑料壳的油料的提取和精炼成本，以及组装成最终产品的成本，等等。当电池到达其使用寿命的终点时，对所有这些材料必须负责任地进行处理。例如，如果你随意地把电池扔进一条沟里，铅可能最终出现在附近的溪流和井中。

　　当然，处理这种问题的一种方法是材料回收——从电池中取出铅板，进行加工然后再次使用。但是即便在最好的情况中，都有一些材料不能被回收，或者是因为它们通过使用其他材料而被污染，或者是因为我们没有进行回收的技术能力。这些材料必须使用一种与环境隔离的方法出售。问题就变成了"谁出钱？"。

　　在美国，传统上，最后的使用者必须负责处理。然而在一些欧洲国家，一种新方法出现了，即所谓的生命周期成本，它围绕这样的命题，一旦制造商使用了一种材料，那么他或者她永远拥有它并且负责处置它。那么，这种产品的成本，比如汽车，就包括了最后处置它的费用，有一天这辆车可能被抛弃，那么制造商不得不支付其处置费用。

生命周期成本提高了商品的价格，助长了通胀。在这种情况下有没有什么合适的权衡方法？与前面的最终处置成本相比，应该征收多少额外的费用？

❓ 回到综合问题

血液是怎样凝固的？

- ■ 血液是一种黏性液体，它能向我们的组织输送营养和氧气。它由心脏通过循环系统中的血管注入身体中数以百万计的细胞。

- ● 血管诸如动脉、毛细血管和静脉组成了循环系统的管道。

- ● 血管材料的损坏会引起大量复杂的化学反应，它们试图阻止血液更快流动，这个过程由凝血开始。

- ■ 凝血是形成凝块的过程。血液凝块是由血小板和纤维蛋白组成的。

- ● 血小板是小细胞，它在哺乳动物血液中连续循环。它们总在受伤部位开始聚合。

- ● 血管内皮细胞的损伤也能引起凝血酶原的释放。很多化学反应把凝血酶原转化成一种所谓的纤维蛋白的不溶性聚合物。这种新的聚合物很快形成一种坚韧的纤维网，可以迅速封住伤口。

- ■ 一旦伤口愈合，血液凝块被分解从而被身体吸收。

- ■ 这些过程出现在所有哺乳动物中。

小　结

原子通过化学键连接起来，当电子重新排列降低其系统势能，尤其是填充外层电子时，化学键就形成了。离子键降低化学势能，依靠的是一个或更多电子的转移而形成了具有填满电子层的原子。在这个过程中所产生的正和负离子通过静电力键合在一起。另外，在金属中最外层中的单个电子自由地徜徉于整个材料中从而形成金属键。当相邻原子或者所谓分子的原子团共享电子时，共价键就出现了。氢键是一种特殊情况，它涉及电子分布的扭曲，以至产生极性——从而稍微带有正电，能够与负的区域键合起来。

原子的结合形成了几种不同的物质形态。气体是由原子或分子组成的，它们能膨胀并充满任何可用的体积；等离子体是一种电离气体，在其中电子被从原子中剥离出来；固体有固定的体积和形状；固体包括晶体，它具有规则的和重复的原子结构；玻璃，它具有不重复的结构；还有塑料，它由所谓聚合物的分子交织链而组成。物质的几种形态能够经历物态变化，诸如凝固、熔化或者沸腾，这些变化是随温度或压力变化而产生的。

当发生化学反应时，化学键断裂或者生成，这些化学反应包括化学元素或化合物的合成或分解。在反应中物质丢失电子给诸如氧的原子，这种反应被称为氧化反应。与其相对的反应被称为还原反应，电子被转移到原子之上。

所有的生命依赖于聚合反应，在这种反应中，小分子连结在一起形成长链聚合物纤维，诸如毛发、丝、植物纤维和皮肤，还有合成材料诸如聚酯纤维、聚乙烯、玻璃纸和其他塑料。碳氢化合物广泛地被用作燃料，它是由碳和氢原子组成的链状分子。高温和某些化学品能导致聚合物的分解或解聚，这往往是烹饪中的一个主要过程。

关键词

化学键	液体	还原
气体	化学反应	氢键
塑料	金属	玻璃
离子键	固体	聚合反应
等离子体	氧化	物质形态
物态变化	共价键	聚合物
金属键	晶体	碳氢化合物

 发现实验室

你可能知道，酸的味道是酸的，能使蓝石蕊变红，与金属反应会产生氢气。酸在滴入酚酞时，酚酞保持无色，它们能中和碱，并且 pH 值小于 7。碱的味道是苦涩的，触摸起来感觉是滑的，并且能使红石蕊变蓝。碱使酚酞变红，它们能中和酸，并且 pH 值为大于 7 小于 14。中和的产物是盐和水。中性物质 pH 值为 7。

现在试着鉴别你家里的酸和碱。收集这些材料：水、醋、柠檬汁、橙汁、肥皂溶液、放了碳酸氢钠的水、牛奶、玻璃清洗剂、任何一种软饮料、放了碱性矿泉水的水和放了阿司匹林的水。用不甜的葡萄汁做指示剂。将 10 ~ 15ml 醋倒入杯中，并且加入几滴不甜的葡萄汁。如果溶液呈红色，它就是一种酸。用不同溶液重复同样程序，并观察颜色变化。中和碳酸氢钠溶液需要多少醋？取 15ml 碳酸氢钠溶液，并在其中加入几滴不甜的葡萄汁。缓慢倒进一定体积的待测醋，直到颜色从绿变红为止。醋能中和碳酸氢钠吗？你需要要加多少醋？通过你的这个实验室，你能预测出你家中的多种化学品中，哪个是酸，哪个是碱吗？

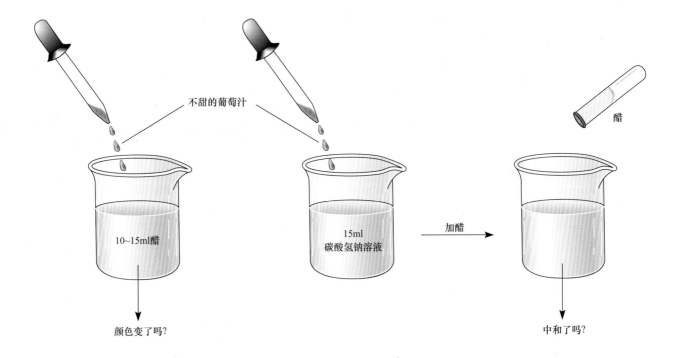

不甜的葡萄汁

10~15ml醋

15ml
碳酸氢钠溶液

加醋

醋

颜色变了吗?

中和了吗?

第 11 章
材料及其性质

❓ 计算机运算速度怎么变得如此之快呢？

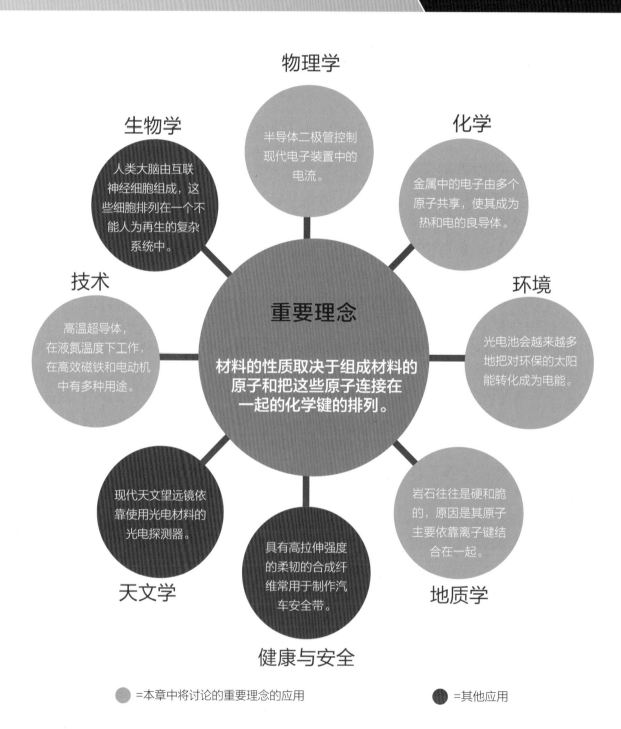

物理学

半导体二极管控制现代电子装置中的电流。

生物学

人类大脑由互联神经细胞组成，这些细胞排列在一个不能人为再生的复杂系统中。

化学

金属中的电子由多个原子共享，使其成为热和电的良导体。

技术

高温超导体，在液氮温度下工作，在高效磁铁和电动机中有多种用途。

环境

光电池会越来越多地把对环保的太阳能转化成为电能。

重要理念

材料的性质取决于组成材料的原子和把这些原子连接在一起的化学键的排列。

现代天文望远镜依靠使用光电材料的光电探测器。

具有高拉伸强度的柔韧的合成纤维常用于制作汽车安全带。

岩石往往是硬和脆的，原因是其原子主要依靠离子键结合在一起。

天文学

健康与安全

地质学

⬤ =本章中将讨论的重要理念的应用　　　⬤ =其他应用

每日生活中的科学：身边的材料

　　现在是上午 10 点，海滩开始拥挤起来。你和你的朋友决定走几百米到海滩找一个更加舒适的地方。你随身携带一个聚苯乙烯泡沫塑料冷却器，其中装满了易拉罐汽水。而你的背包中装着一堆三明治、SPF30 防晒霜、一条纯棉毛巾、一只飞盘和你用来欣赏音乐的 MP3。

　　你根本没有想过，你携带了几十种惊人的高科技材料，每一种都有自己独特的价值——绝缘轻质的聚苯乙烯泡沫塑料，光亮结实的铝，滑腻的防晒乳液，好吃的三明治，柔软凉爽的棉织品，耐用的硬塑料以及你的电子设备中的惊人的多功能半导体装置。甚至你的背包上也有一些不同成分的聚合纤维、塑料拉链、合成燃料和金属合金。这些独特的材料都是为满足人们需要而设计的，并且都是由原子构成的。

材料和现代世界

图 11-1　一间典型的使用高技术材料的房间：合成纤维、特种玻璃、彩色塑料和金属合金

　　人们所用的材料，比任何其他方面都更能反映出一个社会的先进程度。我们说原始社会的人类文明处于石器时代，到了青铜时代和铁器时代人类文明大踏步地在前进。

停下来想一想！

　　从历史发展来看，我们现在处在什么时代？

　　花点时间看看你房间的四周。你看见了多少种不同的材料？灯和窗户使用玻璃——一种脆的、透明的材料。墙壁可能是由石膏制成的，石膏是一种看上去像粉笔的矿物，它由机器压制而成，并且放置在厚纸板之间。制造你的椅子可能采用几种材料，包括金属、木材、编织纤维和胶黏剂（见图 11-1）。

　　这些材料当中的很多在 200 年前并不为人们所熟悉——那时几乎每种东西都是由不到十二种常见物质：木材、石头、陶器、玻璃、动物毛皮、天然纤维和一些金属材料诸如铁、铜等制成的。但是要感谢化学家们和材料工程师们的发现与发明，在过去的两个世纪里，常用材料的种类上千倍地增加了。便宜且丰富的钢材用于建造铁路和摩天大楼，改变了 19 世纪的世界，而铝作为轻质的金属有几百种用途。橡胶、合成纤维和其他塑料对于从工业到体育的各种人类活动都起到了作用，色泽鲜艳的颜料使得艺术品和服饰更加活泼，而新药物能够治疗很多疾病并且延长寿命。在我们的电子时代，半导体和超导体材料的发现以一种我们 18 世纪的祖先不能想象的方式改变了人们的生活方式。

化学家们取用天然元素，以及地壳、空气和水中的化合物研制了上千种有用的材料。他们成功的部分原因是材料表现出如此不同的性质：颜色、气味、硬度、光泽度、柔韧性、密度、溶解度、质地、熔点、强度……哪种新材料更加便宜，或者能更安全地做好某项工作，或者说某种性质比其他任何材料都更好。根据我们对原子和连接它们的化学键的理解，现在可以确认，每种材料性质取决于三种基本因素：

1. 组成材料的原子的种类。

2. 原子排列的方法。

3. 原子相互键合的方法。

在本章中，我们会观察到材料的不同性质，并且注意到它们怎样与其原子结构相关。我们将解释材料强度——它们是怎样抵抗外力的。我们观察材料的导电能力，并且还将解释它们是否有磁性，最终我们会描述在现代社会中或许是最重要的新材料：半导体和微芯片。

 # 材料的强度

你携带过装在薄塑料袋中的重的杂物吗？你能在一个包里塞满重的瓶子和罐，并用它的细手柄提起它而不发生破裂吗？一些物品比如轻便、柔韧、便宜的一块塑料怎么会如此结实呢？

强度是固体抵抗形状改变的一种能力。强度是材料最显而易见的性质之一，它与化学键有着直接的关系。一种强有力的材料必须具有强力的化学键。同理，一种薄弱材料在它的原子间必定有弱的化学键。虽然没有一种化学键在任何时候都强于其他的键，但是，很多强有力的材料诸如岩石、玻璃和陶瓷，其原子主要是靠离子键连接在一起的。下次你看到一座在建的建筑物，可以仔细观察一下房梁连接形成刚性框架的方式，在强有力的材料中，化学键做着同样的事情。离子键三维网格使它们就像钢梁框架一样。

然而，众所周知的最强力的材料，包含碳原子的长链和族群，是依靠共价键连接在一起的。天然蜘蛛网、合成凯夫拉纤维（用来制作防弹背心）、钻石、你的塑料购物包和臂膀上的肌肉等物质的超凡强度都来源于碳原子中共价键的强度（见图 11 - 2）。

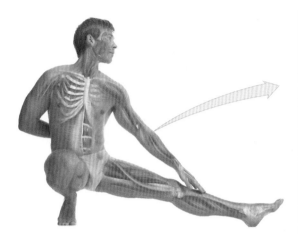
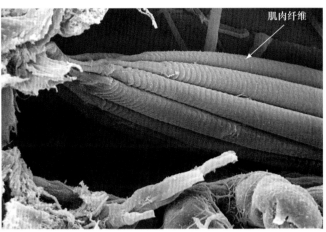

肌肉纤维

图 11 - 2　材料强度对于很多活动来说是至关重要的，肌肉纤维（右上图显示其放大）强度部分地来源于强力的碳 - 碳之间的化学键

强度的分类

每种材料依靠其原子间的化学键连接在一起。当一个外力作用到材料上，原子的相对位置可能就会发生移动。当材料受到拉伸或压缩时，材料内部会产生相等且方向相反的力以对抗来自外部强加的力，这才合乎牛顿第三定律。于是材料的强度与其受拉或受压时能承受的力的大小有关。

因为在不同受力条件下物体的承受能力是不同的，材料强度不是一种单独的性质（见图 11 - 3）。科学家们和工程师们确认，表现材料特性时有三种不同的强度：

1. 承受压力的能力（压缩强度）。

2. 承受拉力的能力（拉伸强度）。

3. 承受一侧到另一侧的剪切的能力，正如你摩擦双手或者用剪刀剪切一片纸（剪切强度）。

你的日常体验会告诉你，这三种性质经常是相互独立的。例如，一堆松散的砖能够承受破碎压力——你可以在它上面堆上成吨的重物而砖堆不会崩塌。但是砖堆对撕开、扭转或者推动的抵抗力却是很小的。的确，它可以很轻易地被小孩推翻。另外，一根绳子在受拉时是非常强有力的，而在扭转或者受压时的强度则很小。

在一种材料停止抵抗外力并且开始弯曲、破裂

图 11 - 3　悬索桥具有压缩条件下强有力的垂直支撑物和拉伸条件下强有力的巨型钢索

或者撕开的这一点，被称为它的弹性极限。我们每天都会看到这种现象的例子。当你打碎一个鸡蛋，压碎一只铝易拉罐，掐断一根橡皮筋或者折叠一张纸，你用了超过弹性极限的力并永久改变了这个物体的形状。当你身体中的材料超过它们的弹性极限时，结果会是灾难性的。如果把我们的骨头放在太大的压力下，它就会破裂；若在一个动脉瘤上压力太高，动脉就会破裂。

材料强度是化学键类型和排列的一个结果。想想你如何设计组装玩具的结构，它在压缩、拉伸、扭转或从一侧向另一侧推挤的情况下都应是强有力的，最强力的排列会有很多带三角形图案的短支结构。天然的最强有力的结构——钻石，就采用这种排列方式；因为它具有强有力的碳-碳共价的三维框架结构，在三种受力状态下它都是非常强劲的（见图11-4）。玻璃、陶瓷和多数岩石，它们也有化学键的刚性结构，是相对强劲的。然而很多塑料，比如你的购物包，仅在一个方向上有强键，于是当受拉伸时是强有力的，而当扭转或受压时，强

度就小了。具有分层原子结构的材料，在其原子平面中，就像一叠纸，当受挤压时通常是强的，但是在其他受力情况下则相当弱。总之，材料强度取决于其中原子的种类、它们排列的方式以及使原子连接起来的化学键的种类。

复合材料

复合材料综合了两种或更多的材料性质。材料的一种组成成分的优点用来抵消另外成分的弱点，使得这种复合材料的强度大于其中任何一个组成成分的强度。胶合板是最普通的复合材料之一，它由薄木板一层层地互相交叠地胶合在一起。薄木板层在一个方向上有高强度而在其他方向上则没有。胶合后，单独一块薄木板层的弱点被补偿了，依靠的是相邻纤维沿着其他方向的板层的强度。胶合板不仅比同一尺寸的实心板更强劲，而且它也能用更小的树木制作出来，这依靠的是从旋转原木上切下薄层木板，就像从卷筒上撕下纸片一样。

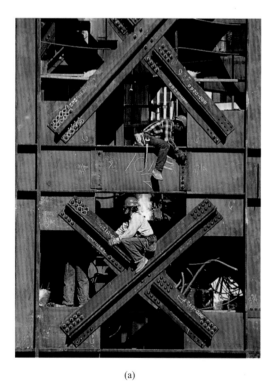

(a)

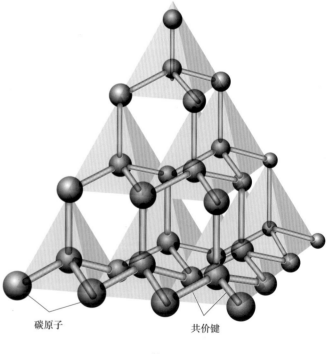

碳原子   共价键

(b)

图11-4 （a）摩天大楼的梁框架和（b）钻石晶体的结构，两者都是强有力的，这是因为它们有很多强劲的连接。在建筑物中的连接是钢梁，在钻石中的连接则是碳-碳共价键

增强混凝土（见图 11 - 5）是一种普通复合材料，其中钢筋（具有高拉伸强度）被嵌入到混凝土（具有高压缩强度）中。一种相似的策略被用到玻璃纤维中，它以玻璃纤维为基础制成，新的碳纤维复合物提供了非常强劲而轻质的材料，可用于手工业和体育器材中。

现代汽车以广泛使用多种复合材料为特征。安全玻璃制成的挡风玻璃是分层的，以避免玻璃粉碎和减少碰撞时产生的锋利边缘。轮胎制造比较复杂，为提高强度和耐久力使用了橡胶和钢丝。汽车内饰通常由交织在一起的天然的和人造的纤维制成，仪表盘通常采用复杂的层压材料制成。很多汽车车身是由玻璃纤维或其他可模压的轻质复合材料制成的。正如我们看到的，所有现代汽车的电子装

图 11 - 5　在复合材料中，如增强混凝土，一种材料的弱点由另外材料的优点所抵消

置，从收音机到点火装置，都是采用非常复杂的半导体复合材料制成的。

材料的电学性质

材料的所有性质中，没有一个性质比电学性质更关键了。观看一下你的四周并总结出附近的电气装置的数量。很可能你列出的名单很快就会增长到几十个。我们的技术文明中的几乎每个方面都取决于电气，因此，科学家们对于用在电气系统的材料给予了大量的关注（见第 5 章，回顾一下有关电和磁的内容）。例如，如果我们现在要把电能从发电厂送到遥远的城市，那么我们就需要一种材料在尽量减少损耗的情况下输送电能。另外，如果要把一个遮盖物放在墙上开关处，让我们开灯时不会有危险，那么我们就需要一种根本不导电的材料。换句话说，大量不同种类的材料对任何电气装置都会做出各自的贡献。

导体

任何能够承载电流——也就是说，电子能够在其中通过并自由流动的材料，被称为电导体。金属，例如承载电流通过你所在的建筑物的铜是最普通的导体，但很多其他材料也导电。例如，盐水含有钠离子（Na^+）和氯离子（Cl^-），如果这些离子成为传导电流的一部分，离子就可以自由移动。我们发现，如果一种材料会导电，就可以把它制成电路并使电流从它当中流过。

材料中电子的排列确定了其导电的能力。如果你还记得，对于金属而言，一些电子被相当松散地联系着并且由很多原子共享。如果你在电池的两个电极间连接一条铜线，那些电子在电池电势作用下会定向移动。它们从电池负极流向电池正极。

正如我们在第5章所看到的，电流中电子的运动很少能够顺利进行。在正常环境中，通过金属的电子在移动过程中，会与该金属中更重的离子不断地碰撞。在每次碰撞中，电子丢失了一些它们从电池中得到的能量，并且这些能量会转化成离子的快速振动——我们把它视为热能。材料从电流中消耗能量的性质被称为电阻。甚至很好的导体都有一些电阻。（电阻的倒数称为电导，或者说是电子在材料中流动的容易程度。因此，电阻和电导是说明同一性质的不同方式。）

绝缘体

很多材料包含的化学键，其中几乎没有电子在电场力的作用下能够自由移动。例如，在岩石、陶瓷和很多生物材料诸如木头和毛发中，电子依靠离子键或共价键与一个或多个原子紧密结合（见第10章）。需要相当大的能量才能使电子松动而离开那些原子——通常这个能量要大于电池或电气插座提供的能量。除非这些材料受到一个非常高的电压，否则它们是不导电的，而这种高电压能促使电子松动。如果它们是电路的一个组成部分，那么没有电流会通过它们而流动。我们称这些材料为电绝缘体。

电路中的绝缘体的主要用途是限制电流并防止人们接触承载电流的导线（见图11-6）。例如，你的灯开关、家用电源插座的防护罩和多数汽车的电池壳通常是用塑料制成的，而塑料是一种良好的绝缘材料，它还具有低价和灵活的优势。同样，当电工在危险的电力线路上工作时，他们使用防护橡胶靴和手套。在高压电力线路中，玻璃和陶瓷元件被用来隔离电流，这是因为它们具有优越的绝缘能力。

图11-6 电线是在导体金属芯上外包一层塑料绝缘层而制成的

半导体

自然界中很多材料既不是良好的导体也不是完全的绝缘体。我们称这些材料为半导体，它们形成了我们电气时代的关键的主力组件。顾名思义，半导体能承载电流但是不会很好地承载它。通常硅的电阻上百万倍地高于导体（比如铜）的电阻。虽然如此，硅不是一种绝缘体，这是因为它的一些电子会在电路中流动，为什么是这样呢？

在硅晶体中（见图11-7），所有电子都处在共价键中，共价键使每个硅原子与其相邻原子连接起来。在室温条件下，硅原子振动，并且一些共价键中的电子被摇晃松动——可以认为它们获得了原子的一些振动能量。这些导电电子围绕晶体自由移动，如果硅被制成电路的一部分，数量不多的导电电子会通过硅晶体自由移动。当一个导电电子被摇晃松动，它就在晶体中留下一个电子缺位。这种丢失的电子缺位被称为空穴。就像电子响应于电荷而移动一样，空穴也能够在电荷作用下

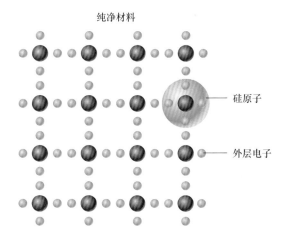
纯净材料

硅原子

外层电子

图 11 - 7　一个正常的硅晶体，图中显示了硅原子的规则图案，它的一些电子由于原子振动而摇晃松动，这些电子能在四周自由移动且导电

移动（见图 11 - 8a）。

半导体中的空穴运动，跟你在高速公路上看到的交通拥堵是类似的（见图 11 - 8b）。在两辆汽车之间有一个空间，后面一辆车填进那个空间，接着另外一辆汽车填补刚才汽车留下的空间，以此不断进行下去。你可以把这个空间的移动描述成汽车连续运动这一事件。你可以很容易地（事实上，从数学观点出发更容易）说明汽车之间的空间——空穴——向

后移动。以同样的方法，你能说明从一个原子到另一个原子的电子的连续跳跃，或者讨论空穴通过材料的移动。虽然自然界中半导体材料相对较少，但是正如我们在后面将要看到的，它们在微电子工业中起到了巨大的作用。

超导体

一些冷却到绝对零度以上几摄氏度范围内的材料表现出一种被称为超导电性的性质，这种性质就是完全没有任何电阻，在一些很低的临界温度下，这些材料中电子能够自由移动而无需将任何自己的能量提供给原子。1911 年，这种现象就在荷兰被发现了，但直到 1950 年人们还没有弄明白这是怎么回事。今天超导技术为世界范围内每年数十亿美元的工业提供了基础。超导成功的主要原因是，一旦一种材料成为超导材料，只要保持低温冷却状态，电流会在其中永远自由流动。这意味着如果你拿来一圈超导体电阻，把它连到电池上会得到电流，甚至如果你拿走电池，电流还会继续流动。

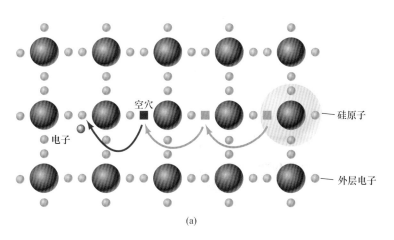

空穴

电子

硅原子

外层电子

(a)

(b)

图 11 - 8　（a）当一个电子丢失时，在半导体中就会产生一个空穴，当电子去填充这个空穴时，又在电子原先所在位置处产生了一个新的空穴；（b）在交通拥堵中汽车缓慢向前移动，交通过程中的"空穴"可以被描述成相对于汽车流而向后移动，这种行为类似于半导体中的空穴

在第 5 章中，我们学习过在线圈中流动的电流会产生磁场。如果我们用超导材料制作一块电磁铁并使它保持冷却，磁场会在除制冷以外不需要其他能源成本的条件下被保持。的确，超导体提供了强磁场，因为它不因电阻而升温，它比任何常规铜线磁场更便宜。超导磁场用途很广泛，其中很高强度的磁场是不可缺少的——例如在粒子加速器中和用于医疗诊断的磁共振成像系统中。或许它们最终将用到日常交通运输中。

超导材料是怎样允许电子通过而又不损失能量的呢？至少在某些情况下，可以用所发生的电子间的相互作用来回答这个问题。在很低温度下，离子（带有电荷的原子）在材料中的振动范围极其有限，可以认为它们或多或少地被固定在一个位置上。如果一个快速移动的电子在两个正离子之间通过，离子被吸引到电子那里，开始向它移动。然而，当时吸引离子的电子早已远去。虽然如此，离子还是靠拢在一起，它们在材料中制造了一个比正常情况具有更多正电荷的区域。该区域会吸引第二个电子并把它拉进来。于是两个电子形成电子对（库珀对），电子对不与其他原子或离子发生能量交换，就能通过材料自由移动。

在很低温度下一种材料成为超导体，电子成对结合，这种连锁像一个复杂的纠缠着的阵列。虽然单独一个电子对是很轻的，但是在超导体中的连锁电子对的数量是相当巨大的。如果超导体中的一个电子对遇到一个离子，电子对就不能轻易地偏转。实际上，要改变任何电子对的速度，必须从它那里得到能量，你必须改变所有电子对的速度。因为根本不能做到这些，所以就没有能量损耗在这样的碰撞中，电子对只是一起通过材料移动。但如果温度上升，离子会更起劲地振动，不再能够演出产生电子对所需的小步舞了。于是，高于临界温度，超导能力就被破坏了。

 ## 科学进展　　新超导体的探索

直到 20 世纪 80 年代中期为止，所有超导材料必须在液氮中冷却，液氮是一种价格昂贵并且使用烦琐的冷却剂，它的温度为绝对零度以上几摄氏度，这是因为这些材料中没有一种能够在 20K 以上维持超导能力。瑞士苏黎世 IBM 公司研究实验室的科学家卡尔·亚力克斯·缪勒和乔治·贝德诺尔茨，敏锐地意识到会有新的进展，他们开始探索新的超导体。传统超导体是金属，但是贝德诺尔茨和缪勒决定转而专注于氧化物，诸如多数岩石和陶瓷，其中氧参加到离子键中。这是一种奇怪的选择，氧化物可以制成良好的电绝缘体，虽然一些特殊的氧化物也能导电。

研究工作没有被他们的同行看好，也没有得到他们雇主的正式授权，他们花费了很多个月来混合化学药剂，在炉火中烘烤它们，并测试它们的超导能力。突破终于在 1986 年 1 月 27 日来临了，当时发现一种少量被烘烤的药剂的黑水在比 30K 温度稍高——绝对零度以上 30℃ 时成为超导体，这个温度打破了原有的纪录，并且预示了"高温"超导体时代的到来（虽然仍旧是非常低温的）。科学家们似乎颠覆了一切传统的智慧，相继合成了铜、氧和其他元素组成的超导体，一场研究和完善新型材料的疯狂竞赛开始了。

今天，很多科学家尝试合成与贝德诺尔茨和缪勒首先发明的材料密切相关的新氧化物，而其他人努力开发这些新材料的实际应用，一些最近发现的化合物在高达 160K 温度下具有超导特性，这个温度仍然是寒冷的，大约是 –172℉（见图 11 –9）。

高温超导体所具有的超导能力，从几个专家的研究领域，到今天被带到世界范围的教室中来。作为新一代科学家，伴随这些新超导体长大，会被问到很多新的问题，令人振奋的新理念和发明一定会出现。在下一代中，我们可能会有在转速高达百万转每分钟的超导体轴承上转动的电动机，超导体电能储存设施能够减少我们的能源支出成本，会有在城市间以喷气式飞机速度运行的磁悬浮列车。

图 11 –9 （a）一块磁铁"奇迹般地"悬浮在由新型"高温"超导体制成的黑色圆盘上，背景中云的形成来源于低温液氮冷却剂；（b）这项技术已经在上海使用，磁悬浮高速列车在其轨道上方行驶

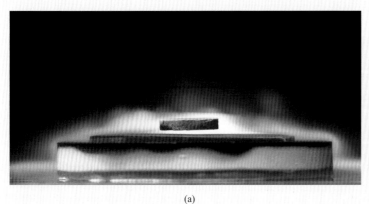
(a)

(b)

材料的磁性质

安置在大多数电动机和发电机内部的磁铁虽然在我们要做的很多事情中都起着关键作用，但是在日常生活中却不很显眼。我们通常不会觉察磁铁在驱动我们的立体声话筒、电话和其他的音频系统。甚至电冰箱磁铁和指南针都是非常普通的，我们把它们看作是理所当然的存在。但是为什么一些普通的材料比如铁会显示出强磁性，而其他物质似乎不受磁场的影响呢？

在第 5 章中，我们研究过一个自然界的基本定律：每个磁场最终是由于存在电流而形成的。特别是电子围绕原子的旋转可以被认为是一个小电流，于是一个原子中的每个电子的作用就像一个小磁铁。一个原子可以被认为是由很多小电磁铁组成的，每个小磁铁具有不同的强度和不同的方向。原子的总磁场由所有微小电子的磁场相叠加而产生。

反过来，很多原子具有非常近似于双极类型的磁场，如图5-8所示；于是材料中的每个原子可以被认为是一个微小的双极磁铁（见图11-10）。像一块磁石这种固体材料的磁场是由所有这些微小磁场组合而形成的。

了解为什么多数材料没有磁场有点困难。在图11-11a中，我们给出了典型材料中原子磁场的方向。它们处在随机的方向上，所以整体来看，它们的影响往往会被抵消。一位关注材料的观察者会测量不到磁场，放在材料外面的指南针也不会偏转。这种一般的情况可以解释材料是怎样由小磁铁

组成的，而作为一个整体，又是非磁性的。在一些材料中，包括铁、钴和镍，原子磁铁有序排列——这是一种被称为铁磁性的效应（见图11-11b）。在一块普通的铁中，在铁的磁畴中的原子会朝同一方向排列，但是磁畴的取向是随机的。站在材料外面的人不会测量到磁场，因为不同磁畴的小磁场互相抵消。在特定情况中，比如当铁在强磁场中从很高温度冷却时，所有邻近的磁畴可以按顺序排列并因此互相加强。只有当多数磁畴都同向排列（见图11-11c），你才能得到一种表现出外部磁场的材料——这是一种在永磁体中出现的排列。

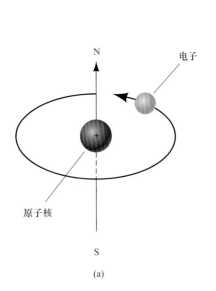

(a)

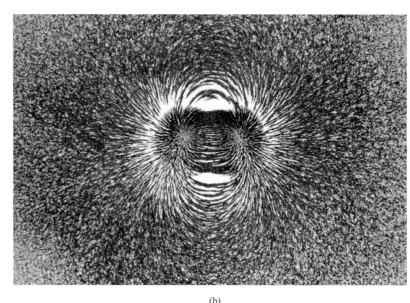

(b)

图11-10　（a）单独原子的磁场与（b）宏观双极磁场的形式类似。图中，小铁屑自动围绕一个永磁体形成双极磁场排列

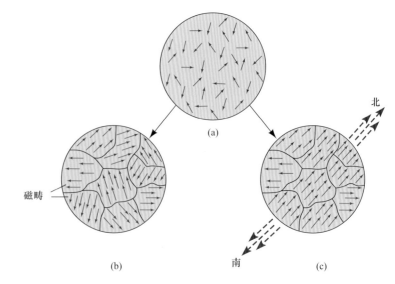

图11-11　材料中不同的磁行为
（a）非磁性材料中，原子自旋是随机取向的；
（b）具有随机取向结构的磁铁材料没有磁性；
（c）一块永磁体有统一取向的原子自旋

微芯片和信息革命

每种材料有上百种不同的物理性质。我们熟悉的强度、导电性和磁性都起因于单独原子的性质以及原子的连接方式。我们在后续的章节中可以去继续解释光学性质、弹性性质、热学性质等。但是这样做会错过有关材料的另外的关键理念：

新材料经常导致改变社会的新技术产生。

在 20 世纪发现的无数新材料中，没有一种比硅基半导体更多地改变了我们的生活。从个人计算机到自动点火，从 iPod 到复杂的军用武器，微电子是我们这个时代的标志。的确，半导体从根本上改变了我们们控制社会最宝贵的资源——信息的方法。这场革命的关键是我们借助硅原子制作复杂的硅晶体的能力，而硅是普通的海滩沙子的主要组成元素。

掺杂半导体

硅元素本身不是电路中的有用物质。什么使硅有用呢？是什么促进了我们现代微电子技术？是所谓的掺杂过程。掺杂是向元素或化合物中加入一种次要的杂质。掺杂硅背后的想法很简单。当硅被熔化制成电路元件之前，少量的一些其他元素被加入其中。一种常用的添加剂是磷，一种有五个价（键合）电子的元素，与硅的四个价电子相对应。

图 11 - 12 （a）掺磷的 n 型硅半导体有一些额外的带负电荷的电子；（b）掺铝的 p 型硅半导体有一些带正电荷的空穴。n 型和 p 型半导体通常由掺杂一些杂质原子的硅晶体制成

当硅结晶形成如图 11 - 12a 所示的结构时，磷被带进结晶结构。然而，在每个磷原子中的五个价电子，只有四个在与硅键合的过程中是必需的。第五个电子全然没有着落，无法被锁定。在这种情况下，就不

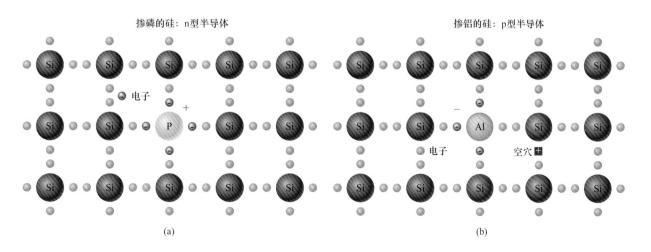

掺磷的硅：n型半导体　　　　　　　　　　　　　掺铝的硅：p型半导体

电子

P　　　　　　　　　　　　Al

电子　　空穴

(a)　　　　　　　　　　　　(b)

需要摇松额外的电子并使之偏离晶体中的原子了。这个作用有两种重要的结果：①在材料中有导电的电子；②留下带正电荷的磷离子。一种掺杂了磷的半导体被称为 n 型半导体，因为移动的电荷是带负电的电子。

另外，硅也能被掺杂进例如铝的杂质，铝仅有三个价电子（见图 11 - 12b）。此时，当铝被掺入晶体结构时，会有比硅少一个价电子的原子在晶体中取代硅。这个"失踪"的电子——空穴——使得材料能更容易地承载电流。空穴不能和铝原子在一起，如前面所述是自由地在半导体内部移动的。一旦这样做，已取得一个额外电子的铝原子会带有负电荷。这类材料被称为 p 型半导体，因为一个空穴——一个失踪的带负电的电子——起到了一个正电荷的作用。

二极管

通过进行一个实验，你就能了解微芯片的基本工作。设想取一块 n 型半导体并把它放在一块 p 型半导体对面。两块半导体进入接触状态，电子会怎样移动？

靠近接触时，带负电荷的电子会从 n 型半导体扩散到 p 型，而带正电荷的空穴会以其他的方式扩散回来。于是，在边界一端会有一个存在带负电的铝离子的区域——借助掺杂过程离子锁进晶体结构，铝离子获得的是一个额外的电子。反之，在边界的另一端是带正电荷的磷离子的排列，其中每一个都丢失了一个电子，但是尽管如此，它们都被锁定到晶体内部。

一只像这样由一个 p 型区和一个 n 型区组成的半导体装置被称为二极管（见图 11 - 13）。一旦构成了一只二极管，就有一个永久电场趋向于推动电子仅在一个方向上通过边界，从 n 型一端到 p 型一端。二极管中的电子像"顺着纹理"流动，从负到正，电流正常流过。然而，当电流反向时，电子受到来自内置电场的阻止。于是二极管起了一个单向阀的作用，仅允许电流在一个方向上通过。

在技术上，半导体二极管有很多用途。例如，几乎在插进墙上插座的所有电子装置中都能发现半导体二极管。正如我们在第 5 章中看到过的，电能以交流电（AC）形式输送到千家万户。然而，很多家用电子装置诸如电视和立体声系统需要直流电（DC）。一只半导体二极管能够阻止交流电的半幅而使交流电转换成直流电。实际上，如果你检查几乎任何电子设备，电线都是直接连接到一个二极管和其他把 AC 脉冲转换成平稳 DC 的元件上的，如图 11 - 14 所示。

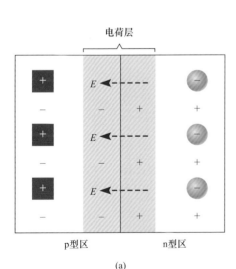

(a)

(b)

图 11 -13 （a）半导体二极管包括 p 型区和 n 型区。在二极管中的电子能够很容易地从负电荷区流到正电荷区。电荷的分配形成了电场 E，它阻止电子沿相反路径流动。对电子来说，这相当于一个单向阀；（b）一只小二极管能控制大电流

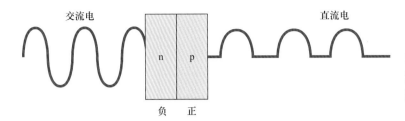

交流电　　　　　　　　　　　直流电

n　p

负　正

图 11 –14　在很多电子装置中，二极管把交流电转换成直流电，交流电的一个半幅允许通过二极管，而另一半幅被阻止

技术

光电池和太阳能

在美国的能源战略中，半导体二极管在光电池领域起到重要作用。光电池正是一种大型的半导体二极管。一块薄层 n 型材料连接到一块厚层 p 型材料上，照耀在 p 型层的阳光从晶体结构中让电子脱离束缚，这些电子然后加速通过 n –p 边界进入外部电路。于是，当太阳照耀时，光电池就能产生电流，它提供一种持续的力以移动电子通过外部电路。如果大量光电池放在一起，它们就能产生巨大的电流（见图 11 –15）。

光电池在今天有很多用途。例如，袖珍计算器可以方便地容纳给电池充电的光电池（它是一个小暗条，正好放在纽扣上方）。光电池也能用于传统电能很难引入的领域——在远程站点泵水，或者为美国国家公园的偏僻地区提供电能。

光电池的另外用途是在照相机中，从电视摄像机到天文学家连接到望远镜上的敏感探测器，接收光的是半导体而不是胶片。其使用过程比对光电池的描述要稍微复杂些，照射半导体每一部分的光转换成电流，每一部分的电流强度，取决于落在此处的光的强度。那些电流尔后被用于重建视觉图像。

图 11 –15　太阳能在一套光电池设备中被转换成电能

晶体管

推动整个信息时代，并且也许在改变我们社会中起到最大作用的装置是晶体管。正好在 1947 年圣诞节前两天，贝尔实验室的科学家约翰·巴登、瓦尔特·布莱坦和威廉·肖克利发明了晶体管，它简直是一块 n 型和 p 型半导体的"三明治"。

在一种晶体管中，两个 p 型半导体形成三明治中的"面包"，而 n 型半导体是"肉"。另一种晶体管使用 npn 型构造。这两种晶体管都控制电子流动（见图 11 – 16）。导线连接到晶体管的三个半导体区域中的每一个区。电流进入所谓发射极的区域，在中间的半导体薄片被称为基极，半导体的第三个区叫作集电极。

于是，晶体管有两个内置电场，每个 p-n 结有一个。晶体管中，少量电荷进入基极或自基极逸出会改变这些电场，其效果是打开和关闭晶体管的门。弄明白晶体管的最好方法是用水管的例子来作一个类比。从发射极到集电极流动的电流像流经管子的水，基极像管子里的一个阀门。用于转动阀门的少量能量对于水流能有巨大的效果。同理，运行到基极的少量电荷对于通过晶体管的电流能有巨大的效果。

例如，在你手机中，当你的声音引起小晶体中的振动时就产生了弱电流。这个弱电流反馈给晶体管基极，于是更大的电流从发射极流动到集电极。需要小电流并把它转换成大电流的装置被称为放大器（见图 11 – 17）。你手机中的放大器靠你的声音

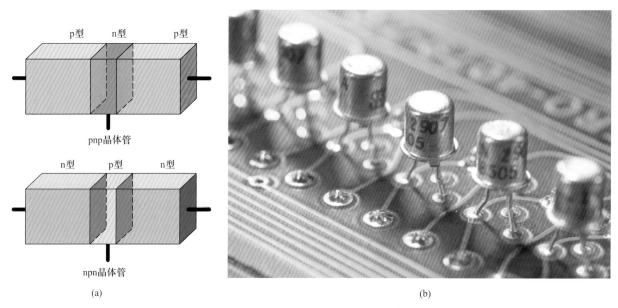

图 11 –16 （a）pnp 晶体管和 npn 晶体管；（b）晶体管可以很方便地用在电路板中

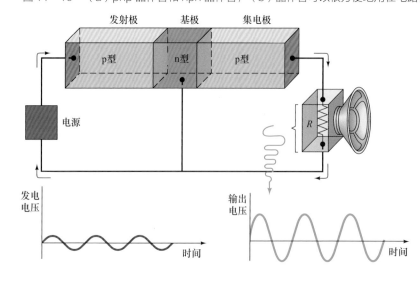

图 11 –17 一种起放大器作用的晶体管。例如一台 CD 机电源提供的少量能量，进入晶体管基极，在此处它被放大，正如在文中讨论的那样

产生了它需要的弱电流并且把它转换成经过话筒的更大的电流。

与晶体管放大特性一样重要的是它作为开关的另一个重要用途。如果使足够的负电荷跑进基极，它能抵制试图通过的任何电子。于是移动电荷到基极上会切断通过晶体管的电流，而运行电荷离开基极会使电流恢复流通（见图 11 - 18）。这样晶体管起到了一个电子开关的作用，它能用来处理计算机中的信息，计算机无疑是 20 世纪中发明的最重要的设备。

微芯片

单独的二极管和晶体管仍然在现代电子设备中起着重要的作用，但是这些装置已经在很大程度上被更多更复杂的 p 型和 n 型半导体阵列即所谓的微芯片（见图 11 - 19）所替代。微芯片在一个集成电路中可以包含成百上千个晶体管，这种集成电路是专门设计用来执行特殊功能的。例如，一个集成电路微芯片装在你的袖珍式计算器的心脏，或在微波炉控制系统中。同样，阵列集成电路储存和操纵你的个人计算机，也在所有现代汽车中用于控制点火。

第一代晶体管是一个笨重的东西，大约有一个高尔夫球那么大，而今天一个尺寸只有米粒大小的微芯片能集成成千上万个晶体管。加利福尼亚的硅谷已经成为著名的设计和制造这些微小的集成电路

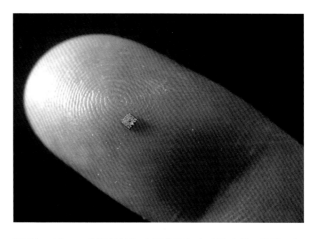

图 11 - 19　一个微芯片包含很多装入小硅片中的晶体管，如图所示。50 年前，拥有与这个单独芯片所具有的计算能力相当的晶体管，需要用几个房间才能存放

的中心。生产在一个单独硅芯片中的上千个晶体管需要细致地控制原子。一种技术是把薄的硅晶圆片放入加热的大真空室中。围绕真空室的边缘排列着小烤箱，每只小烤箱中有不同元素，诸如铝或磷。烤箱在仔细控制顺序当中被加热并打开，以允许少量其他元素——掺杂剂——蒸发并与硅一起进入真空室。

例如，如果要制成一个 p 型半导体，你要在真空室将少量的磷与硅混合在一起，并且让它沉积到硅盘的底部。通常一种叫遮罩的装置被放在硅芯片上方，使 p 型半导体仅沉积到芯片的特定部位。然后将蒸气清理出真空室，放上一只新的遮罩，并放下另一层材料。以这种方式，每个微芯片当中有很多不同的晶体管像工程师设计的那样准确地连接。

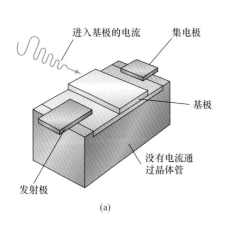

(a)

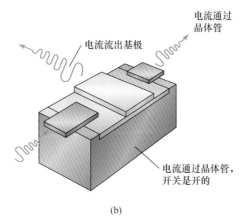

(b)

图 11 - 18　一个晶体管起一个开关的作用，小电流引起晶体管从开关关闭状态（a）切换到接通状态（b）

技术

吉姆·特列菲尔给他的汽车做调整

当我在学生时代，拥有了人生中的第一辆汽车——大众甲壳虫。现在让我告诉你，我的朋友，甲壳虫可真是一辆甜美的汽车！冷却系统永远不会有任何问题，没有任何问题的原因只是因为发动机采用流动空气来冷却。只需具有适当机械能力的人和一套工具，就可以来完成任何修理。在读研究生的时候，我在我的汽车上花费了很多快乐的时光，来调整这里或那里。

但是，也就仅仅限于一些小的修理和调整，我从来没有在我的汽车上做更多的复杂工作。当我在发动机盖下观察时，看到的都是计算机和微芯片的复杂系统——没有一个普通的人能够动手处理它（见图 11 -20）。今天我还驾驶汽车，汽车运行一切良好，比我的老式大众甲壳虫要对用户更加友好。例如气缸的汽油流动，是由主板内嵌的计算机来调节的，而不是用笨拙的化油器。

这个有关汽车的个人故事是一个不错的缩影，说明了在 20 世纪后半叶和进入 21 世纪初材料科学发展的途径。60 年前，工业规模巨大，容易掌握相对简单的事物，处理也比较容易——铁路的铁车轮、汽车悬架的钢弹簧、家用的木椅和桌子。今天，工业发展迅速，可以用新材料，诸如塑料、复合材料和半导体来制成器件，完成与过去老材料老器件同样的工作。过去我们操控大块的材料，现在我们能够操控原子。像现代的汽车，新型材料不断应用，这些新型材料不能由简单的工匠用简单的工具来制造完成（甚至是通常的维修）。

可见，我们所使用的材料在其功能上变得越来越好，便于我们使用，但是对于我们了解这些材料是什么却变得越来越困难。我有能力自己维修我的老式大众甲壳虫汽车，但是没有办法看懂现代的新型汽车发动机罩盖下面的东西，也不能移动汽车微芯片里面的原子。在某种意义上，对现代材料性能的改进，就意味着我们了解它们越来越困难。在很大程度上，现代材料科学的重点不再是操控大块东西——这些东西我们随时能够感觉到，而是要比以往任何时候都更复杂地操控原子。当然，我们不能看到或者尝到或者感觉到原子。

图 11 -20　今天的汽车发动机是由微芯片来控制的

信息

半导体器件最重要的用途是存储和处理信息。实际上信息技术的当代革命——互联的计算机系统的发展、全球电信网络、个人统计数据的大规模数据库、数字记录和信用卡——这些都是材料科学的直接结果。

我们通常认为传达信息的所有事物——例如印刷品、口语、图画或者音乐——可以分析它们的信息内容，并且利用我们刚讨论过的微芯片来处理。信息这一术语像很多词一样，当它用于科学时具有准确的含义——其科学含义与口语中的意思有些不同。在其科学定义中，信息是以二进制数或位（bit）为单位进行测量的。

我们可以从某一个简单问题的两个可能答案来理解：是或否，开或关，上或下。例如，一只用作开关的晶体管能够传递一个信息位——"开"或"关"。任何形式的通信包含确定数量的信息位，而计算机是一个存储和管理这种信息的简单装置。

思考以位为单位的信息的一个方法是想象有一排灯泡，每个灯泡只能处于开或者关的状态之一，于是每个灯泡传递一个信息位。你可以假定制作一套代码——所有灯开是字母 a，除了第一个灯以外的所有灯开着是字母 b，以此类推。以这种方法，每一种灯泡的开和关排列是一个不同的字母。然后，根据不同图案的闪烁，你就能传递出不同的信息。

如果你仅有一只灯泡，你只能传达两个可能性——开或者关。这是一个信息位，对应着试图仅用字母 a 和 b 来写一条信息。（例如，你只有一组代码，其中 a 代表"开"，并且 b 代表"关"。）如果你有两只灯泡，你将有四组不同的配置——开-开、开-关、关-开、关-关，因而能传达四种不同的信息。换句话说，用两只灯泡，你能把字母 c 和 d 加到你的信息列表中。实际上，随着阵列中灯泡数量的增加，通过不同排列所表达的信息数量就增加了。信息数量与灯泡数量的关系被归纳于下表中：

灯泡数量	信息数量
1	2
2	4
3	8
4	16
5	32
6	64
7	128
8	256

鉴于此表，用英语来传送任何信息，你需要多少只灯泡？我们大多数人想当然地认为，解决这一问题的一种方法是用字体来进行设计。有上百种不同的字体，每时每刻还有新的字体产生。设计这些字体的人们估计他们需要 228 个字符来表示完整的英语信息。这个数量包括字母（小写和大写）、数字、分数、标点符号、商业符号（如 $）和所谓的特有符号——例如 * 和 % 。这样从上面的表格中，我们看到为了表达英语代表的意思，我们将需要一个有八只灯泡的阵列。

另一种说法是需要八个信息位来表明英语字母或符号。在计算机科学中，8 位被称为一个字节（B）。我们可以建立一个如下层次的信息内容：

一个六字母单词需要 $6 \times 8\text{bit} = 48\text{bit} = 6\text{B}$

500 单词的印刷页需要 $500 \times 48\text{bit} = 24000\text{bit} = 3\text{KB}$

一本 300 页的书需要 $300 \times 3\text{KB} = 900\text{KB} = 0.9\text{MB}$

一座 500 万本藏书的图书馆需要 $5000000 \times 0.9\text{MB} = 4500\text{GB} = 4.5\text{TB}$

典型计算机文件的大小是以千字节（KB）或百万字节（MB）来计量的，而计算机记忆装置能容纳十亿字节或万亿字节（GB 或 TB）。

停下来想一想！

世界上的人们采用了各种不同的语言及对应的字母。指定一个字母需要用的位数与字母表中字母的数量有怎样的关系？

数学计算

图片真的胜过千言万语吗？

图片和声音像词语一样可以传递信息内容。例如，你的电视屏幕通过把图分成被称为像素的小单元来工作（见图11-21）。很多高清电视机把画面分割成1920个水平的和1080个垂直的分段，对于电视屏幕上的一个画面，大约总计有200万个像素（四舍五入的数字）。你的眼睛把这些点集成一幅流畅的画面。每种颜色都可以被认为是三种颜色——红、绿和蓝——的组合。通常依靠记录10位信息的数字来表明这三种颜色的深度（实际上，其含义是指每种颜色的深度以1~1000个刻度表明）。于是，每个像素需要30bit来区分其颜色。因此电视屏幕上一幅画面的总信息内容是2000000×30bit=60Mb=7.5MB，用于表明一单帧电视画面。我们应当记住电视画面1s通常变化30次，于是电视屏幕上的信息总流量可能接近每秒二十亿位。

所以，一幅图片胜过千言万语的状况就会出现。实际上，一个词语会有48bit信息，那么用每幅画面的60Mb除以每个词语的48bit，也就是说，每幅画面大约相当于125万个词语——这远远胜过了千言万语！

图11-21 （a）数字图像以很小的色块存储，称为像素（b），每英寸像素越低，分辨率就越低

(a)

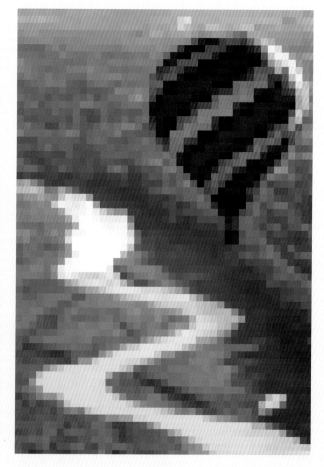

(b)

计算机

计算机是储存和处理信息的机器。信息存储在计算机微芯片中，每个芯片包含数千个开关和承载信息作用的相互连接的晶体管。理论上，具有几百万个晶体管的机器能够存储本书的内容。然而实际上，计算机通常不以这种方法工作。它们有中央处理器（CPU），其中的晶体管在任何一个时间仅存储和处理相对少量的信息。例如，当准备存储信息时，当你在文字处理器上完成文本工作或者写出一段计算机程序时，中央处理器会把它取出并且存储到别处。例如，它可以采用磁性定向的颗粒形式储存到记忆棒或硬盘驱动器中。在这些情况下，"位"信息不再是"开"或"关"，在磁性材料中的"位"，表示的是它们的取向是"北极向上"或者是"北极向下"。

在现代社会中，以这种方式储存信息的能力是非常重要的。这里仅举出一个例子，想想上一次你预订飞机票。你要上网并且与航空公司的计算机联系上。航班被储存在计算机里的位串中，包括座机分配等机票的具体安排，以及每位乘客的住址和电话号码也被储存了，这些乘客将在特定的日子里搭乘飞机。当你改变你的预订时，要进行一次新的过程，或者完成一些其他的处理，信息要从存储器中取出，放进中央处理器，通过改变位的确切顺序来处理，然后放回存储器。这个过程——储存和处理大量信息——形成了我们现代社会的结构。

你或许注意到了计算机运算速度和信息容量在过去数十年来以令人惊讶的速度增长，只要看看视频游戏的图像和动作的进步（见图 11－22）就知道这一点了。1965 年英特尔创始人戈登·摩尔注意到计算机运算速度越来越快的趋势，他指出，这样一种微芯片（计算能力的度量）每平方英寸中晶体管的数量大约每两年会翻一番（自摩尔那时候以来，这一数字已经降低到 18 个月！）。"摩尔定律"的正确性已经保持了 40 年，但它不可能无限期持续下去。因为一个微芯片上单个晶体管区域的平均尺寸现在仅能通过几千个原子，一个半导体器件不能比这个更小。

这些进展主要是材料和原子尺度方面的加工——所谓纳米技术的很多进步的结果。新的细粒度磁性材料显著增加了信息存储装置诸如硬盘的容量，而改进的半导体加工技术继续减小单个的 n 型和 p 型半导体的尺寸。结果，较小的计算机更强有力——很多材料科学的发展，在我们生活中直接起着作用。

(a)　　　　　　　　　　(b)

图 11－22　在短短的几十年中，计算机从辅助研究的工具发展成为业务和教育的基本工具：（a）小学的孩子们操纵一台 1980 年的 TRS—80 计算机在玩游戏；（b）21 世纪视频游戏在贸易展览会上展出

生命科学

计算机和大脑

当计算机第一次进入公众意识时，大家普遍认为人们会建造一种机器以某种方式来复制人类的大脑（见图 11 –23）。诸如人工智能的概念之所以能够被推销（或者说过分吹嘘），是以计算机不久就能完成我们人类特有的所有功能这一理念为基础的。实际上，这个方案还没有实现。原因在于计算机和大脑基本单元之间的差异，计算机的基本单元是晶体管，而大脑的基本单元是神经细胞。

电信号在大脑神经元之间的传输从根本上有别于原子之间普通电流的传输（见第 5 章）。然而信号传输的区别本身不能使大脑有别于计算机。一台计算机会执行一系列连续的操作——也就是说，一组晶体管使用两个数字，把它们加在一起，传送答案给另外一组执行其他任务的晶体管，等等。很多计算机现在被设计和建造成同时具有一些并行能力的——例如，添加和其他处理功能是并行完成的而不是一个接一个地完成的。虽然如此，计算机的基本构造是：晶体管至多与一对其他的晶体管相连接。

然而，大脑中神经细胞则是以相当不同的方式运作的。大脑中上万亿个神经细胞中的每一个连接到多达上千个不同的邻近神经细胞。神经细胞是否决定"发射"——信号是否沿轴突传递出去——取决于所有信号整合方面的复杂方法，这些信号来自上千个其他细胞。

这种复杂的安排意味着大脑是高级互联系统——比自然界中任何其他的系统更高级。实际上，如果大脑有上万亿细胞并且每个细胞有上千个连接，那么大脑中会有数量级为 10^{15} 的连接。建立这种尺寸和连接程度的计算机在目前是完全超越现有技术能力的事。

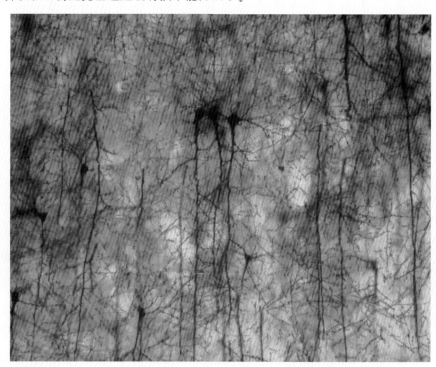

图 11 –23 人脑中的神经元网络（放大显示）复杂地互相连接。我们的数十亿神经元中的每一个连接到多达上千个其他神经细胞上—— 一种超越现代技术能力的结构

延伸思考：材料性质

关于机器的思考

关于复杂计算机不断增加的能力，其中最令人感兴趣的问题之一是一台计算机是否能被构建成"活生生的"或者说是"有意识的"。英国数学家艾伦·图灵提出，可以做一种测试来解决这个问题。图灵测试是以这种方法来进行的：一组人坐在房里，通过某种计算机终端与一些事物互动。例如，他们可以把问题通过键盘输入并且在屏幕上读出答案；或者他们能对着话筒谈话并且听着由某种语言合成器回放给他们的回答。这些人被允许向隐藏的"东西"提出他们想问的任何问题。在实验的最后，他们需要判断他们是在跟一台机器交谈还是在跟一个人交谈。如果他们不能看出其中的差别，机器就被看作是通过了图灵测试。

在 1990 年剑桥行为科学中心做出了一个为第一台通过图灵测试的机器颁发 10 万美元和金牌的大奖悬赏，奖金由美国实业家休·洛伯纳提供赞助。每年的比赛会寻找最接近这一想法的机器。但是如果一台机器实际上通过了测试，是否就意味着我们已经发现了一种真正的智能机？加利福尼亚大学伯克利分校的一位哲学家约翰·塞尔挑战了图灵测试的理念，他说，"即便"一台机器能够通过他提出的所谓的"中文房间"悖论来思考，也无法判断图灵测试是否有用。

"中文房间"是这样进行运作的：一位以英语为母语的人坐在房间中，接收在邻近房间中一位以中文为母语的人提出的问题。以英语为母语的人不明白中文但有一本大型指令手册，例如，手册可以说，获得若干组中国文字，那么应该发送出去相应的中国文字。至少在原则上，如果指令足够详细和复杂，以英语为母语的人是能够通过图灵测试的。然而很明显，说英语者没有理解信息中包含的理念。于是，塞尔认为，即使机器通过了图灵测试，也并不能告诉你它是否意识到它在做什么事情。

你想过能通过图灵测试的机器必须意识到它自己的存在吗？你明白塞尔的中文房间吗？如果人类确实能制造一台每个人都同意它具有意识的机器，可能会出现什么道德和伦理问题呢？

回到综合问题

计算机运算速度怎么变得如此之快呢？

■ 任何材料的性质取决于三种必要的特征。
- 组成材料的原子的类型、排列和键合。
- 新材料能导致新技术的产生（例如硅基半导体），或者改进已存在的技术（例如提高计算机运算速度）。

■ 计算机被制造出来，用以储存和处理大量信息。

• 计算机的基础结构单元是晶体管。

• 最初的晶体管是相当大的。早期的计算机运算速度是很慢的，这是因为空间局促，限制了电路中晶体管的总数。

• 硅基半导体的复杂阵列被称为微芯片。

• 微芯片可以在一个电路中集成几百个晶体管。

■ 计算能力是依靠一个微芯片上能集成的晶体管的数量来衡量的。

• "摩尔定律"最初于 1965 年被提出，涉及这样的事实：能集成到微芯片上的晶体管的数量每 18 个月翻一番。

■ 计算机运算速度变得更快的原因是材料的改善导致计算能力的提高，这是借助于能集成到微芯片上的晶体管数量的增加而实现的。

小 结

所有材料，从建筑物资、布料到电子元件和食品，其特性都取决于各种原子和这些原子键合在一起的方式。诸如石头和合成纤维材料的高强度取决于离子键或共价键连接网络。复合材料，诸如胶合板、玻璃纤维和钢筋混凝土合并了两种或多种材料的特有强度。

材料的电性质也取决于各种原子和它们的键合方式。例如，电阻——材料对电流流动的阻挡——取决于键合电子的流动性。金属的特点是外层电子松散键合，因而是优良的导电体。而多数材料由于离子通过共价键紧密维系电子因而是良好的电绝缘体。例如硅的那些材料能导电，性能介于导体和绝缘体之间，被称为半导体。在温度很低时，一些化合物失去对电流的所有阻力而成为超导体。

磁性质也起因于原子的共同行为。大多数材料是非磁性的，铁磁性具有这样的磁畴，磁畴中的电子自旋彼此对齐。

新材料在现代技术中起着重要的作用，特别是半导体，对于现代电子工业是至关重要的。半导体材料，通常是硅，通过掺杂少量其他元素而改变特性。磷的掺杂增加了一些活动的电子以产生 n 型半导体，而铝的掺杂则提供了 p 型半导体中带正电的空穴。由并列的 n 型和 p 型半导体形成的装置对于电流起到开关和阀门的作用。晶体管，其中包含 pnp 或 npn 半导体"三明治"，对于电流起到放大器或阀门的作用。微芯片能够在一个集成电路中集成上千个 n 型区和 p 型区。

半导体技术彻底改变了信息的储存和应用。任何信息能够被简化成一系列简单的"是 - 非"问题，或者叫作"比特"或"位"。八比特字，称为一个字节（B），所谓字节是大多数现代计算机的基本信息单位。

关键词

强度	超导体	字节	电绝缘体
半导体	比特、位	电阻	晶体管
微芯片	导电体	二极管	
复合材料	掺杂	计算机	

发现实验室

你已经知道导电体是允许电子在其中自由流动的材料。它可以是铜线——甚至是盐水。通过收集下列物品尝试这项实验：一块 8.5in×11in 的海报板，一只 6V 干电池，三条 12in 的导线，透明胶带，弹簧衣夹，2in×3in 的铝片，6V 灯（灯泡），矮的大口塑料杯，半杯食盐和指甲钳。

首先，把铝片用胶带固定在海报板上。接着，用指甲钳在导线两端约 1.5in 处绝缘表皮剪一个刻痕并且把绝缘皮拉下，剥去线两端的绝缘皮。然后在海报板上放置 6V 干电池，并且把裸线端连接到正电极柱而把另一端用胶带固定到铝片上。随后，取出一段胶带并把它绕在塑料杯底部，把杯子固定在靠近干电池的地方。现在取来你剥开的另一根导线，把裸线的一端接到干电池负极柱。把这根导线的另一端放进杯中并用胶带固定，大约至杯中一半位置。再后，围绕灯座包上第三根导线的一端（恰好在玻璃灯泡下方）并且把灯插进衣夹的圆弧部分。接着将衣夹平放在海报板上，使灯泡直立，灯泡的接触点（金属端）放在铝板的上面。用胶带牢牢固定住衣夹的两端。

拿起第三根线的另一端并且接触第二根导线端的裸线（杯中），如果灯泡亮了，说明实验电路连接良好。现在把导线的第三根线的另一端放进杯里面，像前面那样用胶带把它固定上，留下一些裸线外露，将热水倒入杯中，直到大约杯子的六成高度。然后放 6 汤匙盐于水中并且慢慢搅动。灯泡亮了没有？你能解释为什么吗？如果灯泡不亮，将衣夹往下压一压使灯泡与铝板紧密接触或者加入更多的盐。

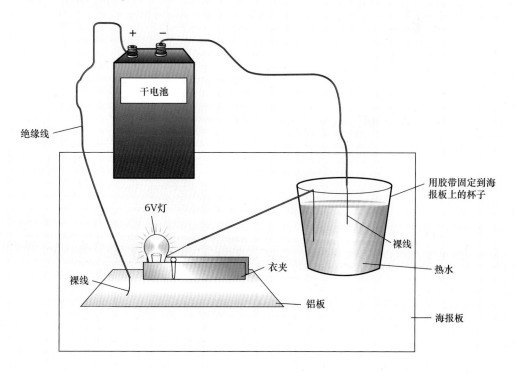

第 12 章　原子核

科学家怎样确定最古老的人类化石的年代?

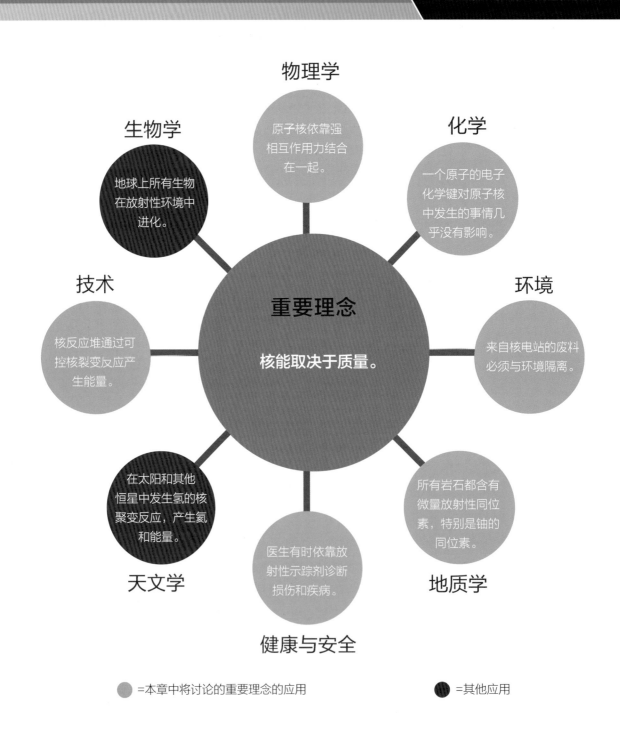

物理学

原子核依靠强相互作用力结合在一起。

生物学

地球上所有生物在放射性环境中进化。

化学

一个原子的电子化学键对原子核中发生的事情几乎没有影响。

技术

核反应堆通过可控核裂变反应产生能量。

重要理念

核能取决于质量。

环境

来自核电站的废料必须与环境隔离。

在太阳和其他恒星中发生氢的核聚变反应,产生氦和能量。

天文学

所有岩石都含有微量放射性同位素,特别是铀的同位素。

地质学

医生有时依靠放射性示踪剂诊断损伤和疾病。

健康与安全

●=本章中将讨论的重要理念的应用　　●=其他应用

每日生活中的科学：我们周围的放射性

我们愉悦地趴在沙滩上，沐浴着阳光，海浪的声音似乎变得安静了。远离学校和功课的压力，时间仿佛停住了。在这样一种轻松的氛围中休息，很难想象到活跃的放射性粒子每分钟都在损害着你的身体。一些放射性粒子会损害你的细胞，分裂骨头的分子，这些分子具有控制新陈代谢和细胞分裂的关键功能。别忘了时刻关注这种无处不在的宇宙背景辐射，自从生命的曙光出现，岩石、沙子、土壤和海洋中的低剂量的放射性就笼罩了每一种生物。这种放射性，作为地球上的天然存在，揭示了很多原子的内部结构。

真空空间，爆炸能量

想象一下，你拿着一个篮球，而 25km（大约 15mile）外有几粒沙子在随风飘舞。再想象一下，除了篮球与沙粒以外的巨大的空间——足以容纳一个相当大的城市——空无一物。在某些方面，上述情况与一个原子的结构是非常相像的。当然，原子的尺寸要小得多。篮球是核，沙粒代表电子（虽然电子显示粒子和波两种特性）。原子的直径是原子核的 100000 倍，原子内部几乎全部是空无一物的真空空间。

前面章节中通过电子讨论了原子的性质。物质通过化学反应来改变电性质，甚至物体的形状和强度也取决于不同原子中的某个电子与其他电子的相互作用。类比上述篮球与沙粒的例子可以这么来描述，我们研究过的所有的原子性质，是距离篮球（相当于原子核）25km 开外的沙粒（相当于电子）的相互作用所引起的。原子内部令人难以置信的空旷，是了解下列有关原子与原子核关系的两个重要事实的关键。

1. 化学反应只涉及原子中的电子，而原子核完全不会受到化学反应的影响。一个原子的电子之间的化学键对发生在原子核中的事几乎没有任何影响。在大多数情况下，能把电子和中央的原子核看作两个分开并相对独立的系统。

2. 原子核中可用的能量，显著大于电子当中的可用能量。原子核内部的粒子被紧锁在原子核中。既然原子的大部分质量都处在原子核内部，那么大部分能量留驻在原子核中也就不足为奇了。从原子核中移出一个质子所需要的能量大大高于从原子中移出一个电子的能量。根据质量和能量之间的关系式（我们曾在第 3 章中讨论过），我们能够从原子核中得到大量的能量。这个质能关系式是由爱因斯坦提出的。下面我们来学习一下质能关系式的具体内容。

以文字表示：质量是能量的一种形式。当质量转换成能量时，所产生的能量是巨大的，等于物体的质量乘以光速的二次方。

以方程式表示：

$$能量 = 质量 \times 光速^2$$

以符号表示：

$$E = mc^2$$

记住，常数 c 代表光速，它是一个很大的数（$3 \times 10^8 \, m/s$），并且这个很大的数在爱因斯坦方程中还要被二次方从而得到一个更大的数。于是，甚至很小的质量都等值于一个很大的能量，在下面的"数学计算"的例题中就说明了这一点。

爱因斯坦质能方程告诉我们，特定量的质量能够转化成特定量的任何形式的能量，反之亦然。对于任何涉及能量的过程，这种陈述都是正确的。例如，当氢和氧结合形成水时，水分子质量稍微少于原有的原子质量的总和。这部分失去的质量转化成分子中的键合能量。同样，当一位弓箭手拉弓时，因为在弯曲材料中弹性势能的增加而使弓的质量稍微有点增加（见图 12 - 1）。

日常事件中物体质量的变化是如此之小，以至于我们习惯地将之忽略掉，而且，我们在说起能量的各种形式时，也没有提到质量。然而在核反应中，

图 12 - 1　当弓被拉起时，它的质量稍微有点增加

我们则不能忽略质量效应。例如，一个核反应堆在一次反应中能够将质子质量的 20% 完全转化成能量，这个转化过程我们一会儿就会讨论到。核反应能够把大量质量转化成能量，而化学反应只涉及相对小的电势能的变化，涉及的质量变化是极其微小的，可以忽略不计。这种区别解释了为什么原子弹产生的破坏力要比常规炸药和常规武器强大得多，后者依靠的是如 TNT 这种材料的化学反应。

 **数学计算**　　质量和能量

在美国，每个人平均每年使用大约 10000 千瓦·时（kW·h）的能量。试问，如果通过质能转换，需要多少质量才能转换成供一个美国人使用一年的能量呢？

1kW·h 的能量相当于 3.6MJ，于是每年每个美国人使用：

$$年能量用量 = (10000kW·h) \times [3.6 \times 10^6 J/(kW·h)]$$
$$= 36000 \times 10^6 J$$
$$= 3.6 \times 10^{10} J$$

为了计算与这么一个巨大能量相当的质量，我们需要把能量代入爱因斯坦质能方程：

$$质量 = \frac{能量}{光速^2}$$

则可以得到

$$质量 = \frac{3.6 \times 10^{10} J}{(3 \times 10^8 m/s)^2}$$
$$= \frac{3.6 \times 10^{10} J}{(9 \times 10^{16} m^2/s^2)}$$
$$= 4.0 \times 10^{-7} J·s^2/m^2$$
$$= 4.0 \times 10^{-7} kg$$

在最后步骤中，我们必须记住，$1J = 1kg·m^2/s^2$，于是在这个答案中的单位 "$J·s^2/m^2$" 恰好就是 kg。由此可见，如果能把小于 1kg 的百万分之一的质量所蕴含的能量释放出来，每个美国人每年的能量预算就能满足了，这个质量大约是一颗小沙粒的质量。

原子核的结构

正如我们在第 8 章中知道的那样，欧内斯特·卢瑟福依靠观察快速运动的粒子是怎样从金属原子中散射出来的而发现了原子核。在后来的实验中，所用的轰击"子弹"使用了速度更快的原子，科学家们发现原子核有时能够裂解成更小的粒子。于是，人们就发现了原子中的原子核是由更小的粒子组成的，最主要的组成成分就是质子和中子，二者的质量近似相等。质子和中子可以被看作原子核的基本构成单位。

质子（来自拉丁文，其意思是"第一个"）具有一个正电荷，记为 +1e，是首先被发现和确定的原子核的组成单位。质子数量决定了核电荷的数量。一个处于电中性状态的原子，其在轨道上的带负电电子的数量和原子核中的质子的数量是一样多的。因此，原子核中的质子数决定了电子数，从而决定了一个原子的化学属性。

⚠ 停下来想一想！

为什么带电粒子比中性粒子更容易被识别？

然而当初人们在开始研究原子核时，很快发现原子核的质量明显大于其所有质子的质量总和。实际上，对于多数原子，原子核比其质子重一倍多。什么原因导致了"失落的质量"？科学家们断定原子一定包括有别于质子和电子的其他种类的粒子，但是这些粒子是什么呢？

对于这些"失落的粒子"，人们发现其至少有三种特性。第一，根据所观测到的原子质量，失落粒子的质量与质子的质量是基本相当的。第二，它必须处在原子核内，靠近质子。第三，它必须是电中性的，否则，将原子置于电场中，就能很容易将它鉴别出来（其原因是带电粒子受电场的作用）。我们现在认识到这种额外的质量是原子核中不带电的被称为中子的粒子所提供的。中子具有近似于质子的质量。于是，具有同等数量的质子和中子所组成的原子核，具有质子的两倍质量。质子的质量和中子的质量均大约是电子质量的 2000 倍。因此几乎全部原子质量都包含在原子核里的质子和中子当中了。对于原子，你可以认为：远处的电子决定了原子的大小，而原子核则决定了原子的质量。

元素名称和原子序数

在描述任何原子时，最重要的是原子核中的质子数——原子序数。这个数值定义了元素。

例如，金原子（原子序数为 79）具有 79 个质子。实际上，金的名称仅仅是"有 79 个质子的原子"的速记而已。每个元素有其自己的原子序数：氢原子只有一个质子，碳原子则有 6 个质子，等等。我们在第 8 章中讨论过的元素周期表可以被看成是这样一种图表：当我们从左到右和从顶部到底部阅读它的时候，原子核中的质子数在增加。

质子数决定了一个原子的化学行为。带正电的质子限定了原子中的电子数及其排列，以及与此相关的化学性质。

同位素和质量数

每种元素有固定的质子数，但是，原子中的中子数可以不同。换句话说，具有同样质子数的两个原子可以有不同的中子数。这样的原子互相被称为同位素，它们有不同的质量。质子和中子的总数被称为质量数。顺便提一下，虽然我们知道有一些同位素是有放射性的，但是，并不是某种元素的每一种同位素都具有放射性。

每一种元素存在有几种不同的同位素，各种同位素有不同数量的中子。例如，最普通的碳原子有 6 个中子，于是它的质量数为 12（6 个质子 +6 个中子），通常把它写成 ^{12}C 或者碳-12，称为碳十二。碳的其他同位素，诸如有 7 个中子的碳-13 和有 8 个中子的碳-14，比碳-12 更重一些，但是它们有同样的电子排列，因而有同样的化学行为。一个电中性的碳原子，不论碳-12、碳-13 或碳-14，必有 6 个电子在轨道上以平衡原子核中的 6 个带正电的质子。

所有的同位素——每一个已知的质子和中子的组合——通常由一幅曲线图来说明，这幅图表示了质子数和中子数的相对关系（见图 12 - 2）。这幅

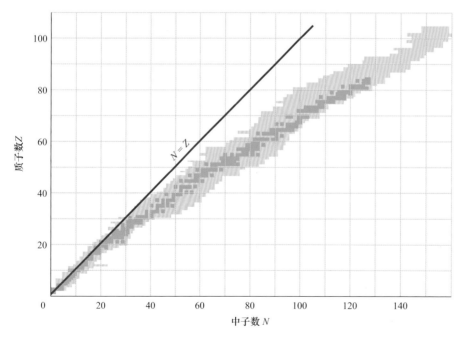

图 12 - 2　同位素图。化学性质稳定的同位素出现在绿色区域，而放射性同位素出现在黄色区域。大约 2000 种同位素中的每一种，都有不同的质子数（纵坐标为 Z）和中子数（横坐标为 N）。轻元素的同位素（图的左下角）的质子数和中子数接近，其质子数与中子数的关系接近于 45°角的 N = Z 对角线（左下角）。更重一些的同位素（在图的右上部分）倾向于中子数多于质子数，其位置在 N = Z 对角线的下方

图的几个功能是显而易见的。首先，每种化学元素有很多已知的同位素——对某些元素，甚至有几十种同位素。目前已知的上百种不同的元素，有将近 2000 种同位素。这张图也揭示了质子数不总是等同于中子数的。很多轻元素比如钙（有 20 个质子）通常有近似相等的质子数和中子数，但更重的元素倾向于有比质子更多的中子。正如我们将要看到的，这一事实在放射性现象中起到了关键作用。

例 12 -1

原子内部

我们发现一个原子核有 9 个质子和 8 个中子，在轨道上环绕着 10 个电子。

1. 它是什么元素？
2. 它的质量数是多少？
3. 它带什么电荷？
4. 它的质子数和电子数怎么可能不同？

分析：依靠元素周期表，我们能找到前三问的答案，但对于最后一问我们要参考第 10 章，并且讨论一下稳定的电子状态。

解答：

1. 元素名称取决于质子数，质子数是 9。浏览元素周期表可以发现 9 号元素是氟。

2. 其次，我们计算质量数，质量数是质子数和中子数的和：$9 + 8 = 17$。这种元素是氟-17。

3. 电荷等于质子（正电荷）数减去环绕核的电子（负电荷）数：$9 - 10 = -1$。于是该离子是 F^-。

4. 因为这个原子是一个离子，正电荷（9 个质子）数不等于负电荷（10 个电子）数。带有 10 个电子的原子是异常稳定的（参见第 10 章），于是氟通常在自然界中作为一个 -1 价离子而存在。

例 12 -2

一种重元素

原子 ^{56}Fe 带有 $+2$ 价电荷时，在其原子中包含有多少质子、中子和电子？

分析：为了得出前两个答案，我们可以再次观看周期表，但为了求解最后一个答案，我们必须进行简单的计算。记住，质子数和原子序数是相同的；中子数是质量数减去质子数；我们比较一下质子数和 $+2$ 价电荷以确定电子数。

解答：从元素周期表可知，元素 Fe（铁）是 26 号元素，因此它有 26 个质子。

中子数是质量数减去质子数：$56 - 26 = 30$ 个中子。

环绕原子核的电子数等于质子数（26）减去离子的电荷数（$+2$），于是在轨道上有 $26 - 2 = 24$ 个电子。

强相互作用力

在第 5 章中，我们研究过电学的一条基本原理，就是同种电荷互相排斥。如果你对原子核的结构做一下思考就会意识到，原子核是由大量互相靠近的带正电的物体（质子）组成的。那么，为什么在质子之间没有把它们推开进而破坏原子核结构的电斥力呢？

原子核仅仅在下述条件下才能够保持稳定：即在非常非常小的原子核中，有能够平衡或者克服电斥力的吸引力。在 20 世纪，很多物理学家做了大量研究，努力弄清楚使原子核保持稳定的力的性质。无论如何，这种力必须大大强过到目前为止我们仅仅遇到过的两种力——万有引力（引力）或者电磁相互作用力（电磁力），因此这种力被称为强相互作用力（强力）。强相互作用力必须仅仅作用在原子核特征尺寸那样非常短的距离上，我们的日常经验告诉我们，强相互作用力不能作用到宏观物体上。无论是从大小和作用范围来看，强相互作用力以某种方式被限制在原子核中，在这一点上，强相互作用力与电磁相互作用力不同。

强相互作用力还有其他的显著特性。如果你称一打苹果和一打橘子，它们的总质量仅仅是单个水果质量的总和。然而对于在原子核中的质子和中子，却不是这样的。原子核的质量总是比质子和中子的质量之和要稍微少一些。当质子和中子在一起时，它们质量中的一部分会转化成使它们连接在一起的能量。

对于原子核来说，我们可以想到，在其内部有两个对抗的力在起作用——质子间倾向于把原子核撕开的电斥力和作用于质子与中子之间使其保持在一起的强相互作用力。于是中子起到了双重作用——一方面有助于使质子保持分离状态，以降低电斥力，另一方面对强相互作用力有所贡献。

原子核保持为一个整体这一事实告诉我们，强相互作用力赢得了竞争，但是对于不同的原子核而言，保持每个东西在一起的力的强度都是不同的。这个不同的强度通常用结合能来表示，可以把结合能看作从原子核中移走一个粒子所需的能量。对于轻金属，增加原子序数通常会增加结合能——质子和中子数越多，它们连接得越紧密。然而，注意一下元素周期表中铁后面的元素，我们会发现这种趋势改变了：铁之后的元素越重，质子和中子的束缚反而不那么紧密了。这意味着铁是所有元素中原子核的质子与中子连接最紧密的。

放射性

在我们周围的物体中，绝大多数原子的原子核——多于99.999%的原子核——是稳定的。这些原子核直到时间的尽头都不会有什么变化。但是有一类原子核是不稳定的。例如铀-238，它是铀元素最常见的同位素，在它的核中有92个质子和146个中子。如果你放一块铀-238在你面前的桌子上，盯着它看一会儿，铀块上的一些原子核可能就发生了变化。某一时刻在铀块上存在标准的铀原子，而在下一时刻会存在一些更小的原子，还有一些快速移动的其他元素的粒子。与此同时，快速移动的粒子会很快地从铀块上离开，进入到周围环境中。这种带有能量的粒子的自发释放被称为放射性或者放射性衰变（见图12-3）。放射粒子的过程被称为辐射。用在这个意义上的辐射这一术语，有些不同于我们在第6章中介绍的电磁辐射。在这种情况下，辐射是指任何来自原子核的自发衰变，无论是电磁波或是具有质量的实际粒子。

图12-3 安全员身着防护服，用盖革计数器来检查放射性废料

🅾 停下来想一想！

如果多数原子是放射性的，世界会成什么样子？

放射性是什么？

几乎所有的原子都是稳定的，但是多数日常的元素至少有几种放射性同位素。例如，碳的多数普通同位素是稳定的，像碳-12 和碳-13，但是生物细胞中的万亿个碳-14 原子是具有放射性的。一些元素诸如铀、镭和钍全然没有稳定的同位素。即使我们周围环境大多由稳定同位素组成，但也有不少是不稳定的。快速浏览一下同位素图（见图 12－2），就会发现大约 2000 种中的多数包括自然界中已知的和实验室产生的同位素是不稳定的，它们经历着多种放射性衰变。

科学史话

贝克勒尔和居里

放射性是在 1896 年由安托万·亨利·贝克勒尔（1852—1908）发现的，他研究的是包括铀和其他放射性元素的化学。他把一些这类元素的样品放进抽屉里，还放进了一张未曝光的照相底片和一枚金属硬币。过了一些时候，当他想显影这张照相底片时，发现硬币轮廓清晰可见。从这张照相底片上，他断定放射线的某种尚未被了解的行为使硬币在底片上曝光。硬币似乎吸收了放射线并且阻止了它，但是放射线把足够的能量传给底片，引发了照相显影的化学反应。贝克勒尔认为，让底片曝光的东西，来源于一种矿物质，其传输距离能够到达底片上。

紧随着贝克勒尔的发现之后，对化学家们而言，一个不平凡的激动人心的时代到来了。化学家们开始提炼并研究导致放射性的元素。著名的科学家，玛丽·斯克罗道斯卡·居里（即居里夫人，1867—1934），放射化学领域的领军人物，诞生于波兰，后来与皮埃尔·居里结婚，皮埃尔·居里是一位卓越的法国科学家。玛丽·居里在法国开展了先驱性的研究工作。由于她所在的学院很多人不愿意接受一位女科学家，因此她的研究总是只能在非常困难的条件下进行（见图 12－4）。她用成吨的含铀矿石来从事研究，分离出了微量的从前未知的元素，诸如镭和钍。她的至高无上的成就之一就是分离出了 22mg 的纯氯化镭，它们成为测量辐射量的国际标准。在第一次世界大战时，她也是将 X 射线用于医学诊断的先驱者。由于杰出的工作，她成为两度获得诺贝尔奖（物理学一次，化学一次）的第一位科学家。她也是第一位因长期暴露在放射线中而逝世的科学家，当时放射线的有害影响远没有被人们了解。遗憾的是，核物理学的很多先驱者重复了她的命运，也受到了放射性的侵害。

图 12－4　玛丽·斯克罗道斯卡·居里因分离出放射性元素镭和钋而获得 1911 年诺贝尔化学奖

生命科学

计算机断层成像

在计算机断层成像这项现代医学技术中起关键作用的是 X 射线的运用。普通 X 射线成像依靠的是身体中各种组织的密度（决定吸收 X 射线的能力）

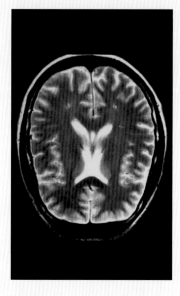

图 12-5　一张人类头骨和大脑的计算机断层成像图

的不同。在这些相片中，X 射线仅在一个方向上进行一次穿透从而产生图像，它们也不能产生器官的精确图像，这些器官的密度与其周围组织的密度没有显著不同。这些缺点由另一种不同的 X 射线技术——计算机断层成像（CT）所克服了。

进行 CT 扫描的最简单方法是，假设把身体分成垂直于主干的切片，每层切片在宽度上都是 1mm 厚。每层切片的组织由 X 射线连续短脉冲探测，每次脉冲仅持续几毫秒，在不同方向上通过切片。切片的每个部分于是穿过很多不同的 X 射线脉冲。开始时 X 射线的每个脉冲含有相同数量的光子，那些穿过身体的光子由光电装置来计量。一旦指定切片上的所有数据都被获得，就可由计算机计算出基于数字传输的身体每个点的密度，并且提供特定切片的详细横截面图（见图 12-5）。一幅完整的身体（或者身体的特定部分）照片，就借助组合的连续切片而建立起来了。

放射性衰变的种类

研究放射性的岩石和矿物的物理学家们早就发现了三种不同类型的放射性衰变，每一种都以其自己特有的方式改变原子核，并且都在现代科学和技术中起着重要的作用（见表 12-1）。这三种放射性衰变分别为 α 衰变、β 衰变和 γ 衰变，以强调当它们被发现时的未知性和神秘性。

1. α 衰变

一些放射性衰变，发射出由两个质子和两个中子组成的氦-4 原子核，不过这个事实在早期的实验中还未被了解——因此用希腊字母来描述它。这种辐射的过程被称为 α 衰变（这种粒子通常在方程和图形中用希腊字母 α 来代表）。

α 衰变的特性是由欧内斯特·卢瑟福在 20 世纪头一个十年发现的，卢瑟福也是原子核的发现者。图 12-6 是他的简单而巧妙的实验示意图，在密封管中放置了能发射 α 粒子的放射性材料。数月之后，细致的化学分析表明，在管中有少量氦存在——根据当时已有的知识，当管子被密封时，氦

衰变类型	发射的粒子	净变化
α	α 粒子	少两个质子和两个中子
β	电子	多一个质子，少一个中子
γ	光子	同一元素，但核能减少了

表 12-1　放射性衰变的类型

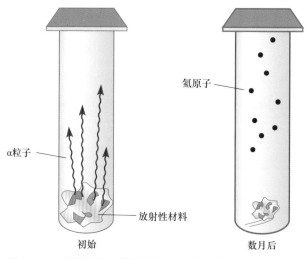

氦原子

α粒子

放射性材料

初始　　　　　数月后

图 12-6　卢瑟福的实验导致了对 α 粒子的认识，这种粒子与氦原子核相同

是不应该存在的。从这个观察中，卢瑟福断定 α 粒子必定与氦原子有关。卢瑟福观察到，在放射性衰变中紧随氦原子核发射的是两个电子，以形成氦原子。由于卢瑟福在放射性方面的研究成就，他获得了 1908 年诺贝尔化学奖。他是世界上为数不多的在获得诺贝尔奖之后还做出杰出贡献的人之一——他在获得了诺贝尔奖之后发现了原子核（1911 年）。

当原子核发射一个 α 粒子时，它失去 2 个质子和 2 个中子（见图 12 - 7a）。其含义是，原子核会比初始时少 2 个质子。例如，如果初始核是具有 92 个质子的铀-238，子核将会仅有 90 个质子，这意味着它变成了被称为钍的完全不同的化学元素。新原子的总质量数为 234，于是衰变使铀-238 转变成钍-234。在中性状态时，具有 90 个质子的钍原子核仅仅能够有 90 个电子。其含义是，衰变后不久，两个原来补充的电子会走失，离开质子数为 90 的子核。α 衰变的过程减少了质量并且改变了衰变原子核的化学特性。

放射性是自然界的"贤者之石"。按照中世纪炼金术士的说法，贤者之石应该能够把铅转变成金。炼金术的所有工作几乎都只涉及我们今天的化学反应，从而永远不会发现他们的石头。也就是说，他们想要依靠操纵电子试图把一种元素改变成另外一种，这是不可能的。我们现在知道了原子的结构，我们意识到了他们采用错误的方法（操纵电子而不是原子核）去解决问题。如果你真要把一种化学元素改变成另外一种，你必须操纵原子核，这样才会发生放射性过程。

当粒子离开母核时，它通常以很高的速度运行（通常以接近光速的速度），因而携带了大量动能。这种动能，来自质量的转换：子核和粒子的质量加在一起稍微少于铀母核的质量。如果 α 粒子是由作为固体一部分的一个原子发射的，那么它会在从母核移动到更广阔世界的过程中经受一系列碰撞。在每次碰撞中，它会与其他原子共享它的一些动能，并且使材料升温。地球内部大约一半的热就是来自

这种能量传递。

2. β 衰变

第二种放射性衰变，即 β 衰变，涉及电子的发射（衰变和它所产生的电子通常用希腊字母 β 代表）。虽然在稳定的原子核中被束缚的中子是稳定的，但是自由的中子是不稳定的。最简单的 β 衰变

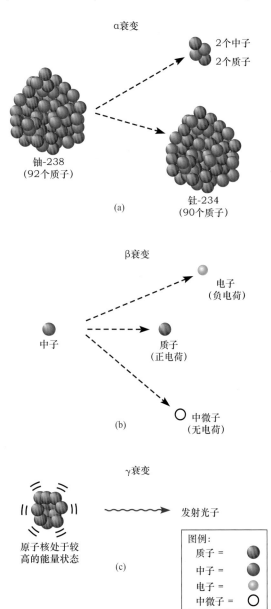

图 12 - 7　放射性衰变的三种普通类型，包括来自原子的高能粒子的自发释放。（a）在 α 衰变中，一个原子发射出具有 2 个质子和 2 个中子的粒子；（b）在 β 衰变中，一个处于原子核中的中子转变成一个带正电的质子，它留在原子核中，发射出一个带负电的能量电子和一个中微子；（c）在 γ 衰变中，γ 射线（光子）是由带正电的质子发射的，具有较高的能量状态

中能观察到一个单独的中子（见图 12 – 7b）。如果把一堆中子放到你面前的桌子上，它们会开始分解，在最初的 10min 内它们大约消失一半。这种衰变的最明显的产物是质子和电子。两个粒子都携带一个电荷，因此很容易被检测到。从一个中性粒子中产生一个正的粒子和一个负的粒子，不会改变整个系统的总电荷。

1930 年，中子的 β 衰变在实验室中第一次被观察到，那时可用的实验设备很容易检测电子和质子的能量。不过，科学家们在仔细观察 β 衰变时，遇到了困扰。他们发现，出现了违反能量守恒定律以及一些物理学中其他守恒定律的事情。当他们把 β 衰变后的电子和质子的质量和动能合计起来时，总量少于初始的中子质量和能量的总和。如果仅仅是电子和质子被释放出来，那么就违背了能量守恒定律以及自然界中的其他重要定律。

这种可能性显然是那时的物理学家们不愿意面对的。他们在沃尔夫冈·泡利的领导下，假设有另外的粒子在这个衰变中被发射了——那时他们还没有能力检测到这种粒子，但是从能量守恒的角度来看，它应该是带走了丢失的能量，可能还有其他的性能。直到 1956 年，物理学家们在实验中才检测到这种丢失的粒子——中微子或者称为"中性的小个子"。按现有的理论，这种粒子没有电荷，以接近光速的速度运动，而且它的质量是微小的。今天，在巨大的粒子加速器中（见第 13 章），中微子经常能被产生出来，并且在其他实验中被用作探测粒子。当 β 衰变在核内部发生时，核内的一个中子转化成一个质子、一个电子和一个中微子。质量轻的电子和中微子快速离开原子核，而质子保留下来。在 β 衰变中脱落的电子并不是玻尔电子壳层中绕核外原始轨道运行的那些电子中的一个。从核中发射出来的电子速度是如此之快，以至于在壳层中任何电子做出反应之前它们早已从原子中离开。于是，衰变后的原子有净的正电荷，最后可以从环境中获得一个电子。

β 衰变的净效应是子核有与母核近似相同的质量，但是多一个质子而少一个中子。因此它是一个与母元素不同的新元素。例如，碳-14 原子经受 β 衰变成为一个氮-14 原子。如果你返回到 20000 年前把一小堆碳-14 粉末——它看起来像黑色的烟灰——放进一个密封罐，回到现在时多数粉末会消失并且罐子会充满无色、无味的氮气。因此，β 衰变是一种转变，元素的化学特性变化了，而它的质量在变化前后实质上是相同的（记住，被发射的电子和中微子质量是非常轻的，使得原子总质量几乎没有差别）。

自然界中的什么力能引起一个不带电的粒子如中子解体呢？这个力当然不是物体之间的引力，也不是带电粒子之间的电磁力。β 衰变的作用原因，看起来明显不同于使核中质子连在一起的强相互作用力。实际上，β 衰变是自然界中第四种基础力，即弱相互作用力（弱力）的一个例子。

3. γ 辐射

第三种放射性衰变被称为 γ 辐射，它在特性上有别于 α 衰变和 β 衰变。"γ 射线"是一个通用术语，用来表达带有巨大能量的电磁辐射（见图 12 – 7c）。在第 6 章中，我们曾经见到所有的电磁辐射来自带电粒子的加速，这也就是在 γ 辐射中会发生的。当原子中一个电子从较高能级跃迁到较低能级时会发射出光子，它通常处在可见光或者紫外线范围。以同样的方法，核中粒子能在不同的能级之间跃迁。这种跃迁，或者量子跃迁，包含的能量差比一个原子中的电子的能量差要大数千倍或者数百万倍。当核中粒子从较高能级向较低能级进行跃迁时，一些被发射的射线处在 X 射线范围，而另外一些射线则包含有更多的能量。

原子核放射出 γ 射线时，只是重新排列了它的质子和中子。质子和中子都没有改变原有的特性，所以，子原子和母原子有相同的质量数、相同的原子序数和相同的化学特性。虽然这些性质没有改变，但是这个过程产生了高的能量辐射。

辐射和健康

关于辐射，最重要的是我们意识到它是我们环境固有的一部分。我们星球上的生命在辐射环境中进化。当我们在 20 世纪能够检测和测量辐射的时候，发现它并不是现在才发生的。例如，来自空间的宇宙射线在你阅读这一段的时候就穿过了你的身体。

生物以适应其环境的方式进化，其含义是生物（包括人类）中的细胞在漫长的岁月里，进化了某种机制来修复辐射引起的损伤。实际上，科学家们存在着长期的争论：少量辐射是否能够刺激免疫系统，以改善生物的整体健康。

现在我们明白了辐射是什么，以及辐射是怎样损害生物组织的。被称为电离的基本过程，包括快速运动的 α、β、γ 射线从原子中穿过时，剥离出原子中的电子（见图 12 - 8）。如果被损害的原子恰好是一个细胞中的分子的组成成分，辐射就可能引起细胞的基本功能被破坏。

三种辐射有不同的穿透力。α 辐射用一张纸就能把它挡住，β 射线能穿透几毫米厚的铝，而 γ 射线能穿透几厘米厚的铅。然而，一旦辐射处在人身体内部，它就能造成严重的伤害。

大剂量的辐射，例如在第二次世界大战核袭击中广岛和长崎民众遇到的辐射或者乌克兰切尔诺贝利核电站反应堆事故，导致了严重的疾病和死亡。然而更严重的是，暴露于辐射中会引起患癌症和几年后新生儿出生缺陷的可能性大大增加。广岛和长崎的 23797 名幸存者接受到明显的非致命性辐射剂量，数年之内医生做了随访，发现在一年之内，相比于没有受到核辐射的组，受到核辐射的组里多了 3 例白血病患者。

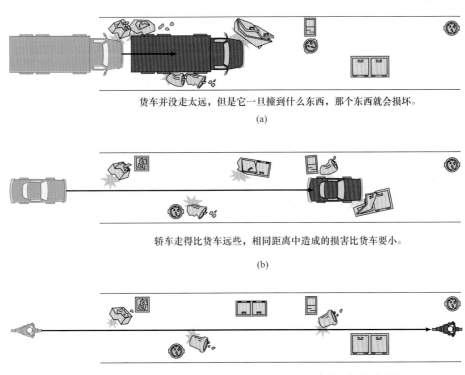

货车并没走太远，但是它一旦撞到什么东西，那个东西就会损坏。

(a)

轿车走得比货车远些，相同距离中造成的损害比货车要小。

(b)

摩托车走得更远，能通过小巷，相同距离中造成的损害较小。

(c)

图 12 - 8　三种辐射对原子和分子的损害，能够用在道路上不同类型的车辆对物体造成的损害来对比。（a）大型笨重的货车类似一个 α 粒子；（b）较小、较快的轿车类似 β 粒子；（c）小而快速的摩托车类似 γ 射线。虽然你可以断定 γ 射线造成了最小的损害，但是它的高动能和深穿透能力会使它在很大程度上具有特别高的危险性

生命科学

罗伯特·海赞的骨折手腕

我有一次进行完整的放射性透视的亲身体验。几年前，在一次沙滩排球比赛时，我扣球时弄折了手腕。虽然很痛，但是由于正处在赛季之初，所以我把手腕包扎起来继续比赛。几个星期之后它不太痛了，于是我忘了受伤的事。

几年之后，当手腕再次疼痛的时候，我去看医生，医生说："你的手腕折断很长时间了，什么时候发生的事?"由于骨折陈旧，医生必须判断断骨表面是否能够修补。他们把我送到一所专科医院，在那里给我注射了含有放射性磷的化合物的液体，这种化合物能集中到骨骼的活性生长面上。几分钟以后，这种放射性物质通过我的身体进行循环，其中一些磷化物集中在腕骨骨折区域。放射性分子释放出的粒子穿过我的皮肤移动到外部。这时我躺在一张桌子上，我的折断的手腕在一台架空显示器上闪闪发光。这个过程中，产生了一张骨折部位的清晰图像，于是医生能够依据这个图像使我的骨骼复位。我的手腕痊愈了，我又可以回去打排球了。

放射性同位素同样也是化学元素。今天，在医学和工业中众多不同的放射性物质是十分有用的。原子的化学性质是由它们的电子数决定的，而一种物质的放射特性与化学性质完全无关。也就是说，某种化学元素的放射性同位素，与同种元素的稳定同位素所进行的化学反应是相同的。例如，如果把碘或磷的放射性同位素注射到你的血液中，它会像稳定的碘或磷那样聚集在你身体中同样的部位。

医学家们能够应用上述这种事实，来研究人体的机能并且诊断疾病和异常（见图 12 –9）。例如，碘会在甲状腺中聚集。放置在体外的仪器能够根据碘同位素的路径，研究甲状腺的行为，这些放射性碘是注射到血液中的。放射性或者核示踪剂也能广泛应用于地球科学、工业和其他科学与技术中，以精确追踪不同元素的化学变化情况。少量的放射性物质会在它们衰变或通过一个系统移动时产生可测量的信号，从而允许科学家们和工程师们追踪它们的路径。

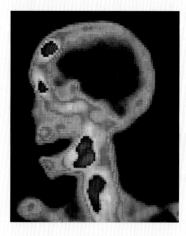

图 12 –9　工作中的放射性跟踪仪。给患者注射放射性示踪剂，该示踪剂能聚集在骨骼中并且发出能在底片上测量出的放射线。头盖骨前方的黑色斑点表明了骨癌的存在

半衰期

一个不稳定同位素的原子核终究会自发地衰变。也就是说，最初的核在稳定一定时间后，会发生衰变，你可以观察到衰变的历程。

观察一个单独的原子核所经历的衰变，就像观察一批爆米花中的一个玉米核。每个核会在一个特定时刻喷发。但是所有的玉米核不会在同一时间喷发。虽然你不能预知某个核的具体喷发时刻，但是你能预知喷发持续下去的时间。放射性原子核的衰变就以相似的方法表现出来。一些核几乎只要你开始观测时就会衰变，而另外一些核则需要很长时间后才开始衰变。在你开始观测之后，每秒衰变的核的百分比是相同的。

物理学家们用术语半衰期来说明一批放射性同位素的一半发生衰变所需要的平均时间。例如，如

果在你开始观测时有 100 个核，其中 50 个发生放射性衰变所需的时间是 20min，那么这种核的半衰期就是 20min。然而，如果你又用了另外的 20min 来继续观察那个样品，会发现不是所有剩下的核都会发生衰变。在第二个 20min 观测期结束时发现大约有 25 个核没有发生衰变，要是再继续观测第三个 20min，可能还是会有 12 或 13 个核没有衰变，以此类推（见图 12-10）。

说一种放射性同位素有 1h 的半衰期，并不意味着所有的原子核会在那里坐等 1h，然后到了 1h 它们都开始衰变。这些原子核，像我们前面提到的例子中的爆米花核一样，在不同的时间里原子核都在衰变。半衰期只是用来度量一个原子核从稳定到衰变所需等待的平均时间的指标。

放射性原子核的半衰期的范围很广。一些原子核，诸如铀-222，它很不稳定，维持稳定的时间远远不足 1s。而另外的一些原子核，诸如铀-238，半衰期长达数十亿年，可与地球年龄相提并论。其他放射性同位素的半衰期几乎都在这两个极端的半衰期时间范围之间。

关于半衰期我们目前懂得还不够多，还不能预测原子核的半衰期。另一方面，半衰期是一个很容易测定的相对简单的数，任何原子核的半衰期都可以通过实验测定。

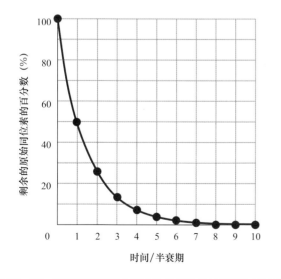

图 12-10　图形说明样品中剩余的放射性核的数量与半衰期的关系

放射性年代测定法

放射性衰变现象为研究地球和人类历史的科学家们提供了一种确定物质年代的最重要的方法。这种依靠测量放射性物质半衰期的卓越技术被称为放射性年代测定法。

最知名的放射性年代测定法的方案采用同位素碳-14。每种生物体在其生命过程中都在摄取碳。此时此刻，你的身体正在把你饮食中摄取的碳转化到你的组织中，这种现象在其他动物中也是如此。植物从空气中摄取二氧化碳并且完成着同样的事情。大多数的碳（大约 99%）以碳-12 的形式存在，大约 1% 是碳-13。但是，在每万亿原子中有不少于 1 个的碳原子以碳-14 形式存在，这是一个非常小的比例。碳-14 是碳的一种放射性同位素，其半衰期约为 5700 年。碳-14 通常是由高能宇宙射线碰撞地球大气层中的氮原子而形成的。

只要一个生物体是活的，生物组织和周围环境中的碳-14 都具有一个数值很小的固定比例。所有的碳同位素化学特性相同，于是在生物组织中碳同位素的比例对于一切生物而言几乎都是一样的。然而当一个生物体死了，它停止摄取任何形式的碳。因此，从死亡时刻开始，组织中的碳-14 不会再被补充。随着时钟的嘀嗒作响，碳-14 原子一个接一个地衰变了，从而使得其在碳元素中的比例更小。我们确定一块骨骼、一片木头、服装或其他物体的近似年代，依靠的是仔细测量遗存的碳-14 的含量，并与假设还活着的同种物体中存在的碳-14 的含量做比较。例如，对于埃及古墓中的一块木头，我们会对这块古代的木头做出相对可信的估计，进而判断出古墓是什么时候建造的。

电视新闻中经常有报道说，发现了上古人工制品，但是利用碳-14 年代测定法却表明只是较近期的制品。在一次轰动一时的实验中，都灵裹尸布，一件据说参与埋葬耶稣的迷人的古代衣服，通过碳-14 技术，确定其产于公元 13 或者 14 世纪（见图 12-11）。

⚠ 停下来想一想！

在第 2 章中，我们介绍了被称为巨石阵的历史遗迹，并且确定了它的年代。这个年代的确定，使用了我们刚刚说明过的碳年代测定技术。但是，我们今天看到的遗迹是用石头制作的（其中没有碳），你怎么能测定它的制造日期呢？

碳-14 年代测定技术一直在帮助我们了解过去几千年人类的历史。然而，当一个物体的年龄超过大约 50000 年时，保留在其中的碳-14 的含量就太

少了，以至于无法测出来，因此就不能使用这种年代测定方案了。为确定存在上百万年的岩石和矿物的年代，科学家们必须依赖使用半衰期更长的放射性同位素的类似技术（见图 12 – 12）。地质学中最广泛使用的测量年代的方法是基于钾-40（半衰期为 12.5 亿年）、铀-238（半衰期为 45 亿年）和铷-87（半衰期为 490 亿年）等同位素的。在这些方案中，我们测量某种元素的原子总数，以及放射性同位素的相对百分比，以确定一开始就存在的放射性原子核有多少个。在本章中我们会讨论到的有关地球科学和进化的年龄的问题，基本上都源于这些放射性年代测定技术。

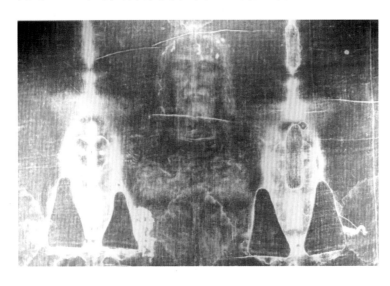

图 12 – 11 都灵裹尸布，连同一位男人的幽灵图像，由碳-14 技术测定其年代为耶稣死后的十几个世纪

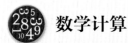 **数学计算**　　冷冻猛犸象的年代测定

俄罗斯古生物学家们偶然发现了冷冻在西伯利亚冰层中的保存完好的猛犸象。这些猛犸象的碳同位素分析表明，仅有大约 1/4 的初始碳-14 仍然存在于这些猛犸象的组织和毛发中。如果碳-14 的半衰期是 5700 年，猛犸象生活的年代有多久远？

为解决这个问题，必须确定经过了几个半衰期，此时应用碳-14 的可预见的衰减率作为时钟。在这个例子中，仅仅有 1/4 的初始碳-14 同位素还保留着（1/4 = 1/2 × 1/2），于是碳-14 同位素已经过了两个半衰期。5700 年以后初始碳-14 同位素还保留一半。同样，另外 5700 年以后那些保留下来的碳-14 同位素的一半（或者说是初始量的 1/4）会保留下来。因此保存下来的猛犸象的年代距今两个碳-14 半衰期，或者说大约 11400 年。

衰变链

　　当一个母核衰变时，子核不一定是稳定的。实际上，在大多数情况下，子核像母核一样不稳定。初始的母核会衰变成子核，子核会衰变成第二代子核，等等，或许出现几十个不同的放射性活动。甚至如果你开始用某种化学元素的同一种同位素的原子，原子核衰变会使得最终的样品中有许多不同的化学物质。这种一系列的衰变被称为衰变链。这种衰变的过程会持续到一个稳定的同位素出现为止。给定足够的时间，初始元素的所有原子会最终衰变成稳定的同位素。

　　为充分了解衰变链，研究一下在本章开始时我们用过的例子——铀-238，它的半衰期近似为 45 亿年。铀-238 衰变成钍-234，这是另外一种放射性同位素。在这个过程中，铀-238 丢失了 2 个质子和 2 个中子。钍-234 经受衰变（半衰期为 24.1 天）变成镤-234（半衰期约为 7h），接着它再经受衰

图 12-12　最老的人类化石太老了，以至于无法用碳-14 法测定年龄。一种被称为钾-氩年代测定的替代技术可用来测定头骨的年龄，发现人类头骨年龄高达 370 万年

变，变成铀-234。这些衰变中的每一次都导致一个中子转换成一个质子和一个电子。三次放射性衰变之后，我们又重新得到铀，它是较轻的同位素铀-234，其半衰期为 247000 年。

　　铀衰变链的其余部分如图 12－13 所示。它沿着图示的路径，通过 8 个不同元素衰变成了稳定的铅-206。只要时间足够长，地球上所有的铀-238 最终会转化成铅。然而，因为地球只有大约 45 亿年的历史，初始铀只会衰变一半，于是在我们现在生活着的这一时刻（并且对于可预见的未来），我们相信能够发现铀衰变链中的所有元素。

室内的氡

　　铀-238 衰变链不是一个只有理论物理学家们感兴趣的抽象概念。实际上，室内氡污染的健康问题是铀衰变链的直接后果。铀是相当普通的元素——地球表面的每吨岩石中有 2g 铀。铀-238 衰变链的第一步产生钍、镭和其他保留在普通岩石和土壤中的元素。主要的健康问题来自氡-222 的产生，它处在到达稳定铅的衰变链路径上的半途处。氡是一种无色、无臭的惰性气体，它不与其周围的岩石产生化学反应。

　　氡形成后，从岩石中渗透出来并且扩散到大气中，在大气中它经受衰变（半衰期约为 4 天）变成钋-218 和一系列短寿命的高放射性同位素。在过去，氡原子通过风会很快地扩散开来，不会对人类健康造成严重威胁。然而，现代建筑物绝缘良好，密封紧实，进入房间的氡不容易扩散开来，而是在房间内集聚，有时候能达到标准安全水平的上百倍（这通常发生在通风不良的地下室中）。由于在短短的一天内每个氡原子会经受至少 5 次的放射性衰变，因此，暴露在如此高的氡含量中是危险的。

　　解决氡的问题是相对简单的。首先，任何地下室或者密封房间都应当检测氡。在你当地的五金店中可以购买到简易的测试试剂盒。如果检测到氡的含量高，那么就需要想办法通风。

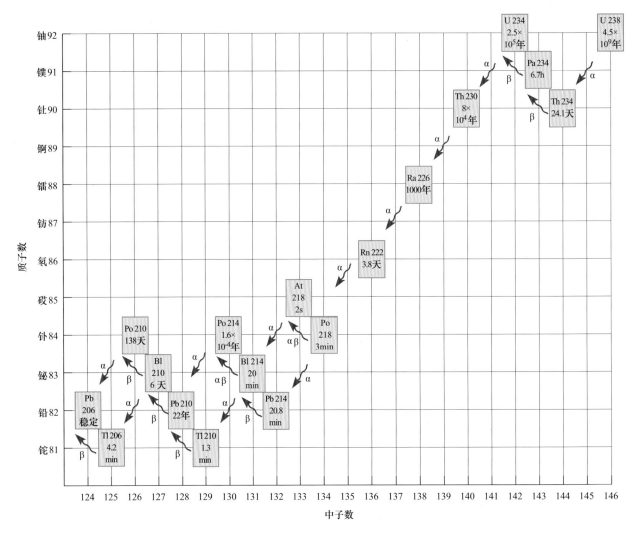

图 12-13　铀 238 衰变链。链中的原子核通过发射 α 射线和 β 射线发生衰变，直到出现铅-206 为止。铅-206 是一种稳定的同位素。所有路径在 14 次衰变活动之后最终出现了稳定的铅-206

 ## 来自核的能量

科学家们从事基础研究（见第 1 章），致力于了解原子核及其衰变。他们对获取知识充满了兴趣。通过基础研究所得到的知识很快转到实际应用上去，在核科学领域也是如此。

原子核含有丰富的能量。20 世纪的成就之一是理解和驾驭能量的能力。两种不同的核过程——核裂变和核聚变，在我们对能量的研究中被加以利用。

核裂变

裂变意味着分裂，而核裂变意味着核分裂。在多数情况下，把核撕开需要能量。然而，一些重的同位素，将它的核撕裂开后的质量比初始时的质量小。对于这一类原子核，能量可以从质量差中获得。

通过裂变获得能量的最常见的原子核是铀-235，世界上每 1000 个铀原子中大约有 7 个铀-235。如果一个中子打击铀-235，原子核分裂成为两个质量较小的原子核及两到三个新的中子。如果这些中子继续打击其他的铀-235 原子核，这个过程会重复进行，产生连锁反应。每个分裂的原子核都会产生中子，中子再轰击其他铀原子，导致这些原子核继续被撕开。为支持这类连锁反应，我们需要有其他铀原子位于中子附近。刚够支持连锁反应的铀的质量被称为临界质量。对于一个铀-235 的球，临界质量要略微超过 50kg。

通过这一基本过程，能从铀那里获得大量的能量。我们从核裂变过程中提取能量的装置就是所谓的核反应堆（见图 12 - 14）。在反应堆中装有的铀大多是铀-238，但是它已经被处理过了，包含的铀-235 比自然状态的要更多些。这种铀被堆叠成一条长的核燃料棒，其厚度大约相当于一支铅笔，由一个金属保护器围起来。典型的反应堆包括几千支燃料棒。在燃料棒之间是一种被称为缓冲剂的液体，通常是水，它的作用是使离开燃料棒的中子减速。

核反应堆的工作机制是这样的：一个中子轰击铀燃料棒中的铀-235 的原子核，导致原子核分裂。分裂的碎片包含有多个快速移动的中子。中子通过缓冲剂时，速度减慢。以这种方法，它们能引起其他铀原子产生裂变。在反应堆中的链式反应由中子从一个燃料棒到另一个传递进行。在这个过程中，由质量转化而释放出来的能量，加热了燃料棒和水，热水被抽运到核电厂的另外地方，用来产生蒸汽。

蒸汽被用来驱动发电机以产生电能，这个过程我们在第 5 章（见图 5 - 24）中描述过了。实际上，核电厂和燃煤发电厂之间的显著区别，仅仅在于产生蒸汽的方法。在核反应堆中，产生蒸汽的能量来源于铀原子核中质量的转换；在燃煤发电厂，则来源于煤的燃烧。核反应堆必须在控制危险的放射性材料的条件下，保证巨大的核势能的安全释放。现代核反应堆的设计要满足众多的安全因素。裂变发生速率是由所谓的控制棒来调节的。控制棒是在燃料棒之间能升高或降低的镉棒。镉吸收中子，在这个过程中形成比母镉略重一些的镉同位素，因此，镉棒的位置决定了有多少中子能够留下

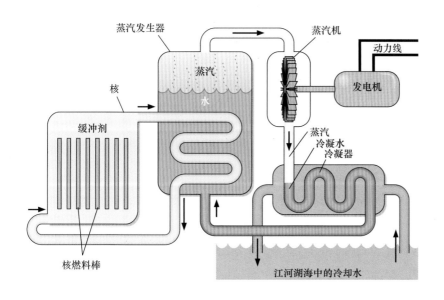

图 12 - 14　图示为一个核反应堆，产生热使水转化为蒸汽，蒸汽驱动蒸汽轮机，正如在常规的燃煤发电厂一样

来参与到链式反应中。

在反应堆中与铀接触的水，被密封在一个独立系统中，不会接触到反应堆的其他部分。另外一个内置的安全措施是，在没有缓冲剂存在的条件下，核反应堆是不能起作用的。如果发生了反应堆容器中的水蒸发了这样的小事故，链式反应会立即停止。于是，反应堆就不可能爆炸，当然更不会像一颗原子弹一样爆炸。

反应堆事故

在核反应堆上发生的最严重的事故，就是流向燃料棒的水流突然中断。当这种事情发生时，大量储存在反应堆中心部位的热量能引起燃料棒熔化。这样的事件被称为熔毁。在 1979 年宾夕法尼亚三里岛的一个核反应堆，就遭遇过这么一次局部熔毁，但是好在仅仅引起放射物质的轻微泄漏——大约为日常允许排放剂量的 1%。在 1986 年，乌克兰切尔诺贝利核电站中的一个缺少精心设计的反应堆出现了一次熔毁，伴随着放射性物质的大量泄漏。

切尔诺贝利核泄漏之后的最大的核反应堆事故发生在日本福岛，它位于东京北部，时间是 2011 年 3 月 11 日（见图 12-15）。在那一天，一场大地震震撼了太平洋。在福岛一共有六个反应堆，是世界上最大的核设施之一。在那次地震中，有三个核反应堆被关闭了，在进行例行维护。其余的三个反应堆在地震袭来时，也被关闭了，但成功启动了应急柴油发电机，同时也从水池抽水来冷却燃料棒以防止其过热。到这一步时，一切都处于可控状态。

然后灾难发生了。海啸使得海浪达到几乎 50ft 高，从太平洋横扫过来，很轻易地越过了 20ft 高的电站防护墙。它淹没了放置柴油发电机的房间，损坏了连接日本电网到电站的动力线。发电机房的淹没和断电触发了一系列事件，让工程师们束手无策。因为没有水来冷却反应堆堆芯，三个反应堆经历了熔毁的过程。此外，由于没有水来冷却，储存在反应堆建筑物中的旧燃料棒开始发热。在锆燃料棒容器和热水之间发生了化学反应，释放出了氢气，进而导致了多次爆炸，放射性材料泄漏到环境中。作为一项预防措施，日本政府疏散了核电站周围 12mile 范围内的居民。

大约一周以后，外部动力被送到现场，反应堆才重新得到冷却。然而大规模的修理和净化工作可能需要数年之久。

图 12-15 在 2011 年 3 月 11 日，一场地震和海啸袭击了日本海岸，破坏了福岛核电站设施。三个反应堆经受了局部熔毁，由氢气引起的爆炸（见图示）震撼了电站

聚变

聚变指的是这样一种过程,在其中若干小原子连接在一起互相融合,形成一个更大的原子。在特定情况下,有可能推动两个小原子核连在一起并使它们融合,以这种方式产生能量。当具有小原子序数的元素在这些特定情况下融合时,最终核的质量小于反应开始时元素的质量,这种质量差别最终以能量的形式显示出来。在这些情况下,可以从聚变反应中通过转换消失的质量而提取能量。

自然界中,最普通的聚变反应是四个氢原子核形成一个氦原子核(见图 12 – 16)。(记住,一般氢原子核是一个单独的质子,没有中子。于是我们可以将氢原子核和质子这两个术语予以通用。)太阳和其他恒星通过这种核聚变反应,获得能量,并因此为地球上的所有生物提供能量。

然而,你不能指望把氢放进容器,它们就能够自动形成氦。要想两个带正电荷的质子碰撞融合,必须提供给它们以巨大的能量,以克服它们之间的静电斥力和强相互作用力(记住,强相互作用力仅仅在非常短的距离上才起作用)。太阳内部的高压和高温环境能够给氢原子提供巨大的能量以使得发生聚变反应。屋外的阳光是通过每秒 6×10^8 t 氢转化成氦而产生的。氦原子核的质量比初始的氢原子核少半个百分点。"消失"的质量转化成能量最终辐射进入太空。

从 20 世纪 50 年代开始,人们进行了很多利用核聚变反应产生能量的尝试。给质子提供足够大的能量,以克服它们之间的电斥力,使得它们能够相互碰撞融合,启动核聚变反应。这是很困难的,这个问题一直困扰着科学家们。核聚变反应通常不能用氢开始,而是用氢的同位素氘,氘的原子核中有一个质子和一个中子。

一个有希望的方法是,在一个很强的磁场中把质子限制住,然后用高功率无线电波加热它们,但

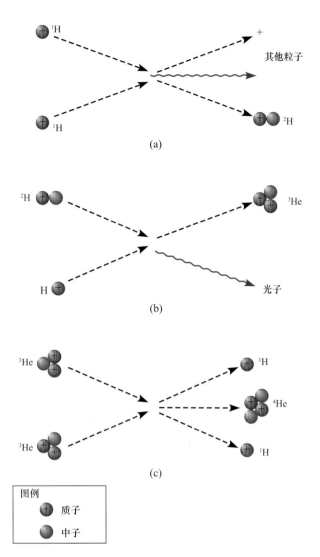

图 12 – 16 在质子(^{1}H)聚变成较大的原子核的过程中会释放能量。氢原子核参加一种多步骤的、最终产物是氦-4 原子核(^{4}He)的过程。红色球是带正电荷的质子,蓝色球是电中性的中子,而"其他粒子"包括正电子和不能成为原子核一部分的中微子。带有一个质子和一个中子的氘核,是氢-2 原子核(^{2}H)的另一个名称。氦-3(^{3}He)和氦-4(^{4}He)原子核两者分别带有两个质子加上一个或两个中子。氦-4 原子核又称为 α 粒子,在 α 辐射中,它从一个较大的原子核中被发射出来

是目前这种方法在技术上还是有困难的。这就是正用在世界最大的核聚变反应堆中的一种技术,该反应堆目前正在法国兴建(见"技术"一节)。科学家们追求核聚变动力梦想的主要原因是,地球的海洋中有足够的氘,可以为人类提供近乎无限的能源。

技术

国际热核聚变实验堆（ITER）：未来的聚变

利用磁场来控制等离子体，加热到核聚变温度，这一技术是法国南部卡达拉舍镇附近在建的一个核聚变主反应堆运行的主要原理。这套反应堆被称为国际热核聚变实验堆（ITER，见图 12 –17）。

其名称缩写"ITER"在拉丁语中是"路线"的意思，意味着和平利用核聚变能源之路。

在多方参与的国际谈判之后，最终选择了法国作为 ITER 的地址，谈判中曾考虑过三大洲的不同地址。ITER 主要的作业单元是一个由磁封闭的真空面包圈形状的腔室。在射频场加热时等离子体围着面包圈状腔室绕行。当其温度足够高时，核聚变反应将会开始。

虽然这种类型的核聚变反应堆在世界各地很多实验室中已经被建造出来了，但是 ITER 是第一个产出功率大于使用功率的核聚变反应堆。实际上，它被设计成能够产生 500MW 的动力——这样大的功率已经足够为一个小镇提供动力了。然而，重要的是，ITER 不是当作商业反应堆而建造的，它是作为一种被工程师们称为"概念验证"的机构而建造的，这种机构将成为未来商业应用的一个模板。

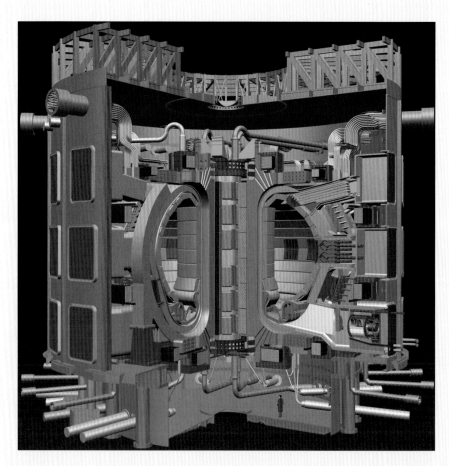

图 12 –17　ITER 反应堆的剖视图表明大线圈产生的磁场在核聚变过程中用以约束等离子体

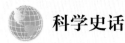

科学史话　　　　超重元素

具有 92 个质子的铀是在自然界中被发现的最重的元素[○]，但 20 世纪中叶以后，科学家们已能够在实验室中制造出更重的一些元素。如果你注意观察第 8 章中的元素周期表，会看到很多排列在铀后面的元素，所有这些元素都是在实验室内制造出来的，不过独立存在的时间很短暂。在实验室中制造重核的一般技术就是，使用一台加速器获得一个重离子（例如金），该重离子以很快的运动速度，与一个重靶核碰撞。在这个过程中，有时候碰巧足够多的质子和中子粘连在一起从而产生出一种短寿命的超重原子核。利用这种技术，目前已经制造出了原子序号高达 118 的原子核。

虽然这些更重的原子不稳定，会很快地衰变，不过，在它们存续的短暂时间内，已足够利用它们的不同光谱对其进行识别。科学家们相信，当获得原子序数约为 126 的元素时，我们会发现一个"稳定岛"——此处的核一旦制造出来，是不会衰变的。如果是这样的话，可以想象，这些新原子核将为形成一个全新的化学分支打下基础。

在 21 世纪初，给化学元素命名的国际机构相继将 110 号元素命名为钛，将 111 号元素命名为钤，将 112 号元素命名为镉。钛元素的命名是为了纪念该元素首次被制造出来的德国城市。后两个是根据以往的给元素命名的传统习惯，纪念两位重要的科学家（伦琴和哥白尼）。

延伸思考：原子核

核废料

核反应堆产生动力时，除了链式反应以外，还会发生更多其他的核反应。来自铀-235 裂变的核废料快速移动，撞击核系统中其他的核——燃料棒中占多数成分的铀-238 和构成反应堆建筑物的混凝土及金属中的核。在这些碰撞中，初始的核可以发生裂变或者吸收中子以形成其他元素的同位素。这些新产生的同位素中很多是放射性的。结果是，即使所有铀-235 都能够被用来产生有用的动力，但是还是会有一些放射性材料保留在反应堆中。这类材料被称为高放射性废料。（生产核武器也会导致这类废料的产生。）一些核废料的半衰期甚至可以达到几十万年。我们应该怎样处置这类废料，并使其远离生物呢？

○ 目前在自然界中发现的最重的元素是第 98 号元素锎。——编辑注

核废料的管理从储存开始。能源公司通常把反应堆用过的燃料棒储存数十年，让短寿命的同位素衰变掉。接着，将还没有完全衰变的长寿命同位素与环境隔离。直到现在为止，美国的核计划中要求把这些原子核禁锢在稳定的固体如玻璃当中。当时的想法是，放射性同位素中的电子能够像稳定同位素中的电子一样，与其他物质形成一种化学键，所以与某种材料结合在一起时，放射性原子核能够被长期锁进一种固体物质中。玻璃用多层钢和混凝土包围住，再深埋在地球表面下方的稳定岩层中。在内华达州的一处偏僻的沙漠地区，位于尤卡山有一个存储库，被选来埋藏长寿命废料，这些废料与环境隔离，直到它们不再危害人类时为止。然而在 2009 年，奥巴马政府终止了对这一项目的支持，美国政府对涉及核废料的项目目前没有任何新的计划。

尤卡山是一个独立的、偏远的、长期用于处理核废料的站点，这种核废料处理方式的支持者们认为，这种站点远远优于现在位于 39 个州当中的 131 处临时站点。对于如此零散的站点，要监控和防御恐怖袭击是很困难的。尤卡山核废料处理方式的反对者们认为，在州际高速公路上运输数千吨核废料，对公众造成的危险更大。此外，一些地质学家们还担心，尤卡山可能会受到地震和火山活动的影响，并且它距离拉斯维加斯不足 100mile，不够远。

面对核废料数量的不断增加，我们要做些什么？对我们的下一代，我们必须怎样尽到责任，保证我们现在埋藏核废料的地点足够安全呢？核废料的存在会制约我们发展核能吗？正如一些科学家们所争论的，我们是否应该在地表上保留核废料，并且将它们用作诸如医学示踪剂和反应堆的燃料？

 ## 回到综合问题

科学家怎样确定最古老的人类化石的年代？

■ 放射性年代测定技术利用了放射性衰变的现象和放射性元素半衰期的测定方法，来确定物质的年代。

● 这种方法为研究地球和人类历史的科学家们提供了一种最重要的手段，以确定由远古到近代的物质的年代。

■ 放射性碳定年法是最有用的放射性年代测定方法之一。它用自然界的同位素碳-14（C-14）来确定含碳物质的年代，可以测定至多约 50000 年的物体。

● 碳-14 是碳的放射性同位素，它的半衰期大约为 5700 年。它是由太阳能辐射进入大气层而不断产生的。

● 只要一个有机体是活的，它就会不断地吸收碳，吸收的碳中包含碳-14。植物通过光合作用吸收它，而动物通过消耗植物和其他动物而获得它。当一个有机体死后，它停止从环境吸收所有形式的碳包括碳-14。

- 时间流逝和放射性衰变过程使得留在生物中的碳-14 的含量减少，其速度比其他更稳定的碳要更快。保留在遗骸中的碳-14 的比例为测定一个生物死后所经过的时间提供了指标。任何以前生物体的大致年代，都可以经由一块骨头、一块木头或者布料来确定，所使用的方法是仔细测定保留下来的碳-14 的含量，并且将它与在它存活时的碳-14 的含量做对比。

- 使用碳-14 方法的放射性年代测定，顶多能测定大致为 50000 年的时间，因为，大约 50000 年后，保留下来的碳-14 的含量相当少了。因此，已知最古老的人类遗骸，相对于应用碳-14 技术来说，还是太古老了。

■ 为测定最古老人类化石的年代，科学家们必须确定周围岩石的地质年代。这一年代利用与碳-14 方法相似的技术来确定，但是要用具有更长半衰期的同位素。最广泛的用来作为地质学中放射性时钟的是那些基于钾-40（半衰期为 12.5 亿年）、铀-238（半衰期为 45 亿年）和铷-87（半衰期为 490 亿年）的衰变。在这些情况中，我们测定指定元素的原子数总和，以及指定同位素的相对百分比，以确定在开始时有多少放射性原子核存在。

小 结

原子核是微小粒子的集合体，包括带正电的质子和电中性的中子。原子核起的作用不同于核外绕轨道转动的电子的作用，电子控制着化学反应。与核反应相关联的能量比与电子相关的能量要大得多。质子数——原子序数——确定了核电荷数和元素的类型；元素周期表中的各种元素有不同的质子数。中子加上质子的数量——质量数——确定了同位素的质量。核粒子依靠强相互作用力结合在一起，这种强相互作用力仅仅在非常短的距离上才起作用。

虽然我们周围物体中的多数原子有稳定的、不变的核，但是也有很多同位素是不稳定的，它们通过放射性衰变而自发地发生变化。在 α 衰变中，原子核失去两个质子和两个中子。在 β 衰变中，一个中子自发地转变成一个质子、一个电子和一个中微子。还有一类放射性衰变，包含电磁辐射，被称为 γ 辐射。放射性衰变速率是由半衰期来测定的，半衰期是一般的同位素衰变一半所需的时间。基于碳-14 和其他同位素的放射性年代测定技术就是利用了放射性衰变的半衰期。不稳定的同位素也用于医学上和其他科学领域的放射性示踪剂。室内氡污染和核废料，是放射性衰变所产生的两个环境问题。

核能有两种类型。一种是在核反应堆中控制的裂变反应，在放射性重核分裂成小的粒子时，总质量要低于原先核的质量，质量亏损导致了核能的产生；另一种是聚变反应，把几个轻的元素结合成较重的元素，这中间会有质量损失，正如在太阳内部氢转化氦时，会损失掉一些质量。在上述两种情况下，失去的核质量都转化成了能量。

关键词

质子	原子序数	质量数
结合能	α 衰变	γ 辐射
放射性年代测定	临界质量	聚变
中子	同位素	强相互作用力
放射性或者放射性衰变	β 衰变	半衰期
裂变	核反应堆	

 发现实验室 ┈┈┈┈┈┈┈┈┈┈┈┈┈┈┈┈┈┈┈┈┈┈┈┈┈┈┈┈┈┈┈┈┈┈┈┈●

　　放射性年代测定技术利用岩石中放射性物质衰变所需的时间，可以测定岩石的年龄。你有没有想过，科学家们是怎样确定岩石的年龄的？收集 100 个 M&M 糖果、一只秒表和一只泡沫聚苯乙烯杯，你可以来体验一下这种年代测定的实验。

　　把 M&M 糖果（代表岩石）放进杯中，记录母体同位素（M&M）的总数。将杯子内的糖果全部倒在桌上，所有面朝下的糖果代表一个衰变的核。移开所有的衰变核并数出衰变的总数（这个代表母体同位素）。数出另外的面朝上的 M&M 糖果（代表子体同位素）的数量。现在你已经经历了一个半衰期。对剩下的面朝上的糖果，每 2min 重复一下这个步骤，一共进行五次实验，或者直到所有 M&M 都被移走为止。找出母体同位素经历的半衰期的总数量。依靠计算母体同位素与子体同位素的比值找出岩石（M&M）的年龄。在每一步中，找出保留在岩石中的母体同位素的百分比（半衰的数量）。用 M&M 来做实验，和放射性衰变在哪些方面是类似的？

第 13 章
物质的终极结构

? 怎样利用反物质探测人的大脑？

物理学

物质是由六种夸克和六种轻子组成的，轻子的行为是由一个统一力来支配的。

生物学

正电子，是反物质的一种，在研究活体脑过程中起重要作用。

化学

基本粒子可以通过测量其在稳定原子中引起的变化而被检测到。

重要理念

所有的物质都是由夸克和轻子组成的，它们是我们所知道的宇宙万物的最基本的结构单元。

地质学

地球的结构是稳定的，其原因是力之间会达成平衡。

技术

最大的粒子加速器使用具有超导导线的电磁铁。

天文学

太阳和其他恒星产生宇宙射线，这使得科学家们拓展了对基本粒子的认知。

健康与安全

现在用粒子加速器治疗某些种类的癌症。

● =本章中将讨论的重要理念的应用　　● =其他应用

每日生活中的科学：观察沙子

你躺在沙滩上，抓起一把沙子，让沙子从你的手指间漏下。注视其中一颗单独的细小的沙粒，思考一下它的微小结构。假设你能把那颗沙粒放大1000倍、100万倍甚至更多，你会看到什么呢？

在放大倍数是1000时，原先看上去是圆形的沙粒会出现高低不平和不规则的表面，但是看不到任何原子结构方面的线索。在放大倍数为100万时，就可以看到独立的原子了，每个原子的直径大约为10^{-10}m。在放大倍数达到10000亿时，可以看到原子核是一个小点，其周围几乎没有任何东西。

但是然后呢？还有更多的亚原子微观结构吗？物质的终极结构单元到底是什么呢？

宇宙万物是由什么组成的？

图书馆

图13-1　在图书馆中，字母组成单词，单词组成书，于是，字母可以被想象成图书馆的基本单元

你下次去图书馆，在藏书架间漫步时，想一想组成图书馆的基本结构单元是什么。你的第一个反应估计是：书是基本的结构单元——一排排、一架架的书（见图13-1）。

图书馆中的书籍不是随意摆放的，而是按照某种顺序排列的。每个图书馆中都有一些指导原则来对各类书籍进行排序放置——例如杜威十进制系统或国会图书馆分类法。于是，关于图书馆的一个简单描述包括两点：书是图书馆的基本单元，并且有一套有序排放书籍的规则。

书和书互相之间是不同的。每本书都是由更基本的单元——单词——构成的。因此，你也可以争辩说单词才是图书馆的基本单元。并且，在编著书籍时，我们也是需要一套规则的，这套规则被称为语法，它告诉我们怎么把单词放在一起构成书籍。那么，单词和语法，就进一步地把你带到探测图书馆的更基本的一个层面。

把单词作为图书馆的基本单元，也许你可能还不满意。因为所有的单词是由更基本的事物——字母——通过

不同组合而形成的。仅仅 26 个字母（至少在英语字母表中）为图书馆所有书籍中成千上万的单词提供了基本的构造单元。当然，我们还需要一套规则（拼写法），它告诉我们怎样把字母按照拼写规则组合成一个个单词。字母和拼写法或许是构成图书馆的最基本层面。

于是图书馆可以这样描述：拼写法告诉我们怎样把字母组合成单词；而语法告诉我们怎样把单词连成人们能读懂的语句放进书籍里；分类规则告诉我们怎样把书籍有序地放进图书馆里。

上述方法就是科学家们试图描述宇宙万物所使用的方法。本章将要进行详细阐述。

简化论

环顾四周时你能看到多少种不同的物质？你可以看到煤渣砖砌的墙壁、玻璃制成的窗户、玻璃纤维板制成的顶棚。从窗外你可以看到草、树、蓝天和白云。每天我们都会遇到几千种不同的物质。它们看起来是截然不同的，但是它们真的是不同的吗？在煤渣砖和玻璃片之间可能存在着什么共同点吗？

人们对万物的问题至少思考了两千年的时间。我们看到的万物有没有什么基本结构或者基本组成成分？它们都是由什么组成的？其实，这些都是最基本的科学问题。

对于组成宇宙万物的终极结构单元的探索被哲学家们简称为"简化论"。简化论是一种尝试，试图通过寻找潜在的"简单"来对自然界表观上的"复杂"做简化，然后试图弄明白"简单"是怎样导致我们所看到的大千世界的"复杂"的。这种追求是古人的智慧信念，古人只看到了世界的表观现象，但是无法探知它真实的本质，而它真实的本质是要通过科学方法，用思考、实验和观察才能被发现的。

古希腊哲学家泰勒斯（公元前 625—前 546 年）提出所有的物质都是由水组成的。这种假想

是基于观察而提出的，在日常体验中，水呈现为固体（冰）、液体和气体（水蒸气）。于是在普通物质中，独有水似乎表现出所有的物质状态（见第 10 章）。对泰勒斯而言，通过观察，水似乎在某种意义上是基本物质。今天，我们不再接受水是物质的基本组分的观点，同时我们相信能找到其他的基本组分。

物质的结构单元

对很多人而言，图书馆的比喻深刻且令人满意地呈现了一种描述复杂系统的方式。有些人甚至会说，你想了解的图书馆的每件事情都包含在字母和它们的组织原则中。科学家们以大致相同的方式，确定物质最基本的结构单元，推断把它们放在一起的规则，进而来描述复杂的万物。

首先，你可以说万物的最基本的结构单元是原子。所有的五花八门的固体、液体和气体都是由大约 100 种不同的化学元素构成的，展现给感官的物质复杂性起因于这些相关的原子的多种组合方式。化学规则告诉我们，原子是怎样键合在一起并构成我们看到的所有物质的。

20 世纪早期，科学家们的研究表明，原子实际上不是最基本的单元，它是由更小、更基本的单元——原子核和电子组成的。这些粒子按照它们的一套规则把自己排列起来，在带正电荷的核中有大的质子和中子，在围绕核的轨道中有带负电的电子。仅具有三种基本结构单元——质子、中子和电子——的万物图像是很简单和吸引人的。质子和中子在一起形成原子核，电子绕核旋转以形成原子。原子结合和互相作用就形成了我们已知的所有物质。

但是，正如我们在图书馆的比喻中所描述的，我们曾经以为单词和语法是基本的构成单元和组织规则，而后来发现字母和拼写法才是更基本的。万物是由电子与核子构成这样一个简单图像，也经不起更细致的实验和观察的检验。原子核含有的不仅

仅是质子和中子，不过这个事实直到第二次世界大战后期为止，物理学家们还没有完全搞清楚。如果我们要遵循简化论路线处理万物，就必须开始思考原子核是由什么构成的。通常，组成核的粒子连同电子等粒子，被称为基本粒子，以反映这么一个简化理念：组成万物的基本结构单元是基本粒子（见图 13 - 2）。这些基本粒子及其性质的研究隶属于高能物理学或基本粒子物理学领域。

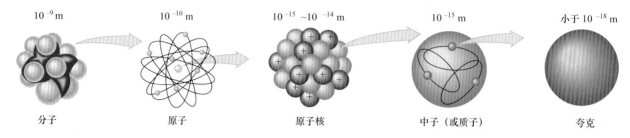

图 13 - 2　物质的基本结构单元的现代图像。分子由原子组成。原子中包含原子核，原子核由核子组成，核子由夸克组成。在某些现代理论中，夸克又被认为是由更基本的被称为弦的一系列物体组成的

 ## 基本粒子的发现

在自然界中，基本粒子的相互作用最能体现出质量和能量的等价关系了。假设有一个以很高速度运行的质子源，其速度接近于光速。该质子源可以是来自自然界中天体的，也可以是来自粒子加速器的。质子一旦被加速到接近光速，它就有了很高的动能。如果该高能质子与其他原子核碰撞，核就会分裂。在此过程中，初始质子的动能根据方程式 $E = mc^2$ 可以转化成质量。当这种现象发生时，既非质子也非中子的新粒子就会产生。

宇宙射线

在 20 世纪 30 年代和 40 年代，物理学家们使用自然的高能粒子源，即所谓的宇宙射线来研究物质结构。宇宙射线是由我们所在的星系和其他星系的恒星持续不断地辐射到地球大气层的粒子（多数是质子）组成的。

宇宙空间充满了宇宙射线。当它们接触大气层时，与氧分子或者氮分子碰撞，产生快速移动的次级粒子。这些次级粒子通过进一步碰撞产生更多的粒子，在大气层中形成喷流。由单一入射粒子产生几十亿个次级粒子，并形成喷流到达地球表面的现象并不罕见。事实上，平均来说，你生命当中的每一分钟都有几种射线通过你的身体。

物理学家们在 20 世纪 30 年代和 40 年代在高山顶上安装了设备，

观察快速移动的初级宇宙射线或者略慢一些移动的次级粒子与原子核碰撞时会发生什么。一种典型的装置包含一个几厘米厚的充气室（见图 13 - 3）。在充气室的中间设置了一块作为靶材料的薄片——例如铅，以产生次级粒子喷流。通过研究喷流中的粒子，物理学家们希望了解原子核内部到底是怎么回事。

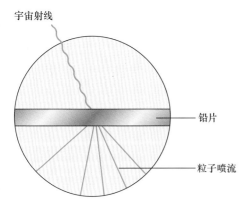

宇宙射线

铅片

粒子喷流

图 13 -3　在典型宇宙射线实验中，宇宙射线击中铅原子核，产生粒子喷流

20 世纪 40 年代早期，在国际物理学研究工作由于第二次世界大战而暂时停止之前，物理学家们已经从这些宇宙射线实验工作中发现了除质子、中子和电子以外的粒子。当战后研究工作再次启动时，在核碰撞的碎片中找到了越来越多的粒子，依靠宇宙射线和新的粒子加速器，物理学家们发现的新粒子成倍增加。关于粒子加速器，我们稍后会讨论。

这些发现的最终结果使得人们不能再认为原子核是由质子和中子组成的了。换言之，我们必须想到原子核是一个非常有活力的地方。除质子和中子以外，新发现的所有种类的基本粒子都是在这里被发现的。这些奇异的粒子是由核内部的相互作用而形成的，它们在随后的相互作用中失去了能量（并且它们的确存在），形成了其他种类的粒子。自这些早期探索以后，又发现了大量的核内部的基本粒子的运动。

 技术　　基本粒子的检测

如果基本粒子比一个单独的核更小，那么我们怎样知道它们究竟在哪里呢？实验物理学家们已经提出了检测基本粒子的先进技术。用于任何检测过程的基本技术都是相同的：待测粒子与物质以某种方式相互作用，我们观测在相互作用影响下物质的变化，从而检测出待测粒子是否是一种新的粒子。

如果一个基本粒子带有电荷，它可以让电子松动而离开原子。于是，当一个带电荷的基本粒子穿过比如感光乳化液这类材料快速运动时，会在其尾流中留下一串粒子，就像一艘横穿湖面的快艇留在水中的涟漪一样。

一种更现代的检测方法是，让粒子通过一种细导线（通常用金线）网。在粒子通过导线时，它对金属中的电子施加一个力，形成一个小的脉冲电流。通过测定该脉冲电流到达导线末端的时间，并通过汇集来自多根导线的这种时间信息，经过计算机计算，能重建起粒子运行路径，重建的精度很高。

不带电荷的粒子（如中子）检测起来更加困难，这是因为在其路径上不会留下粒子串。通常，不能直接检测一个不带电荷的粒子的通道，我们要等待它与某些东西碰撞。如果这种碰撞产生了带电荷粒子，那么通过刚刚描述过的技术就能检测它们，并且能够通过反向研究，推断出不带电荷粒子的属性。

粒子加速器：必不可少的工具

很长时间以来，物理学家们只能坐等自然界提供高能粒子（以宇宙射线的形式），利用这些高能粒子来研究物质的基本结构。然而，宇宙射线的到来是不可控的，等待一次宇宙射线可能需要很长时间。物理学家们很快意识到，应该制造一种能够产生"人造宇宙射线"的机器——粒子加速器，人们能够随意启动和关闭仪器，使之能取代原先实验室中零星的来自天外的宇宙射线。20 世纪 30 年代初，在加利福尼亚大学伯克利分校，欧内斯特·劳伦斯开始制造一种新的被称为回旋加速器的仪器，因为这一发明，他获得了 1939 年的诺贝尔物理学奖（见图 13 - 4）。

我们在第 5 章中讨论麦克斯韦方程时，没有涉及势能，即当一个带电粒子在磁场中移动时，该磁场会给带电粒子施加一个力，力的效果是使粒子在

图 13 - 4　欧内斯特·劳伦斯于 20 世纪 30 年代发明了回旋加速器，这是第一台粒子加速器

一个环形路径中运动，这正是回旋加速器的基本工作原理。当粒子在两个大的盘状磁场之间的环形路径中运动时，在其路径中的某一点，它们遇到强烈的电场，根据牛顿第二定律（$F = ma$，第 2 章），电场力对粒子产生了很大的加速度。在粒子运动过程中，反复遇到电场，粒子被不断加速，直到几乎接近光速。一旦它们获得这种大动能，它们就能够与其他粒子碰撞。通过那些碰撞，科学家们可以研究它们的相互作用。

劳伦斯的第一台回旋加速器，其尺寸不超过十几厘米宽（大约 5in），根据今天的标准，其产生的能量相当于一匹小马提供的能量。一台现代的粒子加速器是庞大的，高科技的结构能够产生巨大的能量，和最有活力的宇宙射线的能量相当，这种现代粒子加速器被称为同步加速器，其主要工作部分是一只大的磁铁环，它能维持被加速粒子在环形轨道上运动。

当一个同步加速器中的粒子绕环运动时，通过大型电磁铁，粒子的轨道被调整和维持在一个小室（通常每边的边长为几厘米）内部，小室被抽成近乎真空状态。该小室进而被弯曲并放入一个粒子运行的大环路里。粒子每次到达某个确定点，电场对其加速提高了它的能量。随着速度的不断增加，磁铁中的电场强度也会给予强度补偿，这样，粒子继续环绕环形轨道运行，直到粒子达到期望的速度，从加速器射出，进入一个实验区，在那里与其他物质碰撞。由于磁场必须与加速时的粒子速度同步，所以称这种机器为同步加速器。

为了保持粒子物理学的前沿地位，在研究中所需粒子的能量也在不断增加，于是加速器的尺寸也不断增加。在 20 世纪末，世界上最高能量的加速器建造成功，它位于伊利诺伊州芝加哥郊外的费米国家加速器实验室（Fermilab）（见图 13 - 5a）。在该加速器中，质子运动所围绕的环的直径几乎达到 2km（约 1mile），能量可达 10^{12}eV。

但是作为能源部削减成本战略的一部分，该加速器已于 2011 年 9 月被关闭。在 2008 年，"世界

最大加速器"的称号被另外一台加速器——大型强子对撞机（LHC）取代，它安装在瑞士日内瓦的欧洲核子研究组织（CERN）（见图 13 - 5b）。该机器将在下面"技术"一节中予以介绍。

直线加速器是产生高速粒子的另外一种装置。该装置凭借一只长且直的真空管喷射电子。电子有

序排列，使得电磁波沿管传输，电子随着电磁波沿着管子运动，装置就像海洋上冲浪者骑在波浪上一样。世界上最大的直线加速器是位于加利福尼亚的 SLAC 国家加速器实验室（见图 13 - 5c），大约有 3km（近 2mile）长。

(a)

(b)

(c)

图 13 - 5　类似这种大型粒子加速器是粒子物理学家们主要的实验工具：（a）费米实验室；（b）瑞士日内瓦郊区的大型强子对撞机内部的仪器；（c）SLAC 国家加速器实验室

 技术　　大型强子对撞机

大型强子对撞机是有史以来最大且最复杂的技术项目（见图 13 - 6）。它安置在一条 27km（大约 15mile）长的隧道内，该隧道位于靠近日内瓦的瑞士法国边境的地下。该机器可以让科学家观察到粒子的碰撞情况，这种碰撞的能量几乎是前面提到的费米实验室的 10 倍。

机器主环运转的原理与传统的同步加速器的原理相同。在环中有两条反向旋转的质子束，每条被加速到 7×10^{12} eV 的能量（质子以 99.9999991% 的

光速运动）。在环绕着主环的四个位置处，质子束迎面碰撞。这几个碰撞点的周围都装有一个大型仪器，用来检测碰撞中产生的粒子。

建造大型强子对撞机需要巨额资金，许多国家（包括美国）对这种机器和探测器做出了贡献，来自超过100个国家的科学家们参与了在这里进行的实验。

2008年9月，大型强子对撞机首次对一批质子进行了加速，但是运行几天之后，发现磁铁使用中存在一个主要问题，整个运行系统被迫关闭，进行修理。2009年11月，机器再次启动，开始采集数据，并显现出了明显的效果。2012年，利用大型强子对撞机进行研究的物理学家们宣布，在寻找希格斯粒子时，获得了某些初步有用的数据。

图13-6 一台巨大的探测器，它将监测在大型强子对撞机中质子间的碰撞

 生命科学

医用加速器

加速带电粒子的机器已经在医学很多领域中得到重要的应用，最明显的成果是在癌症治疗中。通常，这种治疗的目标是使肿瘤中的恶性细胞经受高能量X射线或γ射线照射，使之被破坏，这是针对一些癌症的一种特别有效的治疗方法。

为治疗癌症，一台小型加速器产生一种高速的强电子束，电子束随后直接进入比如铜的重金属块中，在那里它们突然停止。正如我们在第5章中学过的，被加速（或者被减速，比如在现在这种情况下）的带电荷的物体会发射电磁波。在电子被加速到接近光速然后忽然停住的情况下，发射出的电磁波会以γ射线的形式通过肿瘤细胞，并杀死它们。

 # 基本粒子

在20世纪60年代初，第一代现代粒子加速器的使用开始产生了一些成果，原子核中的基本粒子的名单快速扩大。现在列在基本粒子列表中的有上百种。表13-1列出了一些重要的粒子类型，这些粒子将在后续章节中介绍。

表13-1 基本粒子的归类		
类型	定义	举例
轻子	不参与维系原子核	电子、中微子
强子	参与维系原子核	质子、中子、其余大致200种
反粒子	质量相同但电荷相反	正电子

轻子

轻子是基本粒子，它们不参与维系原子核的强相互作用力，也不是原子核的中心组成成分。到目前为止，我们已经遇到过两种轻子，一种是电子，它通常处于绕核的轨道上而不是核本身处；另外一种是电中微子，它是一种几乎与所有物质没有相互作用的质量很轻的电中性粒子。20 世纪 40 年代以来，物理学家们已经发现了 4 种其他轻子，使轻子的总数达到 6 种。如果你记住电子和电中微子是典型的轻子，你就能够了解所有的 6 种轻子。这 6 种轻子似乎成对存在——在每一对中有一个粒子像电子，它有质量，同时还有一个轻子像电中性的电中微子。

强子

所有存在于核内部的各类粒子被统称为强子，或者"强相互作用的粒子"。这些粒子的排列是很奇特的。强子包括稳定的、像质子那样的粒子，还包括在几分钟内发生放射性衰变的、像中子那样的粒子（它会发生 β 衰变）以及其他一些在 10^{-24} s 内发生放射性衰变的粒子。后一种粒子不能长时间存在，甚至不能穿越过一个单独的原子核！一些强子携带电荷，而另外一些强子则是电中性的。但是所有这些粒子都经受强相互作用力，并且都参与维系原子核。于是，它们为形成实体万物发挥作用。

反物质

万物中的每一种粒子都有可能产生另外一种反粒子。每种反物质的粒子，相对于其对应物质的粒子，都具有相同的质量，但是具有相反的电荷和相反的磁特性。例如，电子的反粒子是一种被称为正电子的带正电荷的粒子，它有与电子相同的质量，但是有一个正电荷。反原子核，由反质子和反中子组成，并且有正电子绕轨运行，能形成反原子。

当一个粒子与其反粒子碰撞时，两者的质量被完全转换成能量，这个过程称为湮灭，这是我们目前所知晓的万物中最高效、最剧烈的一种过程。初始粒子的消失，意味着能量在快速运动的粒子喷射时和电磁辐射时产生。这一事实早已被科幻小说作家在其描述未来武器和能源的小说中采纳。（例如，在《星际迷航》中的星舰企业号，有物质和反物质的吊舱以作为它的能源。）

在世界万物中，反物质相当罕见，它通常在粒子加速器中产生出来。高能质子或电子打击核靶，粒子的能量被转化成同样数量的粒子和反粒子。反物质的存在在实验室中每天都能够被验证到。

 科学史话　　　**反物质的发现**

在 1932 年，卡尔·安德森，一位加利福尼亚技术研究所的年轻物理学家，正在完成一个相当简单的宇宙射线的实验，其类型在本书中将会描述。宇宙射线进入到一种被称为云室的检测器中，通过推出云室底部的一个活塞，气体压力降低，饱和的水蒸气凝结成液滴，粒子作为这些液滴凝结时的核。于是粒子的路径由云室中一串液滴标记出来。

安德森实验的关键创新是云室在强力磁场之间。磁场导致带电荷的宇宙射线粒子路径发生偏转，偏转程度取决于粒子的质量、速度和电荷。此

图13-7 卡尔·安德森检测到了在云室中沿独特路径偏转的正电子（电子的反粒子）。在安德森初始的照片中（a）正电子路径向下并向左弯曲。在更现代的照片中（b）电子（e⁻）和正电子（e⁺）在磁场中沿相反方向弯曲

(a)

外，带正电荷的粒子和带负电荷的粒子在磁场影响下在相反方向上偏转。

安德森随后开启仪器，他看到一些质量似乎与电子相同的一些粒子的路径，但是这些路径在与那些被检测到的电子偏转方向相反（见图13-7）。他得出结论，必须是一种"带正电荷的电子"，简称"正电子"。虽然这时没有一个人弄清楚是怎么回事，但是安德森成为看到反物质的第一人。

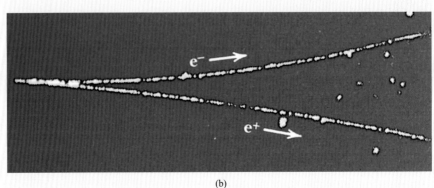

(b)

 停下来想一想！

如果安德森见到的粒子路径弯曲方向与电子相同，但是弯曲程度不同，他会怎样解释他的成果？（提示：牛顿第二定律）

科学进展 — 大脑是怎样工作的？

基本粒子的研究通常似乎是相当抽象的，但基本粒子在人们了解现实世界中确实起到了很重要的作用。例如，有趣的正电子发射断层扫描（PET）帮助科学家们探测神秘的大脑是如何工作的。在这种医学技术中，通过使用某种元素的不稳定同位素，比如氧的同位素（通过核反应而产生），制造出葡萄糖之类的分子，再将之注射到患者血液里。身体中的器官，包括大脑，吸收注射的这些分子，进入大脑中需要它的部位，这些部位需要补充额外的能量（见图13-8），或者，这些分子可以被塑造成特殊的形状，以便能够附着到大脑细胞上指定的点上。

对于这种技术，在选择使用的同位素时，要选用那些衰变时发射正电子的材料。这些正电子迅速湮灭附近的电子，在此过程中放射出高能的 γ 射线。这些 γ 射线能够相对容易地从身体外部检测到。

PET 是这样进行工作的：材料注射入血液以后，患者做某件事——谈话、阅读、做数学题或者只是放松。在每一种不同的活动中，大脑会使用到不同区域。科学家们通过观看正电子发射，可以观测到大脑中所使用的区域被"点亮"。用这种方法，科学家们利用反物质来研究人类大脑的正常工作而不干扰患者，检测可能出现的异常病症，以研究病症和帮助治疗。

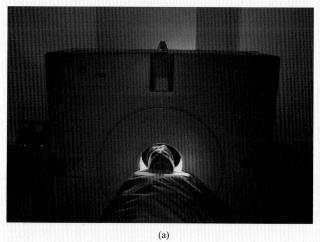
(a)

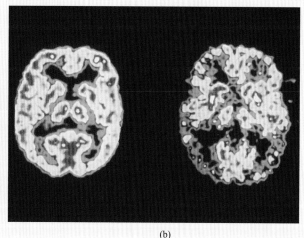
(b)

图 13-8　正电子发射断层扫描，通常被称为 PET，揭示了人类的大脑活动。（a）一位患者正在接受 PET；（b）图左侧是正常大脑的扫描图像，明亮斑点处是大脑消耗大量葡萄糖（为多数细胞提供能量的一种单糖）的区域，图右侧是阿尔茨海默病患者的大脑扫描图像

夸克

　　化学家们认识到化学元素能够有规律地被排列在周期表中，不久他们就意识到是什么原因造成了这种规律性。正如道尔顿所揭示的那样，不同的元素不是"基本的"，其结构是由更基本的东西（原子）所组成的。同样，数以百计的基本的强子或核子，它们本身也不是基本单元，而是由更基本的单元组成的——这些基本单元被称为夸克。夸克的首次提出是在 20 世纪 60 年代后期，现在物理学家认为夸克是强子的基本结构单元。虽然他们从来没有（可能也不能）在实验中见过独立的夸克，但是夸克的概念给复杂的基本粒子群带来了秩序性和可预测性（重要的是要记住，仅仅是强子，而不包括轻子，是由夸克组成的）。

　　夸克在很多方面不同于其他基本粒子。不像其他任何已知粒子具有整数电荷，夸克有分数电荷，如 $\pm\frac{1}{3}$ 或 $\pm\frac{2}{3}$ 基本电荷。在这种粒子模型中，成对或者三个一组的夸克或反夸克组成了所有的强子，但是一旦它们被固定在这些强子中，无论采用什么实验手段，都无法把它们撬动分离。夸克作为自由粒子仅仅在宇宙的最初始阶段短暂存在过。

　　尽管有这些奇怪的特性，但物质的夸克模型仍然是特别吸引人的。为什么呢？因为这种模型不需要去跟数目众多的强子打过多的交道，而仅仅只需要处理六种夸克（和六种反夸克），它们构成了众多的强子。夸克，像粒子物理学中的很多东西一样，有特定的奇特名称：上夸克、下夸克、奇异夸克、粲夸克、顶夸克和底夸克（见表 13-2）。我们已经观测到的所有强子都包含这六种夸克。（最后由实验确认的是于 1995 年公布的顶夸克。）

表 13 -2　夸克特性		
夸克名称	符号	电荷/e
下夸克	d	$-\dfrac{1}{3}$
上夸克	u	$+\dfrac{2}{3}$
奇异夸克	s	$-\dfrac{1}{3}$
粲夸克	c	$+\dfrac{2}{3}$
底夸克	b	$-\dfrac{1}{3}$
顶夸克	t	$+\dfrac{2}{3}$

注：具有相同电荷的夸克有相互不同的质量和其他
特性。

从这六种简单的粒子出发，我们已知的所有强子——所有那些在核中任意驰骋的几百种粒子——都能被组合出来。例如，质子是两个上夸克和一个下夸克的结合物，而中子是两个下夸克和一个上夸克的结合物。在这个方案中，质子的电荷等于其三个夸克的电荷之和，即

$$\frac{2}{3} + \frac{2}{3} + \left(-\frac{1}{3}\right) = 1$$

而中子的电荷为

$$\frac{2}{3} + \left(-\frac{1}{3}\right) + \left(-\frac{1}{3}\right) = 0$$

在一些更奇特的粒子中，成对的夸克互相在轨道上绕行，就像一些不可能的恒星系统一样。

夸克和轻子

夸克模型帮我们建立了一种物质构成的图像，把我们带回到道尔顿原子和卢瑟福原子核这两种简洁的模型。原子核中的所有粒子都是由六种夸克的各种组合而形成的，这些粒子组合形成原子核。六种不同的轻子——主要是电子——驻留在核外连同原子核一起形成完整的原子，不同的原子相互作用，形成我们在宇宙中所看到的各种物质。在这个模型中，夸克和轻子是构成万物的"字母"，它们是构成万物的最基本的单元。物理学家们注意到了有六种轻子和六种夸克这样的情形，并将这种模型用到基本粒子的所有理论中去。但是为什么大自然要这样安排，至今仍然没有答案。

四种基本相互作用力

在我们游览图书馆的过程中，对基本组成单元——字母的发现不足以解释我们看到的东西。我们还必须了解拼写规则和语法，通过这些，字母才能组合成文字，然后再形成书。同样，如果我们要明了万物的基本性质，除了了解夸克和轻子以外，我们还必须了解把它们排列组合在一起的力和让它们具备某些行为特征的力。

我们把夸克和轻子比喻成组成万物的砖块，而物质是由这两种砖建成的，也就是说这些砖以不同方式排列从而建造成我们看到的各种物质。但是，仅仅用这两种砖是无法盖成房子的，必须还要有像灰浆一样的东西把砖维系在一起。组成物质所需的灰浆是力，力把基本粒子维系在一起，组成我们所熟悉和了解的各种物质。现在我们知道自

然界中仅有四种基本相互作用力。这四种基本相互作用力中的两种，万有引力（见第 2 章）和电磁相互作用力（见第 5 章）是 19 世纪物理学家们就认识了的，它们是我们日常经验的一部分。这两种力的作用范围是无限的——也就是说，恒星和行星之间也能互相施加这种力，即使它们离得很远。

另外两种力我们了解得很少，因为它们仅在原子核和基本粒子范围内起作用。强相互作用力把原子核维系在一起，而弱相互作用力（弱力）则会影响把原子核和基本粒子撕开的衰变过程（见第 12 章）。

四种基本相互作用力中每一种力与其他力的区别在于强度和作用范围（见表 13－3）。有关四种基本相互作用力的重要特点是：无论何时宇宙中发生何种事情，无论何时一个物体改变它的运动，都是由这些力中的一种或多种力起作用的结果。

表 13－3　四种基本相互作用力			
名称	相对强度①	作用范围	规 范 粒 子
万有引力	10^{-39}	无限大	引力子
电磁相互作用力	$\dfrac{1}{137}$	无限大	光子
强相互作用力	1	$10^{-13}\,\mathrm{cm}$	胶子
弱相互作用力	10^{-5}	$10^{-15}\,\mathrm{cm}$	W 玻色子和 Z 玻色子

①相对于强相互作用力进行归一化

力由交换粒子产生

我们知道，力引起物体加速——没有力就没有这种事情发生。我们已经讨论过万有引力、电磁相互作用力、强相互作用力和弱相互作用力。在性质上每一种力都有它独特的效应。然而，这些力到底是怎样工作的呢？

现在，我们对于力的理解可以参考图 13－9。两个粒子之间的每种作用力相当于互相交换了第三种粒子（规范粒子）。也就是说，第一种粒子（例如电子）与第二种粒子（例如另一个电子）通过交换规范粒子而相互作用。规范粒子产生基本相互作用力，比如电磁相互作用力，基本相互作用力把一切维系在一起。

在第 2 章中，我们曾用站在滑板上的一些人扔棒球的例子来解释牛顿第三定律。假设滑板上一个人扔一只棒球，而另一个离开某一距离站在滑板上的人抓住棒球。正如我们讨论过的，扔棒球的人会后退。随后抓住棒球的人也会后退。我们能以这种方法描述这一情况：在任何事情发生之前两个人站在原地，一段时间后，两个人彼此移动而远离。从牛顿第一定律看，我们断定一种斥力作用于那两个人之间。非常清楚，这个例子中的斥力是与棒球交换密切联系在一起的（物理学家则说是通过"媒介"）。

用同样的方法，我们相信每一种基本相互作用力都是通过某些种类的规范粒子这样的"媒介"而相互作用的（见图 13－10a）。例如电磁相互作用力是依靠光子的交换而作用的。就是说，冰箱贴与冰箱面板金属中的原子通过交换大量光子来产生磁力。

以相同的方式，万有引力被认为是由交换所谓引力子而作用的。现在你与地球正在交换大量引力子，这是一个防止你上浮进入太空的交换过程。四种基本相互作用力和力作用时被交换的规范粒子被列在表 13－3 中。

图 13－9　可以用两位溜冰者之间交换棒球的例子来解释有关规范粒子的交换。溜冰者 A，他扔出球时后退，而溜冰者 B，在球到达她手里时后退。于是两位溜冰者改变了他们的运动状态。由牛顿第一定律，我们说两位溜冰者之间有一个作用力

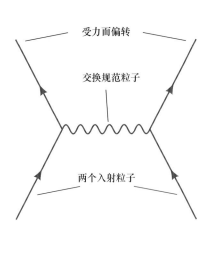

(a)

(b)

图 13 - 10　图（a）是图（b）中物理学家理查德·费曼（1918—1988）所提出的交换图。它提供了一个关于粒子间相互作用的模型，两个入射粒子（如两个电子）交换一个规范粒子（光子），受力而偏转

一般来说，规范粒子越重，则从它发射到被吸收的时间内所经过的距离就越短。于是弱相互作用力仅在与原子核相当的距离上才起作用，因而在我们日常经验中是根本觉察不到这种力的。胶子，像它们所负责的夸克那样，也不能存在于核外面，因此我们日常生活中也感受不到强相互作用力。只有万有引力和电磁相互作用力是通过质量为零的粒子起作用的，不受量子力学规则约束，其作用距离和我们日常感知的常规距离相当。

这两种熟悉的力，万有引力和电磁相互作用力，可以跨越长距离起作用，是因为它们由质量为零、不带电荷的粒子（引力子和光子）作为媒介来起作用。弱相互作用力的作用距离很短是因为它是通过大质量的粒子——W 玻色子和 Z 玻色子交换而起作用的，它们的质量大约为质子质量的 80 倍。像光子那样，W 玻色子和 Z 玻色子也能够在实验中被观测到——在 1983 年，它们被首次发现，现在在世界各地的加速器中，都能够产生出来。

与强相互作用力有关的情况要复杂一些。维系夸克的力是通过所谓胶子的粒子而起作用的（它们把夸克"粘在"一起形成强子）。这些粒子被假设成质量为零，就像光子那样，但是它们又像夸克那样被局限在原子核的内部。

大统一理论

虽然具有六种夸克、六种轻子和四种基本相互作用力的宇宙万物看起来显得很简单，不过物理学家们在这个简单之下也发现了很多规律。四种基本相互作用力虽然因为彼此不同的性质而表现出不同，但它们都是力。流行的见解是，所有这四种基本相互作用力仅仅是某一种力的不同方面。

科学家们提出，四种基本相互作用力之所以看起来不同，是因为我们观察它们时，它们已经长时间环绕在我们周围而又处在相对低的温度下。这一情况与冰水有点类似。当水结冰时，它可以具有显然不同的形态——粉末状的白雪、固体冰块、树枝上精美的白霜，或者人行道上滑溜的冰层。你可以认为这些冻结的水是很不同的东西，并且这些不同是很明显的。但是把它们加热，它们都是简单的水。

同样，在我们目前存在的相对低温下，四种基本相互作用力看起来是不同的，但在温度高达几万亿摄氏度时，这些看起来不同的力并不是真的不同。四种基本相互作用力其实是一种力的不同表象，这种将它们统一（万有引力除外）的理论被称为大统一理论。

历史中第一个统一的理论是艾萨克·牛顿将地

球引力和天空中的天体圆周运动统一在一起的理论。对中世纪科学家们来说，地球引力和天体运动似乎像我们现在看强相互作用力和电磁相互作用力那样，是完全不同的。虽然如此，它们在牛顿万有引力理论中是统一的。以同样的方法，科学家们正在为统一四种基本相互作用力而努力工作。

这些理论的总理念是，如果温度上升到足够高——即基本粒子获得足够的能量——力的统一将会变为清晰。在世界上的一些实验室里，有可能获得质子和反质子（或电子和正电子），然后让它们加速到非常高的能量，并且让它们碰撞。（正如我们已经注意到的，质子-反质子碰撞包含粒子和反粒子间的湮灭过程。）当这些碰撞发生时，在短暂的瞬间，在大约为质子大小的空间内，温度上升到宇宙诞生一秒时（之后再也没有达到过）的高温。在产生的漩涡中，产生了粒子，这一点只有在电磁相互作用力和弱相互作用力统一的情况下才可以解释。

1983 年，在欧洲核子研究组织和 SLAC 国家加速器实验室的实验展示了这种统一的发生。当质子与反质子（在前一个实验室）或电子与正电子（在后一个实验室）被加速并迎面碰撞时，产生了 W 玻色子和 Z 玻色子。实验不仅看到了反应现象，而且，所产生粒子的性质和速度都可以由统一电磁相互作用力和弱相互作用力的理论（弱电相互作用）精确地预测到。

标准模型

在加速器中获得能量时，我们能看到电磁相互作用力和弱相互作用力统一成所谓的弱电力（见图 13-11）。在能量更高时，即大大高于任何现有的加速器可以达到的数值时，我们期望强相互作用力和弱电力统一。描述这种统一的理论有一个平淡无奇的名称——标准模型。虽然我们不能直接测试这种统一，但是理论分析得到相互作用的细节却能在我们的实验室中实际看到。自从理论的预测取得了引人注目的成功后，科学家们感觉到这个理论给了我们最后一个而且是唯一的关于力的统一的描述。

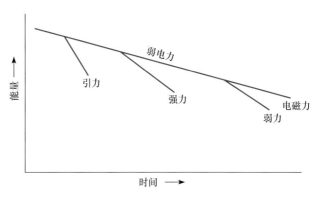

图 13-11 在温度非常高时，四种基本力成为统一的一种力，在宇宙初始时就是这样的。在宇宙诞生后的 10^{-43} s，宇宙已经充分冷却，引力与其他三种力分离。强力在 10^{-33} s 时分离，而弱相互作用力（弱力）和电磁相互作用力（电磁力）在 10^{-10} s 时分离

标准模型预测在自然界中还有另外一种粒子。它被称为希格斯粒子，英国物理学家彼得·希格斯首先预言了它的存在（见图 13-12）。思考希格斯粒子的最佳方法是把它们想象成遍布在所有空间的一种薄糖蜜。根据标准模型，其他粒子依靠与这种薄糖蜜的相互作用而获得质量。一些粒子与希格斯粒子有较大的相互作用，依靠"糖蜜"缓慢下移得多一些，我们认为这个粒子的质量大些。类似地，另外一些粒子与希格斯粒子的相互作用不太强烈，缓慢下移量较少，可以认为这些粒子的质量小。于是，希格斯粒子可以被用来解释质量的存在。2012 年 7 月，大型强子对撞机实验室的科学家们公布了符合预期的希格斯粒子的发现，给出了令人信服的证据。若这些发现被验证了，则标准模型的重要缺失部分就补上了。

图 13-12 英国物理学家彼得·希格斯，他首先提出以他名字命名的粒子的存在

量子引力，弦和万有理论

从目前的情形来看，我们有成功的理论描述强相互作用力、电磁相互作用力和弱相互作用力的统一，只剩下万有引力还没有纳入到统一的理论当中。对于这种理论的研究，涉及物理学家们称为"量子引力"的范畴，需要了解万有引力通过引力子交换而产生，恰如电磁相互作用力是通过光子交换而产生的那样。诺贝尔奖获得者史蒂芬·温伯格称其为终极理论，而其他科学家们则经常称之为万有理论（TOE）。尽管在过去的几十年里理论物理学家们尽了最大努力，但是遗憾的是，到目前为止还没有形成这样的理论。关于物质组成结构的统一理论依然是我们要解决的主要目标。

目前认为弦理论可能是 TOE 的最佳候选者。在弦理论中，夸克和轻子被认为是由细小的振动弦组成的，不同的夸克对应于弦的不同振动模式（想一想小提琴上的不同音调的弦）。推导出相关的理论需要很深奥的数学，而且，到目前为止还无法用实验来检测其可信度。

弦理论有很奇特的特点，与在 3 个维度中振动的小提琴弦不一样，该理论需要在 11 个或者更多的维度中振动的基本弦（不要试图将这么多维度的情况用图描述出来——你根本不能做到这一点）。我们常规的四维（3 个空间维度加上一个时间维度）世界，是来源于 11 个维度的世界的，要理解这一点，我们可以考虑这样一个例子。如果你从近处观察花园里浇水用的一条普通软管，就可以看到二维的一条直线，再加上软管是圆的，有一定粗细，这样，就可以被认为是第 3 个维度。不过，如果你从很远的地方观察这条软管，你是看不到它的第 3 个维度的——你只能看到二维的直线。类似地，科学家们认为，当我们以人类的视角观察一个 11 维度的世界时，除去 4 个维度以外其他维度都是基本不可见的，如果我们想观察到基本粒子，则必须进入到基本粒子内部。

由于无法运用弦理论计算来对实验中观测到的内容进行检验，科学家之间展开了关于这些理论是否是真正的科学的辩论。一方声称，除非理论能够被实验所验证，否则这些理论不应该属于科学范畴。另一方则指出，由于数学的复杂性，暂时不能用实验检验出来，不过最终肯定会通过实验验证其正确性的。但不管怎样，在我们研究宇宙的结构时，弦理论已经产生了影响，它导致了一种叫作多重宇宙的概念的出现。

⚠ **停下来想一想！**

你是否同意，如果不能通过实验所验证，理论就不能是科学的一部分。为什么是或者为什么不？

延伸思考：粒子物理学 ┈┈┈┈┈┈┈┈┈┈┈┈┈┈┈┈┈┈┈┈┈┈┈┈┈┈┈ ●

对粒子理论的基础研究

基本粒子物理学研究的一个方面来自昂贵的现代粒子加速器。需要探讨的核心问题是价格，因为大型机器的价格已经高达数十亿美元。例如，在 1993 年，美国国会终止了一个所谓的超导体超级对撞机的项目，这是一个比大型强子对撞机（LHC）还要大的机器。当时该机器已经在达拉斯南部施工，并且已经投入了 100 亿美元。

这种规模的项目是合理的吗？一些人认为世界上很多问题——饥饿、贫困、恐怖主义——在还没有解决的情况下，在不能产生直接利益或可能是遥遥无期的利益的机器上花费大量金钱是没有意义的。

然而，另外一些人指出，在过去，那些当时看起来把钱花在显然无用的基础研究上的项目，现在却给人类带来了巨大的利益。例如，19 世纪电磁理论和 20 世纪量子力学的发展都更好地改变了人类的生活发展状态。要对一些事情比如发电或计算机信息处理能力进行价格评估显然是很难的。这些科学家提出，在过去对基础研究的投入是巨大的，我们现在仍应该一如既往地大量投入以支持基础研究。

对于那些研究结果可能在未来才能带来利益的基础研究，你认为政府在这方面应该花费多少钱？在所缴纳的税中，你愿意拿出百分之多少用于这类研究？

 回到综合问题 ┈┈┈┈┈┈┈┈┈┈┈┈┈┈┈┈┈┈┈┈┈┈┈┈┈┈┈┈┈┈┈┈┈ ●

怎样利用反物质探测人的大脑？

■ 正如我们在第 8 章中见到的，物质由粒子组成。对于万物中的每种粒子，可能存在对应的反粒子。由反粒子组成的物质被称为反物质。每种粒子与其反粒子有相同的质量，但是电荷和磁特性相反。例如，电子的反粒子是被称为正电子的粒子。它和电子有相同的质量，但带有一个正电荷。

● 当一个粒子（例如一个电子）与其反粒子（例如一个正电子）碰撞时，两者的质量在被称为湮灭的过程中完全转化成能量。湮灭是我们在宇宙中已知的最高效和最剧烈的过程。碰撞的结果，除了产生能量以外，不产生任何其他东西。

■ 物质和反物质的相互作用在一些领域中有实际应用，包括医学成像。例如，在人类大脑内部功能处理的三维影像技术有可能与被称为正电子发射断层扫描（PET）的核医学成像技术结合起来应用。

● 在 PET 中，一种放射性核素（也就是放射性示踪剂）被注射进身体中，经由示踪剂射线发射而产生三维计算机影像。

■ 已经研发了很多更新颖的 PET 系统，包括 X 射线计算机断层扫描（PET –

CT）。来自两种计算机技术生成的图像，被系统地组合成单一的图像。用这个组合系统，PET 拍摄的代谢活动与 CT 获得的精确解剖学成像一致。与只有十年历史的成像技术相比，这项技术具有显著的诊断优势。

小　结

高能物理学或基本粒子物理学研究一些我们看不见的物质和勉强能够想象的力和能量。亚原子世界的研究是人类了解万物的结构和组织的关键。

所有物质都是由原子组成的，原子是由更小的粒子——电子和原子核——组成的，但是电子与原子核还不是万物最基本的结构单元。物理学家们最初通过宇宙射线与原子核之间的碰撞来研究基本粒子，现在使用粒子加速器，包括同步加速器和直线加速器，以近光速碰撞带电粒子。目前，科学家们已经发现了上百种亚原子粒子。

有一类粒子，即轻子（包括电子和中微子），不会受到强相互作用力的作用，因此不参与原子核的维系。根据现代理论，被称为强子（包括质子和中子）的核子是由夸克组成的，而夸克是一种奇怪的粒子，它有分数电荷并且不能独立在自然界存在。轻子和夸克是我们知道的物质最基本的结构单元。这些粒子中的每一种都有与之对应的反粒子，如正电子，它是电子的带正电荷反粒子。

四种基本相互作用力——万有引力、电磁相互作用力、强相互作用力和弱相互作用力引起粒子的相互作用，而这种相互作用导致我们在宇宙中看到的所有组织结构的产生。粒子相互作用是经过规范粒子的交换作为中介的，对于不同的力，规范粒子也不同。例如，两个物体互相吸引时会交换引力子（引力的规范粒子），而两个带电粒子互相作用时会交换光子，这与两个滑冰者在一人向另一人扔物体时也会互相"排斥"所采取的物体交换方式大致相同。

虽然四种基本相互作用力在我们看来是相当不同的，但是，科学家们推测，在宇宙早期，当温度非常高时，四种基本相互作用力曾是统一、单一的力。在当代物理学前沿，人们一直在研究和寻找一个描述这种单一的力的统一理论——万有理论。弦理论是万有理论的最佳候选者，它设想夸克是由被称为弦的基本单元组成的。

关键词

高能物理学或基本粒子物理学	轻子
宇宙射线	强子
粒子加速器	反物质
同步加速器	夸克
大型强子对撞机	万有理论
直线加速器	弦理论

发现实验室

当亚原子粒子通过检测器时，能确定它们的速度、质量和电荷。为了模拟检测器的工作，你需要准备两个鞋盒盖，用于打开盖子的小工具、铁屑，普通弹珠和磁铁珠。

为制作出模拟检测器，将一个鞋盒盖放在足够高的桌子上，使磁铁珠能够方便地在下面滚动。把铁屑撒在鞋盒盖里，均匀地覆盖表面。然后，在鞋盒下方滚动一个磁铁珠，记录下你的观察结果，你能检测到磁铁珠的什么特性？

用普通弹珠替换磁铁珠重复上述过程，记录你的观察结果。哪一种粒子会以类似的方式运行？

在第一个鞋盒盖旁边放置另一个鞋盒盖。这看起来像一个由两部分组成的检测器来跟踪中性粒子。在第二个鞋盒盖边缘下方放置四个磁铁珠。均匀地将铁屑撒到两个鞋盒盖上。在第一个盖下面滚动一个磁铁珠。如果它碰到另一个磁铁珠，你能从第二个盖中的轨迹推断结果吗？哪一种粒子以这种方式运动？这个实验表明粒子检测器是怎样工作的了吗？

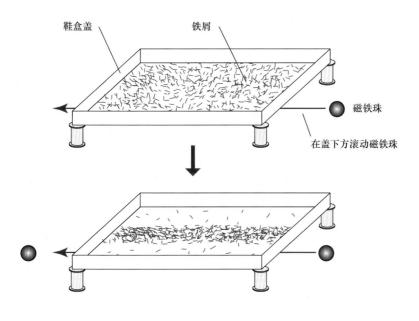

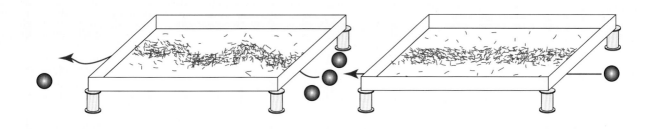